复杂城市环境下综合交通枢纽成套技术研究丛书

复杂城市环境下综合交通枢纽火灾防治研究与应用

朱 颖 李正川 ◎ 总主编
赖良驹 林程保 陈俊敏 彭小兵 张冬奇 ◎ 著
郑志明 ◎ 主审

西南交通大学出版社
·成 都·

图书在版编目（CIP）数据

复杂城市环境下综合交通枢纽火灾防治研究与应用 / 朱颖，李正川总主编；赖良驹等著. —成都：西南交通大学出版社，2021.9
（复杂城市环境下综合交通枢纽成套技术研究丛书）
ISBN 978-7-5643-8074-8

Ⅰ.①复… Ⅱ.①朱… ②李… ③赖… Ⅲ.①城市交通－交通运输中心－防火－研究 Ⅳ.①U491.1②TU892

中国版本图书馆 CIP 数据核字（2021）第 126954 号

复杂城市环境下综合交通枢纽成套技术研究丛书
Fuza Chengshi Huanjing Xia Zonghe Jiaotong Shuniu Huozai Fangzhi Yanjiu yu Yingyong
复杂城市环境下综合交通枢纽火灾防治研究与应用

朱 颖　李正川 ◎总主编		策划编辑 / 黄庆斌　周　杨
赖良驹　林程保　陈俊敏 ◎著		责任编辑 / 宋浩田
彭小兵　张冬奇		封面设计 / 吴　兵

西南交通大学出版社出版发行
（四川省成都市二环路北一段 111 号西南交通大学创新大厦 21 楼　610031）
发行部电话：028-87600564　　　　028-87600533
网址：http://www.xnjdcbs.com
印刷：成都市金雅迪彩色印刷有限公司

成品尺寸　170 mm×230 mm
印张　19.75　　字数　376 千
版次　2021 年 9 月第 1 版　　印次　2021 年 9 月第 1 次

书号　ISBN 978-7-5643-8074-8
定价　160.00 元

图书如有印装质量问题　本社负责退换
版权所有　盗版必究　举报电话：028-87600562

复杂城市环境下综合交通枢纽
成套技术研究丛书

编委会

主　任　　朱　颖

副主任　　李正川　　李方宇

编　委　（按姓氏笔画排序）

王明年	毛晓汶	邓建国	石志龙
卢俊宇	吕雄杰	刘贵应	刘晓华
刘　懿	李小珍	李青国	李　航
李爱群	何　川	张万斌	张冬奇
张奇瑞	陈俊敏	林程保	易　兵
郑志明	郑金磊	郑波涛	赵　勇
姜清辉	姚建波	夏臣芝	徐道东
陶思宇	曹林卫	彭小兵	程　娜
曾中林	曾得峰	赖良驹	廖龙涛

前 言
PREFACE

随着城市核心区域的土地资源极度紧张和交通繁忙、拥堵的现象日益严重，城市综合交通枢纽工程应运而生。例如重庆市沙坪坝综合交通枢纽工程，总建筑面积约75万平方米，位于特大型城市商业核心区域，项目将重庆地铁9号线、成渝高铁出站、公交和出租车停靠站均设置于地下，交通换乘体系贯穿地下负七层至负一层，形成了高速铁路、城市轨道交通、公交、出租于一体的大型复杂城市地下综合交通枢纽工程，同时结合综合交通枢纽工程上盖空间及火车站地区旧城改造进行适度商业开发，打造地标性建筑，这在国内外尚无先例。

复杂城市环境地下大型综合交通枢纽工程作为人流集散的大型公共场所，具有空间相对封闭、功能多样、结构复杂、人员密集的特点，一旦发生火灾等灾害，极易造成群死群伤的恶性事故。由于此类工程建筑类型及使用性质的特殊性，在消防设计的过程中存在我国现行的防火设计规范难以解决的超规问题：重庆沙坪坝综合交通枢纽工程的高铁出站换乘大厅，其空间高大，并贯通地下负一层至负四层，连接高铁出站通道、地铁出入口、公交车、出租车站，构成了复杂的地下火灾烟气蔓延网络。火灾烟气的流动会同时受到多种因素的耦合影响，其火灾的控制、合理的通风排烟至关重要；地下综合交通枢纽工程，功能分区面积大，同时交通换乘的横向/纵向的连贯性、通畅性也对灭火技术和防火分区的理念提出了更高的要求。建筑早期灭火系统主要包括消火栓、自动喷水灭火、固定消防水炮等，防火分隔通常采用防火墙、防火卷帘、防火门等物理分隔，但因为交通枢纽空间具有高大、开放的特点，传统的灭火技术和防火分隔方式很难满足其功能需求；地下综合交通枢纽工程的防灾救援体系，涉及火灾、恐怖袭击、暴雨、强风和地震等灾害的防治，涉及各类灾害的防范和预警技术、人员疏散逃生、应急救援体系及预案等系统内容，如何构建地下综合交通枢纽工程防灾救援体系和应急预案也是亟待解决的问题之一。

基于此，本书致力于研究复杂城市环境地下大型综合交通枢纽火灾特性及防排烟关键技术、复杂城市环境地下大型综合交通枢纽防灭火及防火分隔关键技术、复杂城市环境地下大型综合交通枢纽火灾联动报警关键技术以及复杂城市环境地下大型综合交通枢纽火灾救援体系及应急预案这四个问题。课题为地下综合交通枢纽工程的烟气控制系统提出可行方案及关键设计参数；提出可行的水灭火和防火分隔的技术方案及其适用条件；建立复杂城市环境地下大型综合交通枢纽工程火灾救援体系及应急预案。

著 者
2021 年 6 月

目录

第 1 章 重庆沙坪坝综合交通枢纽概况与防灾规划

1.1 研究背景和意义 ………………………………………………… 001

1.2 重庆沙坪坝综合交通枢纽防灾规划 …………………………… 007

1.3 国内外研究现状 ………………………………………………… 009

1.4 研究内容 ………………………………………………………… 021

第 2 章 重庆沙坪坝综合交通枢纽通风排烟组织

2.1 数值模拟模型与缩尺实验平台 ………………………………… 024

2.2 沙坪坝综合交通枢纽火灾场景 ………………………………… 028

2.3 实验平台测试系统 ……………………………………………… 030

2.4 全尺寸 FDS 数值模拟 …………………………………………… 031

2.5 缩尺试验平台实验 ……………………………………………… 047

2.6 综合交通枢纽换乘大厅机械排烟系统优化设计 ……………… 065

2.7 综合交通枢纽换乘大厅机械排烟系统改进方案 ……………… 069

2.8 小　结 …………………………………………………………… 075

第 3 章 重沙坪坝庆综合交通枢纽灭火及防火分隔

3.1 综合交通枢纽的主动防灭火技术 ……………………………… 078

3.2 综合交通枢纽的被动防灭火技术 ……………………………… 087

3.3 重庆市沙坪坝综合交通枢纽防灭火及防火分隔 ……………… 090

3.4 综合交通枢纽消防炮灭火系统与防火玻璃的应用 …………… 109

3.5 小　结 …………………………………………………………… 122

第4章　重庆沙坪坝综合交通枢纽火灾报警及联动

- 4.1　综合交通枢纽火灾自动报警及联动系统 …………………… 124
- 4.2　重庆沙坪坝综合交通枢纽火灾自动报警及联动系统选型 … 145
- 4.3　沙坪坝综合交通枢纽火灾自动报警及联动系统优化方案 … 172
- 4.4　小　结 ………………………………………………………… 182

第5章　重庆沙坪坝综合交通枢纽火灾救援体系及应急预案

- 5.1　国内外应急救援体系研究 …………………………………… 184
- 5.2　大型综合交通枢纽应急体系研究 …………………………… 195
- 5.3　重庆沙坪坝综合交通枢纽火灾应急救援研究 ……………… 202
- 5.4　重庆沙坪坝综合交通枢纽应急预案研究 …………………… 215
- 5.5　综合交通枢纽基本应急预案编制流程 ……………………… 224
- 5.6　应急管理思路构建及优化 …………………………………… 238
- 5.7　小　结 ………………………………………………………… 241

第6章　结　论

- 6.1　重庆沙坪坝综合交通枢纽火灾防治关键技术 ……………… 242
- 6.2　研究成果推广应用状况 ……………………………………… 244
- 6.3　经济及社会效益分析 ………………………………………… 245
- 6.4　存在的问题和建议 …………………………………………… 245

参考文献

附　录

- 附录1　沙坪坝综合交通枢纽突发事件总体应急预案 ………… 264
- 附录2　沙坪坝综合交通枢纽火灾专项应急预案 ……………… 288

第 1 章

重庆沙坪坝综合交通枢纽概况与防灾规划

1.1 研究背景和意义

1.1.1 研究背景

近年来我国以开发利用城市地下空间为背景，以大力发展轨道交通枢纽建设为契机，借鉴发达国家的先进技术与成功经验，建设与规划了众多的城市地下轨道交通枢纽，使得地下城市交通系统得到了迅猛的发展，越来越多的地下综合交通枢纽开始大量的被开发建设和投入使用。地下多层综合交通枢纽采用立体空间布置方式，将不同的交通方式沿高度分层，将车流和人流分开，因为往往会占据多层空间，所以建设总体规模很大。为了实现日常交通的流线组织，满足日常运营要求，还需要餐饮、商业等配套设施。地下多层交通枢纽作为城市交通系统中的关键性节点，集高速铁路、城际铁路、普通铁路、长途客运、城市轨道交通、公交、出租于一体，人员密集，人员流动性大。地下综合交通枢纽工程作为人流集散的大型公共场所，具有空间相对封闭、功能多样、空间复杂、人员密集的特点，一旦发生火灾、恐怖袭击、暴雨、强风和地震等灾害，在火灾通风防烟、火灾报警及联动技术、水灭火及防火分隔技术、防灾救援方面，会面临一系列的技术挑战和问题。

沙坪坝铁路枢纽综合改造工程位于重庆市沙坪坝中心区，项目用地为沙坪坝火车站站区、铁路生活办公区用地及城市建设用地，总平面布局如图 1-1 所示。

项目北邻三峡广场，南靠沙坪坝公园，项目与周边环境如图 1-2 所示。项目利用地形条件，对沙坪坝火车站站场区域整体加盖做城市广场和物业开发，从而拓展城市空间。地铁 9 号线位于站东路—站西路下方，地铁环线位于天陈路下方，通过枢纽内换乘通道实现铁路客运专线、城市轨道交通、城市地面交通与城市步行系统间的便捷换乘。

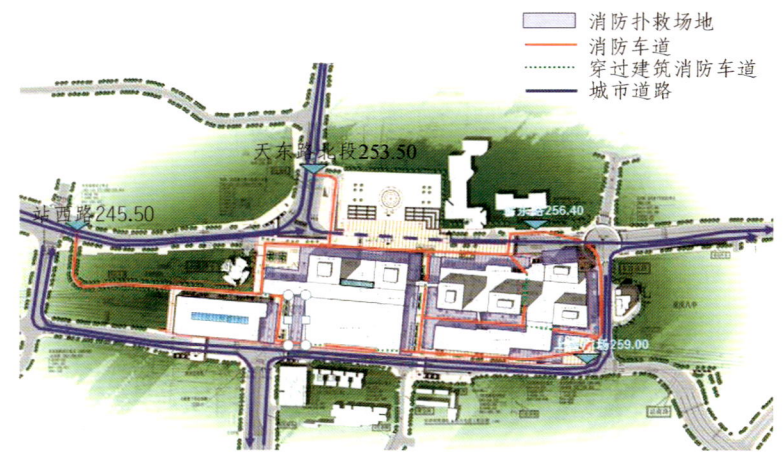

图 1-1　项目总平面布局示意图

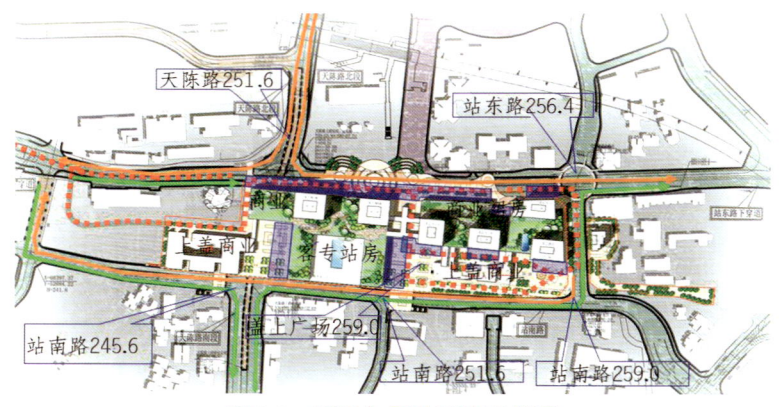

图 1-2　项目与周边环境示意图

项目包括物业开发部分和综合交通枢纽部分，总建筑面积约 75 万平方米。综合交通枢纽面积约 27 万平方米，物业开发面积约 48 万平方米。上盖广场地面为 ±0.000 标高，地上面积约 50 万平方米，地下一共八层，面积约 25 万平方米。

物业开发包括：西侧盖上商业、铁路站房综合楼、东侧盖上商业三个部分。其中西侧盖上商业包括：一栋 28.2 m 高的 5 层商业楼；铁路站房综合楼包括：7 层 39 m 高商业裙房 A 区、两栋 198.6 m 超高层双子塔 A、B 座；东侧盖上商业包括：7 层 39 m 高商业裙房 B 区、一栋 138.9 m 超高层办公楼 A 座、两栋 127 m 超高层办公楼 B、C 座、一栋 114.6 m 的高层酒店；东连接道以东布置了一栋 97.2 m 的超高层办公楼 D 座。

综合交通枢纽包括：成渝客专沙坪坝站站房（高架）、进站通道、地下高铁站台、铁路配套用房、高铁出站厅、高铁换乘厅、高铁出站通道、地下出租车站、地下公交车站和地下停车库、设备用房、公寓式办公楼B地下部分、轨道9号线沙坪坝站、110 kV变电站。除客专站房为高架站房外，其余均为地下工程。具体设计如下。

1. 铁路站场

成渝客专沙坪坝站站场规模为3台7线（含正线），设8 m宽基本站台一座，设11.5 m宽岛式中间站台两座，长度均为450 m，高度为1.25 m，为高架上跨式车站，站台雨棚为无站台柱雨棚（铁路站场上盖）。沙坪坝站设计范围：DK295+962（梨树湾铁路桥桥头）~ DK297+336.81（红岩村隧道口）。

铁路站场工程建筑部分内容为铁路配套用房，布置在临基本站台北侧的盖下负一层~负三层，总建筑面积7 663.94 m²。含车站派出所、电力、信息、信号、通信、工务工区、铁路生活、办公、运营商设备间、贵宾候车间等功能用房。车站地下出站通道主体结构属于站场站前工程范围，具体如图1-3 ~ 1-5所示。

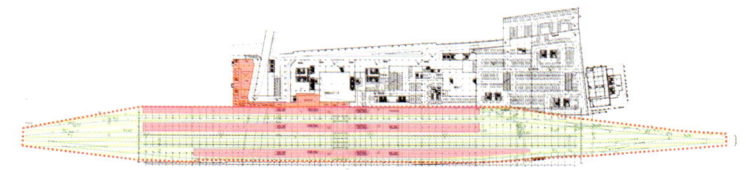

图1-3　负二层铁路站场及铁路配套用房范围示意图

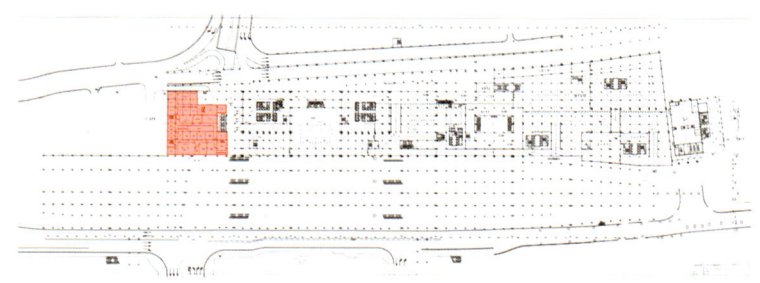

图1-4　负一层铁路配套用房范围示意图

图1-5　负三层铁路配套用房范围示意图

2. 铁路站房

沙坪坝火车站是成渝客运专线中间站，根据客运量预测，高峰小时发送量为 4 000 人，属中型客运专线旅客车站。车站站址位于原沙坪坝火车站，根据区域规划、综合开发、城市建设需要以及车站自身功能需要，本着"集约使用土地、适当留有发展余地"的原则，结合车站站场上盖广场将站房做高架上跨式布局。

站前广场结合上盖广场布置，作为旅客进出站集散用地。在站前双子塔裙房下设置架空通道作为进站通道和站前广场区域。总体布局与区域城市轨道交通衔接，实现便捷换乘。周边公交站点合理分布，体现公共交通优先的原则，上盖广场层铁路站房范围具体如图 1-6 所示，二层铁路站房范围如图 1-7 所示。

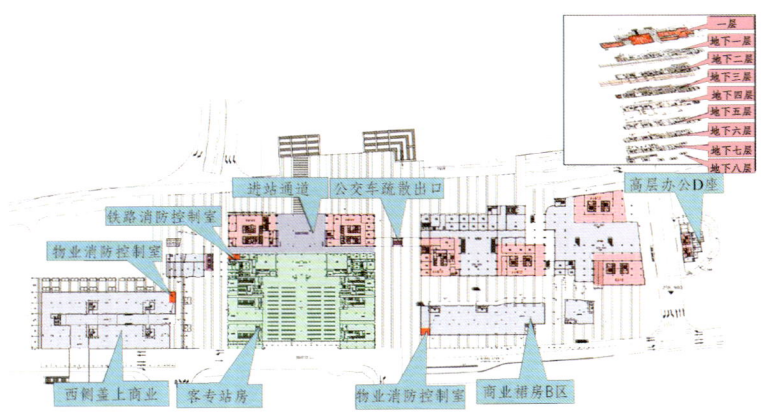

图 1-6　上盖广场层铁路站房范围示意图

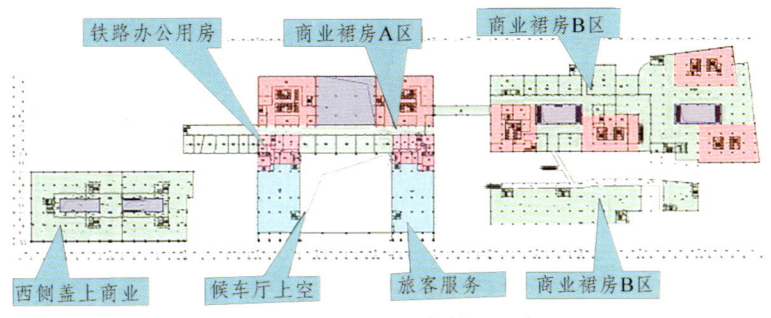

图 1-7　二层铁路站房范围示意图

旅客出站通道经换乘厅与地铁换乘厅、公交车站、出租车站及地下停车库连通，利用地形高差，通过立体交通实现各交通功能间的便捷换乘。

沙坪坝客专站房利用地形条件，在空间上将进站流线组织与出站流线分开，互不干扰。高架候车站房与上盖广场标高基本一致，为259.00 m。进站人流主要于上盖广场的站前广场区域集散。出站通道标高为240.30 m，通过换乘厅（标高240.30 m）至各种城市交通运输工具集散。

旅客车站配套用房采用立体方式布置，在负一、负二层为半地下设置。公交站点围绕上盖广场分散布置，方便各个方向的人流集散。

本站为客专站房，不设置行李、包裹用房。

集散厅：结合进站通道设计进站集散厅，出站集散厅结合地下出站通道布置。

自动扶梯和电梯：出站集散厅（换乘厅）设自动扶梯通向地铁车站、公交车站、出租车站和上盖广场；候车室进站通道设自动扶梯和电梯至站台，实现人性化乘降和展现人文关怀。

候车室：按高峰小时4 000人规模设计，设普通候车室、VIP候车室和无障碍候车位。普通候车室设计为自然采光、通风。为单层高架候车室，层高22 m。屋面做保温隔热处理。

售票厅：按最高聚集人数4 000人需设18个售票窗口，本方案进站通道东西侧各设置两个售票厅，一共有12个售票窗口、12个自动售票机和取票机。包括两个无障碍售票窗口。

一层布局：候车厅、售票厅、旅客服务、卫生间、客运值班室、安检、售票办公、进款室、票据室、铁路办公用房。

二层布局：旅客服务用房、空调机房、信息机房、铁路站房变配电所、铁路办公用房。

3. 地下综合换乘系统

沙坪坝综合交通枢纽项目充分利用地形条件和地下空间，打造由多种交通方构成的更加便捷的立体综合交通换乘体系。综合交通换乘系统是交通枢纽的重要组成部分，包括高铁出站厅（兼作换乘厅），换乘通道、公交车站、出租车站和地下停车系统。综合换乘系统解决了高铁车站进出站的交通组织问题，使城市交通和城际交通实现"无缝"连接。沙坪坝综合交通枢纽工程综合换乘体系布置于盖下负七层至盖下负一层，其疏散出口疏散至上盖广场。综合换乘系统工程内容具体如图1-8～1-10所示。

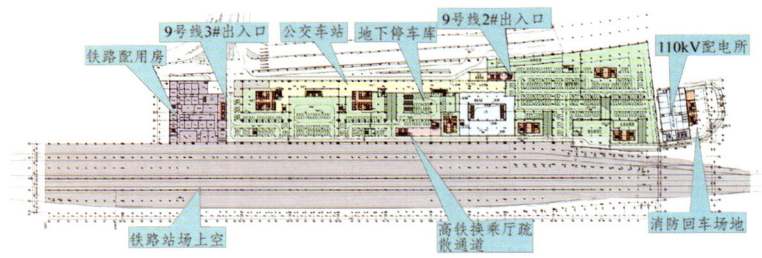

图 1-8　负一层公交车站范围示意图

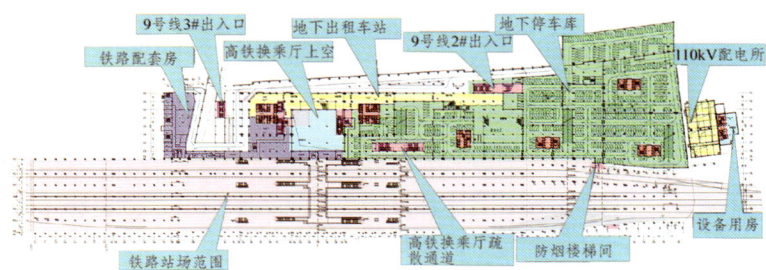

图 1-9　负二层出租车站范围示意图

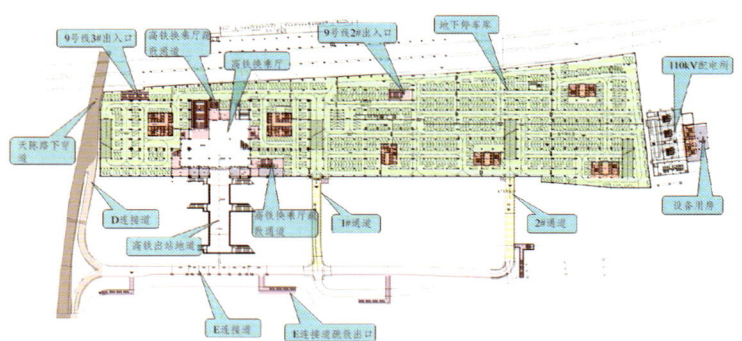

图 1-10　负四层高铁出站厅范围示意图

1.1.2　研究意义

以沙坪坝综合交通枢纽工程为依托，开展复杂城市环境地下大型综合交通枢纽火灾防治关键技术研究，解决沙坪坝综合交通枢纽地下换乘大厅火灾烟气控制方案及关键参数设计；研究不同水灭火系统在综合交通枢纽工程的高大候车空间、地下高大换乘空间、深埋地铁空间等区域实施时的适用条件、灭火效果，以及系统作用后对火灾烟气、人员逃生的影响，提出合理的灭火技术方案；研究综合交通枢纽不同部位适用的报警装置，以便发生火情时能够快速有效地探测火情位置并报警,使得人们能够在最短时间内处理火情,减少火灾造成的损失;研究防火分隔技术对火焰蔓延分隔的有效性,最大限度地预防此类建筑中火灾的发生,最大限度地减轻火灾发生时造成的后果,保证人们的生命财产安全,增强防灾救援能力,同时也可为类似工程的消防设计提供参考和依据。

1.2　重庆沙坪坝综合交通枢纽防灾规划

重庆沙坪坝综合交通枢纽工程在设计实施过程中遇到的火灾防治相关的技术难题主要体现在以下几方面。

(1)高铁出站换乘大厅的火灾通风防烟技术。

沙坪坝综合交通枢纽的高铁出站换乘大厅面积 5 167 m^2,层高 18.7 m,其空间高大,并贯通地下负一层至负四层,连接高铁出站通道、地铁出入口、公交车、出租车站,构成了复杂的地下火灾烟气蔓延网络。火灾烟气的流动会同时受到多种因素的耦合影响,对火灾的控制、合理的通风排烟显得至关重要。

(2)灭火及防火分隔技术。

沙坪坝地下大型综合交通枢纽工程,功能分区面积大,同时交通换乘的横向/纵向的连贯性、通畅性也对灭火技术和防火分区的理念提出了更高的要求。建筑早期灭火系统主要包括消火栓、自动喷水灭火、固定消防水炮等,进行防火分隔时通常利用防火墙、防火卷帘、防火玻璃、防火门等物理分隔,而在交通枢纽的高大、开放空间中,传统的灭火技术和防火分隔方式很难满足其功能需求。

(3)火灾自动报警及联动技术。

沙坪坝地下交通枢纽作为大型枢纽,是一个客流高度密集、多种设备系统共存、多种交通工具中转的空间,各系统设备、线路安装量十分庞大,包含着大量的灾害因素。一旦出现灾害,很可能会酿成重大安全事故,造成重大损失。随着国内城市公共场所火灾自动报警系统安装的完善和普及,火灾报警及联动技术在多起火灾抢险中起到了至关重要的作用。到目前为止,我国还没有针对沙坪坝综合交通枢纽这类特殊和新型建筑发布的消防法规。如何设置合理的火灾报警及联动方案,确保人们及时发现火情,最大限度地降低火灾带来的损失,保证工程的安全性和可靠性,是一项具有探讨性意义的工作。

(4)火灾救援体系及应急预案的编制。

复杂城市地下大型综合交通枢纽工程的火灾防治工作,涉及火灾的预防、火灾后的报警、通风排烟、灭火、人员疏散逃生组织、消防救援等系统内容。

此外，由于沙坪坝综合交通枢纽工程庞杂，涉及的管理单位众多。在预案编制过程中，不但要考虑不同灾害场景，还要考虑多个部门在预案实施过程中的相互协作，并且有效避免由于部门之间缺乏沟通和协调引起的"破坏性部门竞争"。如何构建地下大型综合交通枢纽工程火灾救援体系和应急预案并协调各部门之间的分工，使得沙坪坝综合交通枢纽的应急管理系统有条不紊的整合运作是需要解决的难题。

城市综合交通枢纽工程的修建，在节约土地资源、方便人们出行，提高运输效率等方面具有重要意义，但针对大型的地下城市综合交通枢纽工程发生火灾时的灭火技术、防火分隔技术、火灾报警及联动技术、防灾救援体系及应急预案等存在一系列急需解决的问题和技术难点，无相关经验可参考。然而在地下综合交通枢纽一旦发生灾害事件，后果不堪设想。因此，本项目开展城市综合交通枢纽综合防灾关键技术研究，从火灾防烟通风、火灾报警及联动、灭火及防火分隔、报警及联动技术、应急救援预案等方面入手，解决相应关键技术问题，最大限度地预防和减轻沙坪坝综合交通枢纽工程中火灾、恐怖袭击、暴雨、强风和地震等灾害的发生和造成的后果，保证人们的生命财产安全，增强灾害救援能力，同时为类似工程的灾害防治提供参考和依据。

项目针对复杂城市环境下大型综合交通枢纽的火灾通风防烟组织、灭火及防火分隔技术、火灾报警及联动技术、人员疏散及诱导、火灾救援体系及应急预案五个内容进行研究，以期得到如下成果：对地下高大空间的火灾烟气进行有效控制的方法、综合交通枢纽工程烟气控制系统的可行方案及关键设计参数、针对沙坪坝综合交通枢纽提出合适的报警及联动方案、针对沙坪坝综合交通枢纽提出水灭火和防火分隔的技术方案及其适用条件、建立复杂城市环境地下大型综合交通枢纽工程火灾救援体系及应急预案。

重庆沙坪坝综合交通枢纽防灾规划需要达到以下几点目标。

（1）形成复杂城市环境地下大型综合交通枢纽的地下高大空间的火灾烟气有效控制的方法，并通过研究获得综合交通枢纽工程烟气控制系统的可行方案及关键设计参数。

（2）提出可行的复杂城市环境地下大型综合交通枢纽工程水灭火和防火分隔的技术方案及其适用条件。

（3）提出可行的复杂城市环境地下大型综合交通枢纽工程报警及联动技术方案及其适用条件。

（4）建立复杂城市环境地下大型综合交通枢纽工程火灾救援体系及应急预案。

本项目研究所得成果不仅对重庆沙坪坝综合交通枢纽火灾防控设计的理论和实践方面具有着重要意义，也可以为类似的城市大型地下综合交通枢纽提供有益的参考，对于促进我国城市地下空间交通枢纽的发展具有重要的应用价值。

1.3 国内外研究现状

1.3.1 综合交通枢纽通风排烟组织国内外研究现状

1. 火灾通风防烟组织的国外研究现状

交通枢纽火灾通风防烟组织问题从20世纪80年代初就已经开始受到重视，国外学者主要是采用实验研究以及数值模拟两种方式，系统对烟气流动、火灾荷载、防火分隔措施和火灾温度场分布等内容进行了大量基础性研究工作。

实验方面，英国建筑研究所（British Building Research Establishment，BRE）[1-2]在一个缩小比例1∶10的商场模型中开展了烟气流动与控制实验，指出了商场类大空间建筑的火灾危险性，理论描述了大型商场火灾烟气纵向蔓延的特点，并提出对该类火灾烟气进行控制的一些方法，并先后在1990年和1994年形成了针对大型商场和中庭式大空间的烟气控制设计方法指南 *Design Principles for smoke ventilation in enclosed shopping centers*（BR 186）、*Design approaches for smoke control in atrium buildings*（BR 258），为大空间烟气运动特性研究奠定了基础。随后，日本、澳大利亚、美国、加拿大、新西兰以及北欧等发达国家政府先后投入大量研究经费用于积极开展对建筑火灾通风防烟组织设计方法理论及技术的研究。其中，日本建设部建筑研究所（Building Research Institute，BRI）[3]在全尺寸的大空间内进行了一些实验，理论推导了自然填充过程、边墙有很大开口情况下的自然排烟及机械排烟下烟气层高度的一些简化计算公式，并编写完成了大空间烟气控制研究报告 *Smoke Control in Large Scale Spaces*。美国国家消防协会（National Fire Protection Association，NFPA）[4]通过大量实验和研究，发现在火灾发展过程中，当排烟量等于产烟量时，烟气层界面就可以稳定在一个相对高度，不会持续下降。基于以上研究成果，进而在1991年颁布了有关大型商场、中庭建筑以及大空间建筑的烟气控制系统设计指南——NFPA92B（*Smoke Management Systems in Malls，Atria and Large Areas*），其中包含了不同烟羽流情况下的烟气生产量、烟气层温度的计算方法，为开展中庭类大空间建筑烟气控制系统设计提供了定量分析的基础。此种烟气控制系统设计方法的核心思想是通过产烟量确定排烟量，因此一般被称为"产烟量法"。

到20世纪末，Chow[5]通过羽流公式的理论计算研究，并与之前的研究相结合，论证了在大空间火灾中，烟气填充整体空间的80%体积所需的时间。2009年，

Montes 等[6]为了填补大空间火灾模型设计过程中的一些差异，在一个净高 20 m 的中庭内进行了不同火源强度的全尺寸实验，并与数值模拟结果进行对比分析，最终发现两者的结果十分吻合，验证了 CFD 火灾动力模型 FDS 的正确性。2014 年，Chen 等[7]建立了一个理想的大空间建筑模型，并利用 FDS 软件模拟了不同条件下火灾后的内部烟气控制效果。分析结果表明，烟气的放热率和排烟量对排烟效果有很大影响，可为防排烟系统的设计提供参考。

虽然实体试验具有说服力强、能够客观反映火灾危险特性、试验结果真实可靠的优点，但是实体试验费用昂贵、模拟工况有限、试验的可重复性较差。随着计算机计算能力的增强，CDF 技术被广泛地应用到对交通火灾烟气发展以及通风等的分析中，并取得了大量的研究成果。

2006 年 Sin 等[8]利用 STAR-CD 和 FDS 这两种 CFD 工具对中庭火灾进行了模拟分析，结果发现这两种 CFD 工具对实验结果的还原度较高，与实体实验能够很好的吻合。2009 年，Montes 等[9]为了填补大空间火灾模型设计过程中的一些差异，在一个净高 20 m 的中庭内进行了不同火源强度的全尺寸实验，并与数值模拟结果进行对比分析，最终发现两者的结果十分吻合，验证了 CFD 火灾动力模型的正确性。2012 年，Klote[10]通过缩尺实验、CFSAT 区域模型、FDS 场模型以及经验公式演算的研究方法，对中庭类大空间的烟气自然填充现象进行了研究，发现区域模型填充烟气的速度比场模型和缩尺实验填充烟气的速度更快，区域模型在对于烟气层界面的定义方面需要进行更加完善的发展。2013 年，N. Tilley[11]等利用 CFD 数值模拟软件对缩尺模型与全尺寸模型的中庭结构进行的烟气与热量控制研究结果进行了公式外推研究，研究发现弗洛德常数只适用于发展状态较好的湍流模型，在缩尺模型中保留弗洛德数和雷诺数能够确保 CFD 中缩尺实验结果与全尺寸实验结果相似。2015 年，Ju[12]利用 FDS 模拟软件对底部是否有自然开口的大空间进行了机械排烟的烟气控制研究，并将所得的结果与 Yamana 等人的实体实验结果进行了对比分析，发现底部未设开口的机械排烟控烟效果优于底部设开口的机械排烟工况。

2. 火灾通风防烟组织国内研究现状

国内对于火灾通风防烟组织的研究起步较晚，但是随着交通运输行业的不断发展和地铁站、大型综合交通枢纽的不断涌现，枢纽内火灾通风防烟组织的消防设计逐渐引起了学者们的关注，同时枢纽内火灾通风防烟组织的消防设计也是当前消防设计的技术难题之一。

2001 年，中国科技大学和香港理工大学[93-96]以合作建立的全尺寸大空间实验平台为依托，对不同排烟方式、火源功率条件下的烟气运动规律进行了系统性的研究，分析了不同火源功率条件下火灾烟气在中庭建筑的自然填充过程、燃料的质量变化、垂直温度分布和烟气层稳定高度，将实验结果与在 NFPA 烟气填充方程等公式的基础上改进的烟气填充模型的预测值进行了比较，并指出热烟实验对烟气控制系统评估的重要性，同时针对零售店火灾引发的大型中庭模型中的溢流羽流和由此产生的烟气自然填充情况，建立了一个改进的区域模型。此外，结合 CDF 数值模拟技术，研究了在中庭相邻空间设置挡烟垂壁与空气射流对于火灾烟气运动的影响，并证实了如何将这些模拟结果应用于工程实际中。

2003 年，易亮等[97]采用了全尺寸实验和计算机数值模拟相结合的方法针对大空间火灾中不对称式的补风条件对机械排烟效率、补风口位置的差别和补风口面积的大小展开了一系列的研究，指出采用单侧不对称式补风无法有效地将烟气层的高度维持在最小清晰高度之上；大空间火灾中烟气的温升较小，无法出现双区域模型中明显的热烟气与冷空气的分层现象，两者在交界处往往更易发生混合。区域模拟思想在此时并不适用，烟气控制效果并不理想。补气口的位置与面积的大小对烟气的排出以及火源的充分燃烧与否具有一定程度的影响。此外，游宇航等[98]围绕大空间内机械排烟的效率是否会受到夏季高温气候的影响而开展了一系列的全尺寸火灾实验研究。最终发现在夏季，外部空气与内部空气存在较大的温差，但与小功率火源强度产生的烟气之间的温差较小，外部填充进来的空气更易与烟气发生混合，使得排出的烟气中混杂了大量的外部空气，排烟效率也因此大大下降。

石龙等[99]针对大空间火源位置不同这一研究因素，采用 2 种不同的烟气模型进行了分析研究。研究结果表明：在只考虑存在火源热辐射的情况下，热释放速率与火灾规模的增长速度与着火位置是否靠近中心对称处有着密切关系，越靠近中心对称处，两者的增幅越大，达到峰值的时间越短。李文莉等[100]针对不同火源强度下的中庭类火灾开展了自然填充和机械排烟这两种模式下的排烟效率研究。指出大空间火灾中烟气的温升幅度并不高，对人员疏散的影响相对较小，相反的是烟气毒性和遮光性成为了人员能否安全疏散逃离火场的重要因素。同时还指出大空间建筑内的烟气温度攀升幅度和烟气层下降的高度都与火源强度和是否采用机械排烟这两个因素存在着重要的联系。张国伟[101]等学者基于全过程室内火灾发展模型和 FDS 大涡模拟技术，研究了大空间建筑在不同建筑高度、建筑区域、火源功率下的火灾烟气和温度场，提出了一种能够准确预测大空间建筑火灾烟气和温度场的全过程模型。C. L. Shi[102]等通过全尺寸实验、理论分析和 CFD 数值模拟，详细分析了溢流羽流在大空间中庭内自由发展至中庭外的多段特征，并提出了一种羽流中心线温度的预测模型，并做了 4 组全尺寸试验和 CFD 数值模拟来进一步验证该模型的准确性。中国科学技术大学的肖春花[103]利用 FDS 软件，针对"准安全区"这一设计理念,对不同开口形式下的大空间自然排烟过程中烟气的运动规律开展了大量研究,并做了相关的定量分析和定性分析,最终总结出了"准安全区"的判定公式。

此外,在大型舰船的机械舱方面,X. Z. He 等[104]建立模型,研究了不同送风-排烟比率对大型机械空间机械排烟效率的影响。结果表明烟控效率随着送风-排烟比率的提高而提高,考虑典型机械空间的排烟效率、能耗和成本,建议排烟系统的送风-排烟比选择为 70%。

1.3.2 综合交通枢纽灭火及防火分隔技术的国内外研究现状

1. 灭火及防火分隔技术的国外研究现状

国外的学者对于灭火及防火分隔技术的研究多集中于防灭火技术的提升。2000 年,Darwin 和 Williams[13]在船舶上进行了细水雾灭火实验,并探索在其他含有易燃液体的空间使用细水雾的可行性。2006 年,Shu[14]等设计了一套由烟雾通道系统、光散射系统、粒子成像系统组成的烟雾粒子图像采集装置,提出了一种基于激光片成像技术的光学烟雾非侵入式检测方法。这种方法提供了烟雾离子的形态、大小和分布。2010 年,Kim[15]提出了一种基于运动估计的烟雾检测系统,研究了烟雾的稳定特性。为了衡量精度和计算效率,系统利用近似中位数方法提取运动块,并对烟雾的颜色进行分析,以选择候选块。最后估计候选块的运动矢量方向决定是否发生烟雾。结果表明这种预警系统在火灾发生前期提供较低的烟雾误报率。2011 年,Liu[16]提出了一种基于能量差的自适应烟雾检测算法。采用帧间能量差检测增强烟区后,进行动态积累、滤波和提取烟雾泄露的位置。实验表明该方法能很好地检测红外视频中的烟雾,避免红外热像仪由于周围高温场的辐射对烟雾泄露位置的影响。2013 年,克罗地亚斯普利特大学的 Bugarić[17]等提出了一种利用 GIS 和扩增实境提高火灾烟雾检测准确率的方法。结果表明在不同的烟雾探测方面。探测范围、正确探测率和虚警率都有明显的提高。

2. 灭火及防火分隔技术的国内研究现状

国内灭火及防火分隔技术的研究多依托工程实际,解决实际工程设计中存在的难点。上海虹桥交通枢纽使用防火隔离带对各个功能区进行防火分隔[105]。中国科学技术大学的吴振坤[106]进行了地铁车站敞开楼梯间空气幕防火防烟分隔技术的研究,得出挡烟效果最好的地铁防烟空气幕设计风速为 5~7 m/s,最佳的倾角为 15~30°。2010 年,深圳市公安消防局的刘跃红[107]等以某交通枢纽换乘大厅为例,采用性能化分析方法对防火卷帘设置的不同比例下,商业火灾对换乘大厅内人员安全性的影响进行分析论证，得出在采取一定消防措施的前提下，相邻商业场所与交通枢纽换乘大厅间的防火卷帘宽度站防火分隔总宽度的设置比例可适当增加至 40%。2011 年，同济安泰工程防灾研究中心[108]进行了高压细水雾实体防灾实验，研究结果表明：安装在轨道交通地下车站轨行区靠近屏蔽门一侧的高压细水雾系统具有良好的抑烟、防毒和降温功效。同年，西安市地下铁道有限责任公司的赵青松[109]等详述了高压细水雾的优缺点及其在城市轨道交通中的应用情况，认为其可以替代其他灭火系统在城市轨道交通的重要电气房间应用。2012 年，天津大学的李鹏来[110]结合天津站交通枢纽的特点，研究设计了天津站交通枢纽火灾自动报警系统设计方案、系统组成、网络架构及设备选型。同年，天津大学的程第[111]分析了高压细水雾系统应用于天津站交通枢纽的可能性，提出了高压细水雾系统在天津站枢纽中应用的适当模式。同年，太原市公安消防支队的刘升赟、尹冬梅[112]为太原南铁路客运站西广场做了防火分隔设计。其中换乘区形成一个疏散过渡区域，商业区隔间之间采用耐火极限不低于 2.00 h 的不燃烧体墙分隔，且面向走道的门窗采用 C 类铯钾防火玻璃，同时采用独立的闭式自动喷水系统进行冷却保护。公交候车区设置室内消火栓系统、采用快速响应喷头的自动喷水灭火系统、火灾自动报警系统及机械排烟设施等自动消防设施。2013 年，中国科技大学的李杰[113]等提出了一种基于视频处理的交通枢纽复杂火灾预警烟雾检测方法。采用改进的高斯混合背景建模方法对视频图像进行预处理，利用背景差分和图元分割提取可疑区域。利用离散小波变换（DWT）提取运动目标子图像的能量特征值和运动目标中心和区域底部的运动速度比，判断运动目标的整体特征。结果证明检测方法对消除场景中移动人群的干扰有较好的效果。同年，合肥市消防支队的李青山[114]就合肥南站综合交通换乘枢纽工程实例，对利用防火分隔带划分防火分区进行可行性分析，认为防火隔离带应设置相对独立的自动报警、自动灭火、防排烟等设施，工程中东、西线下场站空间防火隔离带最窄处宽度为 10.5 m。2014 年，哈尔滨市公安消防支队的穆海涛[115]认为用"准安全区"可以解决大型地下交通枢纽防火分区面积大、安全疏散距离长等超规问题。并限制了准安全区的功能及装饰材料，同时认为"准安全区"内应设置有效的烟控系统、自动灭火系统、火灾自动报警系统，并应独立设置。同年，长春市消防支队的陈雷和天津消防研究所的邬伟、路世昌[116]为某大型交通枢纽工程进行了防火设计，将换乘大厅作为人员疏散的过渡区域，大厅内不放置任何可燃物，与相邻商业用房采用有效的防火分隔，并在大厅内设置自动喷水灭火系统和机械排烟系统。将商业店铺设为防火单元，采用受自动喷水灭火系统保护的钢化玻璃作为店铺与换乘大厅公共区之间的防火分隔措施。将开向安全走道的出口作为辅助安全出口。2015 年，青海省消防总队的闫达伟[117]认为综合交通枢纽这类工程通常存在防火分区面积超大，疏散距离超长等消防安全问题，应通过对高火灾荷载区域限制内装材料、采取有效防火分隔、全面设置自动灭火系统来降低火灾风险。2016 年，鲍勇、陈娟娟[118]针对"下沉式广场+人行通道"组成的客流集散区防火分区面积过大的问题，采用"准安全通道"的概念保障人员疏散安全。北京建筑大学的邹皖峰[119]建立了地下交通枢纽的中央综合监控系统，将枢纽中各个区域的信息集中到枢纽中央监控管理层，从而实现对各专业系统的监控和应急调度。

1.3.3 综合交通枢纽报警及联动技术国内外研究现状

1. 报警及联动技术国外研究现状

20 世纪 80~90 年代，随着经济建设的不断发展半导体、微电子、光电、计算机和信息等科学技术也迅速发展，国外火灾自动报警技术以市场为导向，以应用高新技术为先导，减少误报率、提高可靠性、灵敏度和扩大探测范围为根本目的[18-20]。在开展基础理论和应用技术研究、老产品技术改造、新产品开发、标准和规范制修订、产品质量认证和检验、系统设计安装和维护、扩大应用范围和提高应用效益等方面，都有了很大的提高并出现了许多新产品、新技术，使火灾自动探测报警系统从火灾探测、报警传输、信号处理、报警控制显示到与其他系统联动等一系列功能和可靠性大大提高、完善，大大减少误报率，大大增强人们预防现代化各种火灾的能力，为保卫人类生命，财产防火安全发挥了重要作用，成为现代消防技术中的一种必不可少，具有广阔发展前途的前沿消防领先技术和手段[21]。

目前，国外普遍采用的火灾自动报警技术主要有两种：一种是非智能火灾自动报警技术，包括嫁接新技术的老式或传统火灾自动报警技术，20 世纪 90 年代末出现的可寻址火灾自动报警技术和 20 世纪 80 年代初期出现的模拟量可寻址火灾自动报警技术，这些技术尽管高技术含量少，但由于成本低，能满足众多小型民用和商业防火保护的需要，而被许多国家广泛应用[19]。另一种是代表现代化火灾自动报警技术发展水平和发展趋势的智能火灾自动报警技术，包括从 20 世纪 80 年代中期开始发展到 20 世纪 90 年代中期已发展成熟，并得到广泛应用的采用具有人工智能理论和技术的高级算法软件的智能[21]。集中型模拟量可寻址智能火灾自动报警技术（即由智能控制器做报警决策的智能火灾自动报警技术）和于 20 世纪 90 年代初期开发并得到应用的采用人工智能理论和技术的高级算法软件(主要指模糊逻辑和神经网络软件技术）的智能分布型智能火灾自动报警技术（即由智能探测器做报警决策的智能火灾自动报警技术）。其中，智能集中型智能火灾自动报警技术发展最快、应用最广，现已成为智能火灾自动报警技术中的一种主导技术，其中，由大约 50 只的模拟量可寻址感烟探测器构成的小型智能集中型智能火灾自动探测系统发展最快、应用数量最多，不仅大大改进了小空间的防火安全，而且也推动了火灾报警工业的发展[22-24]。智能火灾自动报警技术主要用于解决大、中型空间防火安全和多种系统的联动问题。当前，智能火灾自动报警技术发展的一个显著特点和重要趋势是模糊逻辑和神经网络高级算法软件人工智能理论和交互技术被越来越多的智能火灾自动探测系统采用，已成为智能火灾自动报警技术中的前沿技术和核心技术。要作用，成为现代消防技术中的一种必不可少、具有广阔发展前途的前言消防领先。

现在，世界上所有主要火灾报警控制器和探测器生产厂家都在生产以上这种智能火灾探测和报警产品。普遍看好智能火灾自动探测系统更快探测初生火灾、大大提高火灾探测可靠性、大大减少误报率和系统维护人员负担的优势。业界普遍认为，虽然智能火灾探测和报警产品的最初生产投资较高，风险较大，但是，由于该类产品至少具有 10 年的使用期，高新技术含量大，适应未来技术进步和发展的需要，代表未来发展方向，应得到普遍重视。世界上火灾自动报警技术始终处在领先地位的瑞西伯乐斯公司自 1941 年发明世界上第一个离子室电子感烟探测器和创建火灾自动报警工业火灾公司以来，于 20 世纪 70 年代后期开发第一个可寻址火灾自动报警系统，并从 20 世纪 80 年代初开始瞄准火灾自动报警系统朝模拟量可寻址火灾自动报警系统，即高功能模拟量火灾自动报警系统方向发展[25]。从 1980 年到 1990 年的 10 年间，先后共投资 5 千万英镑，建造现场模拟燃烧试验设施，开展大量试验研究，收集大量火灾传感器背景噪音数据，建立数据库，求出区分真假火灾信号的大量算法，于 1986 年推出由控制器做报警决策，连续监视传感器模拟值，自动补偿灵敏度变化和具有预报警功能进行人工干预的模拟量可寻址火灾自动报警系统，并于 20 世纪 90 年代初推出由采用模糊逻辑和人工神经网络算法软件探测器做报警决策的智能分布型火灾自动报警系统，其最大好处是能准确区分真假火灾，大大减少误报和能准确报警。

国外火灾自动报警技术发展的总趋势是朝着早探测、广谱探测、体型探测、高可靠、少误报、网络化和智能化方向发展。早探测主要是指气体探测技术，其中，除了 CO 探测技术最有发展前途，还有高灵敏度的甚早感烟技术等。广谱探测主要是指一只"探测器可探测多个火灾信号，如普遍采用的光电与感温传感器复合的火灾探测器或光电、离子、感温传感器任意复合的多传感器火灾探测器；光电、离子、感温、CO 传感器复合的火灾探测器；可以探测灰烟和黑烟的多角散射或前、后向散射的光电感烟探测器等。体型探测（亦称对空间的多方位和全方位探测）主要指在几何学上与点和线探测相区别的面和体的探测，如线型光束感烟探测器、火焰探测器、采用红外摄像技术监视空间热、烟、火焰、气体分布的成像系统。高可靠是指提高现有各种火灾探测系统的可靠性,保证系统准确探测火灾[26-28]。少误报是指采取一切技术和措施,进一步减少现有各种火灾报警系统的误报率,使其减少到人们可接受或令人满意的程度,最大限度减少误报带来的损失和不利影响。网络化是指火灾自动报警系统之间和火灾自动报警系统与非火灾自动报警系统之间的联动或联网[29-30]。智能化是指火灾自动报警系统探测器和控制器采用微处理器和具有人工智能技术和理论的高级算法软件实现智能报警决策。目前智能型火灾自动探测系统主要有两种,一种是应用较多、普遍看好的智能集中型(由控制器决策)智能火灾探测系统;另一种是最近推出的应用较少、被一些国家看好的智能分布型(由探测器决策)智能火灾探测系统。

在国外发达国家中,火灾自动报警系统作为楼宇环境监测系统中的重要子系统,发展得已经比较成熟,主要体现在以下三个方面:(1)西方发达国家的消防体系比较完善,专门成立的消防监控服务机构,为城市消防提供火灾报警数据等通信保障服务,并为消防部门提供可靠的火灾报警信息。(2)利用对网络技术、计算机技术、通信技术三者的融合,对设备系统进行实时监控以及对故障信息的远程传输,构建了公共报警监控系统网络。将智能建筑中的火灾自动报警系统并入网络,从而使消防调度指挥中心能够迅速接收火灾发生的准确位置,并安排消防部队迅速抵达现场。(3)在发达国家中,火灾自动报警系统已走入家庭,并接入城市消防网络,从而使得城市消防网络更大、更全。

2. 报警及联动技术国内研究现状

在我国,目前火灾自动报警系统的发展虽然相较于 20 世纪末有了长足的进步,经历了从模仿到自我研发再到普及应用,但是仍然面临以下几个问题。

(1)智能化程度低。

目前我国使用的火灾探测器都进行了智能化设计,但由于系统的软件开发不成熟、探测传感器参数较少、各种算法的准确性不高、火灾数据库参数不全等原因,外加探测器安装环境中的灰尘、气流、烟雾、电磁场、静电、天气情况、人为干扰等不利因素对其的影响,使得火灾自动报警系统难以准确探测烟粒子浓度、现场温度、光强、电磁辐射以及可燃气体的浓度等指标,从而造成误报、漏报等情况发生。另外,目前我国使用的智能化火灾自动报警系统主要以集中系统为主,稳定性和可靠性差,巡检速度低,不适用于规模庞大的建筑[120, 130-133]。

(2)网络化程度低。

目前我国应用的火灾自动报警系统形式基本上以区域火灾自动报警系统、集中火灾自动报警系统和控制中心火灾自动报警系统为主,自我封闭,尚未形成区域性网络化火灾自动报警系统[121, 122]。

（3）组件连接方式有待改善[123-127]。

火灾自动报警系统以多线制和总线制连接方式为主，探测器和报警器及控制器之间是采用两条或多条铜芯绝缘导线或铜芯电缆穿管相接，存在耗材多、成本高、抗干扰能力差的缺点。同时，铜导线耐高温性能差、易磨损，系统施工维修复杂，影响了火灾自动报警系统的可靠性和更广泛的应用。

（4）火灾自动报警系统误报、漏报问题较多[128-129]。

由于火灾探测器的安装环境极其复杂，加之各种传感器在探测火灾方面存在着某些先天不足，无法准确地感应各种物质在燃烧过程中所特有的声波、光谱、福射、气味等诸多方面发生的微妙变化，对火灾发生过程中所产生的不同粒径和颜色的烟存在探测"盲区"，误报、漏报现象时有发生。

（5）超早期火灾探测报警技术应用还几乎空白[136-138]。

国外已开发出洁净空间高灵敏度感烟火灾探测报警系统，如激光式高灵敏度感烟火灾探测器，吸气式高灵敏度感烟火灾探测报警系统和气体火灾探测报警系统，与普通火灾探测报警系统相比，其探测灵敏度提高了两个数量级，甚至更多，这些系统采用了激光粒子计数、激光散射等原理监视被保护空间，利用单位体积内粒子增加的多少来判断是否发生火灾，系统可在火灾发生前几小时或几天内识别潜在的火灾危险性，实现超早期火灾报警。而该技术我国目前还处于起步阶段，有待进一步研究开发应用。

（6）适用范围小[134-135]。

在我国，火灾自动报警系统的研究、应用和生产相对西方发达国家起步较晚，安装范围主要是《高层民用建筑设计防火规范》《建筑设计防火规范》规定的场所和部位，如大型计算机中心、高层建筑、高级旅馆、重要仓库及大型公共建筑等，而在易造成群死群伤的中小型公众聚集场所和社区居民家庭甚至部分高层住宅都没有规定必须安装火灾自动报警系统，因此适用范围过小。

1.3.4　综合交通枢纽防灾救援体系及预案国内外研究现状

1. 防灾救援体系及预案国外研究现状

近年来，国外学者对防灾救援体系及预案的研究多集中于从应急救援指挥、应急救援响应时间、应急救援物资的合理分配、救灾运输网络等方面入手改进应急救援响应模型，提升应急预案可靠性。Khan[81]等回顾了过程安全与风险管理方法和模型的研究进展，重点介绍了当前的研究趋势，并概述了作者对该领域未来研究方向的看法，为弥补现有差距提供了指导。

在应急救援指挥方面，2015 年 Tang[82]提出了一个考虑应急指挥操作需求的应急预案结构模型，该模型能够通过增强具体行动计划（HTN）来构建事件分解结构，生成时间灵活的行动计划，使应急响应域中的时间不确定性得以处理，并提出一种并发控制机制，以保证动态时间环境下基于动态时间规划状态的可变区间响应活动的并行性。此模型可以作为应急预案开发过程的计算模型，并将其作为推理逻辑嵌入应急指挥决策支持系统中。2016年Debois[83]等研究了基于经验约束的铁路应急预案建模与仿真案例。研究证实了基于约束的过程建模和仿真工具作为专家分析和预演应急响应预案的可行性。2017年，CarmenPenadés[84]等认为目前的应急救援计划旨在增强应急组织的准备和恢复能力，如何通过管理应急救援计划增强组织的应变能力（弹性建设）是当前应该考虑的问题。鉴于此，其探讨了应急计划与弹性建设的关系，提出了一些使应急计划更有弹性的建议。

在应急救援物资分配方面，2015年卡塔尔大学的Khayal[85]等提出了一个动态分配临时配电设施和应急反应计划资源分配的网络流模型。该模型分析了在不同时段运作的临时设施之间的多余资源转移。数值分析表明，临时设施的选址取决于需求和供给点，研究结果有助于在灾害袭击某一特定区域后对救灾物资的供应作出迅速反应。2016年，Girard[86]等提出了一个基于交互结构（FIS）的地方应急响应计划评估方法，主要评估资源不足情况下的应急预案执行能力。将多层次事故树模型嵌入该评估方法后，可以评估出不同程度资源不足应急预案的有效性，分析出由于资源不足导致预案功能障碍所带来的风险。

救灾运输网络方面，2015年，Hasanzadeh[87]考虑有关救灾物流网络的战略决策，以转移伤者和分发商品，设计了一个救灾运输网络。与经典网格设计相比，该模型具有更好的灾害管理性能。同年，Park[88]等研究了道路交叉口监控系统对应急救援响应区和响应时间的影响。研究中采用了以地理信息系统为基础的两种分析：有无道路拥堵对火灾应答服务区变化的影响；采用网络分析评估有无道路拥堵情况下有道路交叉口监控系统对火灾响应时间的影响。研究结果表明：道路交叉口监控系统有助于提高应急服务，拯救人员生命和财产安全。2017年，Babaei[89]提出了应急交通网络设计模型，以确定灾害发生后高优先级应急响应车辆的最优路径。该模型考虑交通运输距离、时间和全部路径数，最终确定应急车辆的最优路径。

此外，一些学者分析了不同国家地区政府应急救援管理的不足。虽然政府的安全管理体系中有应急响应计划，但依然有许多事故的应急响应是无效的。为了解决这个问题，2016年，Majid[90]等提出了一种结构简单，符合安全管理要求并容易实施的应急响应模型。并以马来西亚炼油厂为例进行了实验，结果该模型可以有效跟踪管理事件信息，并减少对人、环境和资产的不利影响，具有可行性。同年，Raikes[91]等以加拿大为例阐述了政府在自然灾害的应急管理中应当承担的责任和义务。认为当前应急管理缺乏立法标准，没有地方当局如何减少社区脆弱性的管理准则。这使得个人和群体，特别是私人土地所有者在灾后需要承担更大的金融风险。Pilone[92]分析了意大利应急计划的不足，认为应急计划应将各种风险评估联系起来，从而能够为人民和领土安全提供一个全面的应急方案。但事实上，土地使用往往受到完全不同的立法管制。紧急情况程序和土地使用规划之间缺乏联系，使得应急管理在实现领土真正安全方面效果不佳。

2. 防灾救援体系及预案国内研究现状

我国的应急救援体系及应急救援预案的研究多集中于以消防部队为应急救援主体制定应急救援预案，分析并改进我国目前消防应急救援体系的不足。

2006年，黄婷[169]等提出公安消防重大事故应急预案应根据可能发生的灾害事故的性质和类别制定。预案主要内容包括灾情设定、危害特性、力量部署、处置对策、勤务保障及注意事项。2008年，廊坊武警学院的孙悦[170]等分析了我国消防应急救援指挥体系的现状及其存在的问题，并提出了加强我国消防应急救援指挥体系的方法。2009年，内蒙古自治区消防总队的王秋彧[171]分析了我国消防事业实现战略转型的原因，初步设计了国家应急救援体系框架。2010年，中国人民武装警察部队学院的康青春[172]等对我国应急救援体系现状和消防应急救援指挥体系现状进行了分析，归纳总结出我国消防应急救援指挥体系在应急联动机制、应急救援资源配置和应急指挥体系等方面存在的问题。并针对上述问题，提出完善应急救援机制、强化应急救援法律体系建设、加强应急救援队伍建设、构建消防应急救援指挥体系这4个方面的对策。同年，天津大学的姚磊[173]以SWOT法对天津市公安消防应急救援指挥体系发展规划的实施策略进行了分析和制定，并针对实施过程中的一系列难点问题提出了优化组织结构和指挥方式、加强人力资源管理、明确应急救援各项保障等建议。2011年，威海市公安消防支队的张西朋[174]分析了突发事件预案制定的基本原则，包括立法原则、建立统一应急反应系统和设立统一指挥中心的原则、突发事件分级原则、建立专业化的应急队伍和适度动员原则。2012年，中国人民武装警察部队学院的刘强[175]归纳了我国消防应急救援指挥体系在组织体制、运行机制、法律基础、应急保障等方面存在的问题。2014年，公安消防部队昆明指挥学院训练部的范茂魁[176]等分析了消防应急救援预案的特点及消防部队应对消防应急救援存在的问题，给出了消防部队应对消防应急救援的策略。同年，福建南平消防支队的钟文立[177]分析了当前我国应急救援体系建设现状，对比了消防部队在国家应急救援体系中的优劣势，对消防部队如何走军民融合式综合应急救援体系建设的发展路子提出了建议；上海消防研究所的吴佩英[178]对比了中外消防应急救援装备标准并为我国今后修订消防应急救援标准提出建议；天津市公安消防总队的王军

[179]探讨了三维预案在消防救援中的重要作用和其独有的优势。2015年，天津大学的仇志岭[180]总结了天津市消防应急救援体系中存在的问题并归纳其产生的原因，提出完善天津市消防应急救援体系的对策。2016年，公安部消防局的张智[181]分析了当前消防应急救援形势任务存在的主要薄弱环节，提出建设以公安消防部队为依托的消防应急救援体系的设想。

在应急救援模型的理论研究方面，2011年，廊坊武警学院的王超[182]运用网络优化模型中的工期-资源优化和工期-成本优化，通过算例分别对消防应急救援中的人员数量和时间-成本进行优化。以此缩短救援时间，减少救援产生的费用。2012年，中国地质大学的刘韦光[183]等运用Petri网对消防应急救援指挥整个过程进行了系统的动态建模；依托Petri网的数学分析功能结合实际参数数据对模型进行了定量计算和改进优化分析；提出了降低整个消防应急救援指挥过程平均延迟时间的改进模型。2014年，西南交通大学的方争楠[184]根据高铁沿线应急救援管理系统的需求设计了系统的功能模块，建立系统数据库并绘制了高铁沿线的地图。提供救援物资的最优储备点查询及应急预案的查询和修改。同年，湘潭大学的金钰[185]论证了SWOT分析法与消防应急救援管理的逻辑关系，分析了基于SWOT的消防应急救援管理存在的问题，并提出了4个方面的改善对策。2015年，Y.Huang[186]认为急救反应过程是基于OODA思想描述（观察、确定方向、决定、行动）循环理论。为了理论的证实急救反应机制，利用耦合的DEVS（离散事件系统规范）模型建立基本的OODA过程框架模型。基于此模型的阶段性地震灾害应急响应方案及仿真结果表明，此模型是合理的。

在结合工程实际的研究方面，2008年公安部天津消防研究所的姜明理[187]等分析了天津站交通枢纽工程存在的主要消防问题，并提出了保证该交通枢纽消防安全的强化措施和火灾应急处置预案。2010年，昆明理工大学的肖潇[188]针对校园火灾应急预案制定的现状，以昆明理工大学莲花校区为例设计开发了基于三维GIS的校园火灾应急救援系统，为消防人员提供最短路径分析以及最近消防栓查询功能。2012年，北京交通大学的谢征宇[189]开展了高速铁路综合客运枢纽客流安全预警关键技术的研究。从信息采集、信息处理和信息融合三个角度对高铁综合客运枢纽客流安全预警的需求进行了分析，并根据需求设计了高铁综合客运枢纽客流安全预警系统结构和预警流程，指出了高铁综合客运枢纽客流安全预警的关键技术。2014年，大连理工大学的郭峰[190]根据机场消防应急措施的特点和要求，分析了当前消防应急系统并基于软件工程的技术和方法设计开发了一套机场消防应急救援系统。系统利用互联网实现信息的共享，并将处置方案保存于数据库中，依照现有的设备、人员情况进行相应的调配，适应各种复杂的环境，并且在不同的突发状况中提供有效的处置办法。2017年，中国人民武装警察部队学院的金静等在梳理了大型城市商业综合体的火灾特点的基础上，探讨了编制城市大型综合体火灾事故应急救援预案的要求及注意事项。

1.3.5 综合交通枢纽火灾防治关键技术国内外研究现状综述

在火灾防烟通风组织方面，结合研究背景可以看出地下换乘大厅内发生火灾以后其烟气的发展过程是复杂的，并且要想确保烟气能在人员安全疏散时间内尽快排出和得到控制也同样存在着较大的难度。目前国内外已经对大空间（包括地下和地下大空间）的烟气发展与蔓延规律、烟气的控制等方面做了大量的研究，但是并没有形成对于大空间烟气控制的统一设计规范，对于大空间的烟气控制设计目前基本属于定性研究，对于不同的大空间来说其只能作为参考，而在实际进行防排烟设计的过程中仍需要对其进行实验或数值模拟研究。在排烟量的计算方法上，相关研究验证了产烟量法在高大空间中的适用性。此外，国内外研究中对于排烟口、补风口的关键性参数设计的研究和对大空间防排烟性能化设计的研究较少。

在灭火及防火分隔技术方面，国外学者的研究多集中于防灭火技术的提升，如烟雾检测技术的提升，国内的研究多集中于为某一特定建筑的防火分隔进行可行性分析及设计，国内相关规范比较完善。

在应急救援体系及预案方面，我国的研究多集中于以消防部队为应急救援主体制定应急救援预案、分析并改进我国目前消防应急救援体系的不足，国外学者对防灾救援体系及预案的研究多集中于从应急救援指挥、应急救援响应时间、应急救援物资的合理分配、救灾运输网络等方面入手改进应急救援响应模型，提升应急预案的可靠性。

1.4 研究内容

本书以重庆沙坪坝铁路枢纽综合改造工程为依托，开展复杂城市环境地下大型综合交通枢纽火灾防治关键技术研究，具体研究内容如下。

专题一：复杂城市环境地下大型综合交通枢纽火灾特性及防排烟关键技术研究
（1）地下高大换乘空间火灾特性及烟气蔓延规律研究。

针对多出入通道交汇和空间高大的综合交通枢纽换乘空间，开展火灾特性研究，确定地下高大换乘空间的火灾场景，包括火灾规模、燃烧增长速率，分析不同火灾工况条件下地下高大换乘空间的最高温度场及分布、温度危害范围等，研究地下高大换乘空间烟气蔓延速度、烟气的毒性、能见度等危险指标及其沿程变化规律。

（2）地下高大换乘空间火灾通风排烟组织及关键设计参数研究。

基于高铁换乘大厅的火灾烟气蔓延规律，开展不同通风供风条件、不同排烟特性条件下的高大换乘空间的火灾烟气控制研究，分析地下高大换乘空间火灾时的通风组织，研究地下高大换乘空间火灾时的排烟量、排烟位置、补风方式等通风排烟的关键设计参数，为地下高大换乘空间火灾烟气控制及防排烟设计提供依据。

专题二：复杂城市环境地下大型综合交通枢纽防灭火及防火分隔关键技术研究

（1）地下大型综合交通枢纽工程水灭火技术及适用性研究。

针对地下大型综合交通枢纽工程，开展水灭火技术及适用性研究，分析水喷淋、水雾、水炮等水灭火系统的特点，研究不同水灭火系统在综合交通枢纽工程的高大候车空间、地下高大换乘空间、深埋地铁空间等区域的实施适用条件、灭火效果，以及系统作用后对火灾烟气、人员逃生的影响，提出合理的灭火技术方案。

（2）地下大型综合交通枢纽工程高大空间的防火分隔技术研究。

从火灾蔓延、烟气控制和人员疏散角度研究沙坪坝综合交通枢纽防火单元划分的合理性；进而研究防火分隔技术对火焰蔓延分隔的有效性，以及对人员疏散中的分段疏散的有益性。特别要研究项目中所采取的防火墙、甲级防火门、防火卷帘等防火分隔技术的可靠性以及对建筑经济性能的影响。

专题三：复杂城市环境地下大型综合交通枢纽火灾报警及联动关键技术研究

针对地下大型综合交通枢纽工程，开展火灾报警及联动技术及其适用性研究，分别分析火灾探测报警系统、消防联动控制系统、火灾预警系统在综合交通枢纽工程的高大候车空间、地下高大换乘空间、深埋地铁空间等区域的实施适用条件并提出合理的火灾报警及联动方案。此外，要提出系统的检测与维护方案。

专题四：复杂城市环境地下大型综合交通枢纽火灾救援体系及应急预案研究

（1）地下大型综合交通枢纽工程火灾救援体系研究。

以地下大型综合交通枢纽工程人员安全为最高原则、兼顾结构安全，制定地下大型综合交通枢纽工程的火灾救援原则，形成地下大型综合交通枢纽工程火灾救援组织机构、消防救援组织计划及组织流程，建立地下大型综合交通枢纽工程火灾烟气通风防排烟策略、控制方法、人员疏散诱导策略，形成地下大型综合交通枢纽工程灭火实施流程，以及确定消防进入路线，建立地下大型综合交通枢纽工程的防灾救援体系。

（2）地下大型综合交通枢纽工程应急预案研究。

针对地下大型综合交通枢纽工程的特点，开展突发火灾等事件的应急预案研究，分析火灾等突发事件的预防预警措施，研究地下大型综合交通枢纽工程的应急预案体系、运行机制、针对地下大型综合交通枢纽工程重大火灾条件下的应急保障，以及演练、宣传和培训。

需要重点说明的是：沙坪坝综合交通枢纽一旦发生火灾，烟气的运动特性会危及人员生命财产安全，而机械排烟效果会直接影响人员是否能够顺利疏散逃生。与正常疏散不同的是，沙坪坝综合交通枢纽地下共设置 8 层，埋深较深，一旦出现火灾等灾情，人员需要进行长距离上行疏散逃生是大概率事件。考虑最不利因素，人员需要从地下负 8 层疏散到地面 1 层，垂直疏散距离将近 30 m。长距离上行疏散过程中的人员疏散特性会受疲劳度、行李重量、能见度、汇流等因素的影响，这些因素又会直接决定人员的疏散速度和疏散时间。保障人员生命安全是消防性能化设计最重要的目标。人员疏散速度和疏散时间决定疏散安全性判定结果，同时也是建筑内消防设施设计的重要考量标准和制定消防专项应急预案的基础。故而本报告重点研究复杂城市环境下大型综合交通枢纽火灾特性及防排烟关键技术、复杂城市环境地下大型综合交通枢纽大规模人群应急疏散及诱导、复杂城市环境地下大型综合交通枢纽火灾救援体系及应急预案研究。

沙坪坝地下综合交通枢纽防的灭火及防火分隔方案以及火灾报警及联动方案在设计施工时严格依据相关规范进行设计，因此不存在太大的设计难点和研究瓶颈。故而本报告主要梳理不同类型的灭火系统、防火分隔方案、火灾报警及联动系统的优缺点及适用条件，最终比选出最优的设计方案。

综上，本书主要的研究成果将重点体现在火灾特性及防排烟关键技术研究和火灾救援体系及应急预案这 2 个部分。

第 2 章

重庆沙坪坝综合交通枢纽通风排烟组织

2.1 数值模拟模型与缩尺实验平台

2.1.1 沙坪坝综合交通枢纽高铁换乘大厅

沙坪坝铁路交通枢纽高铁换乘大厅深埋于地下,其建筑面积为 1 988 m²,层高 11.7 m,贯穿地下四层至地下二层,空间体量大。地下换乘大厅的设置主要用来方便人员快速通过和短暂停留,是交通枢纽内部的核心部分之一。图 2-1 详细描绘了该地下换乘大厅与沙坪坝铁路交通枢纽的空间位置关系。

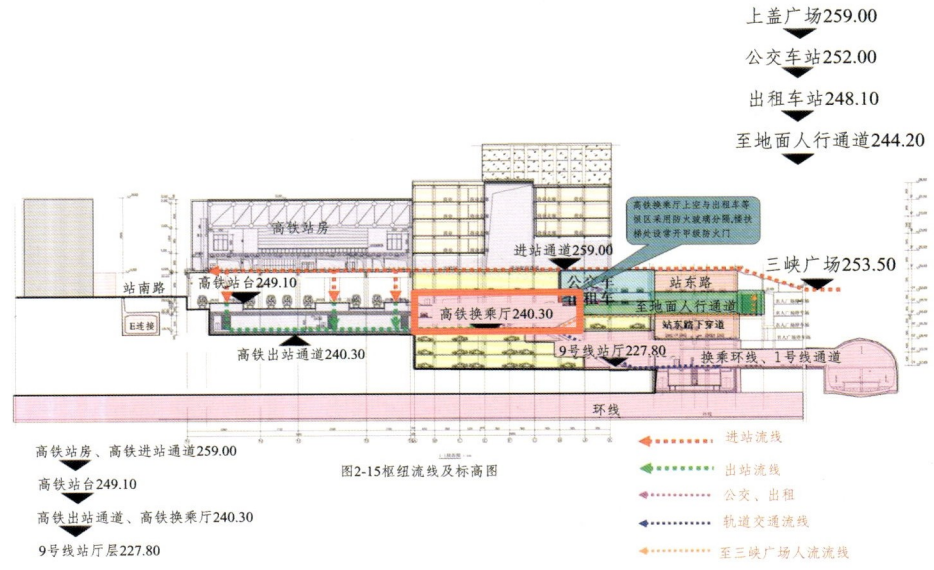

图 2-1 沙坪坝铁路交通枢纽工程概况及高铁换乘大厅

图 2-1 中红色加粗部分即为该项目内部的高铁换乘大厅，该换乘大厅承担综合交通枢纽内部各类交通系统的换乘和交通组织。地下换乘大厅往北设楼扶梯向下接轨道交通 9 号线车站；设楼扶梯和通道至地下停车库；设楼扶梯至负二层出租车站、负一层公交车站；往北向、东向设楼扶梯直通三峡广场和上盖广场地面。该换乘大厅实现铁路客运专线、城市轨道交通、城市地面交通与城市步行系统间的便捷换乘。在区域性交通根本改善的前提下，完善三峡广场基础设施配套，解决本地区的对外交通，通过地铁、出租车、公交车和社会车辆的合理布局实现交通畅通。

2.1.2 全尺寸 FDS 数值模拟模型

重庆沙坪坝铁路交通枢纽高铁换乘大厅的实际占地形状为不规则的倒立"L"型，在研究过程中，为了方便模型的建立也为了使得本文研究的成果能够为更多的类似大空间建筑的防排烟设计提供参考，将换乘大厅模型作了适当的简化，但不改变其占地面积大小。

全尺寸 FDS 数值模拟模型与实体的原型比例为 1∶1，空间的尺寸为 108.0 m × 20.0 m，高度为 10.0 m，机械排烟口与机械补风口布置于 8.0 m 高度处，排烟口和补风口尺寸均为 2.5 m × 2.5 m，共布置 4 个排烟口，2 个补风口；底部设有 2 个 2 m × 3.5 m 的楼梯口。模型整体示意图如图 2-2 所示。

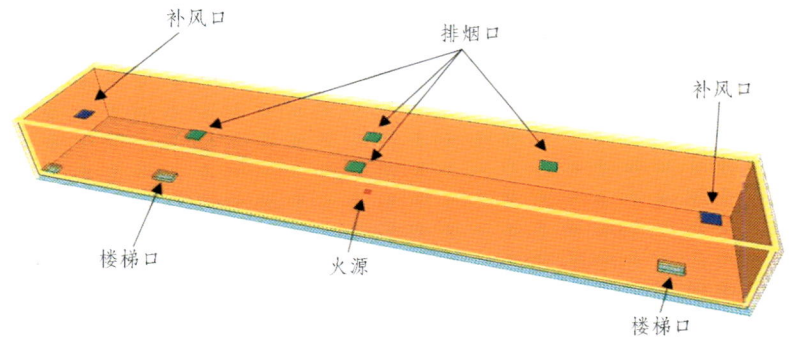

图 2-2 全尺寸 FDS 数值模拟模型示意图

图 2-2 中共有 4 个排烟口以及 2 个补风口，分别设置于顶棚以下 2 m 位置处，底部开口设置为与大气相通。但在实际情况下，底部开口是与站台层以及地下车库联通的。在数值模拟模型中，为了能清晰地观察到建筑物内部温度及烟气的变化情况，在建筑物中轴线上设置了温度切片。由于实验条件的限制以及为了方便研究，补风口设置于顶棚以下 2 m 的位置，但实际工程中补风口的位置应该设置于大空间底部位置处，因为将补风口设置于建筑底部位置能够有效保证火灾烟气

的顺利排出。在本节对火源功率、排烟风速、排烟口位置、排烟量的研究中，设置 50%基础补风的目的是避免实验平台产生负压阻碍排烟。由于左右 2 个补风口位于建筑物两端且离火源位置较远，层分区装置距离补风口位置较远，故而补风口的位置对实际模拟研究中烟气层的变化的影响较小。

全尺寸 FDS 数值模拟模型的边界条件考虑为 FDS 软件默认混凝土，其换热系数与实际情况较为符合；全尺寸数值模拟模型的开口位置考虑与大气相通，实际情况下该换乘大厅的底部开口与其他防火分区相连，由于其相联通的防火分区空间体量也较大，故而在 10 min 的数值模拟时间内考虑其与大气相通较为合理。

2.1.3　全尺寸 FDS 数值模拟模型网格尺寸

网格尺寸的大小决定了数值模拟的精确程度，在模拟中选取合适的网格尺寸是十分必要的，过大的网格尺寸会导致在模拟过程中其精度达不到预期要求，而过小的网格尺寸则会使得模拟时间过长，同时也对硬件的要求更高。为了准确模拟火灾场景，同时节省模拟时间，必须选择适合的网格尺寸。FDS 中推荐通过火源特征直径 D^* 与网格尺寸 δ 之比来衡量网格尺寸大小是否合适。

火源特征直径 D^* 的定义如下：

$$D^* = \left(\frac{\dot{Q}}{\rho_\infty c_p T_\infty \sqrt{g}} \right)^{\frac{2}{5}} \qquad (2\text{-}1)$$

式中　D^*——火源特征直径，m；

$\dot{Q}$——火源总热释放速率，kW；

ρ_∞——环境空气密度，kg/m³；

c_p——环境空气比热，kJ/(kg·K)；

T_∞——环境空气温度，K；

g——重力加速度，m/s²。

D^*/δ 的推荐取值为 2~16，叶琮勤[192]通过模拟尺寸 20 cm×20 cm 的油池火（火源功率为 24 kW）来分析网格尺寸的选取是否合理，同时与 Heskestad 的自由羽流公式进行对比，最终得出 $0.1D^*$ 的网格尺寸能够合理模拟出自由空间的火灾场景。

本文模型的网格选取以此为基础，各参数设定为：空气密度 ρ_∞ = 1.204 kg/m³，空气定压比热 c_p = 1.005 kJ/(kg·K)，环境温度 T_∞ = 284.15 K，重力加速度 g = 9.81 m/s²，火源功率分别为 $\dot{Q}$ = 1.6×10³ kW、$\dot{Q}$ = 3.2×10³ kW 和 $\dot{Q}$ = 7.7×10³ kW。从而得到的火源特征直径 D^* 数值分别为 1.17 m、1.55 m 和 2.20 m，本文统一选定火源特征直径为 D^* = 2.0 m，因此网格尺寸 δ = 0.2 m。

在本次模拟中，由于整体空间较大，采用了局部加密的方式来设计模型，火源附近 5 m×5 m 的空间内其网格尺寸设计为 0.20 m，其他区域网格尺寸设计为 0.40 m。

周庆[192]利用 FDS 对同一办公室在 5 种不同网格尺寸下的数值模拟结果进行了分析，结果表明网格尺寸对模型模拟结果的影响随着测量位置与火源距离的增大而减小，即离火源位置越近，受到网格尺寸的影响越大。通过选点计算，如果网格尺寸缩小 4 倍，模拟结果的精度能提高近 5%。

故而，本次模拟模型采用的网格尺寸为 0.40 m，并在火源附近进行局部加密，使得本数值模拟模型的精确度能满足要求，设计较为合理。

2.1.4 缩尺实验平台

整个模型由方钢做骨架搭建而成，四周围护结构采用 8 mm 厚的防火玻璃和 5 mm 厚的防火板搭建而成，整体尺寸为 10.8 m×2.0 m×1.0 m。在实验台的顶部两侧分别有 1 个尺寸为 25 cm×25 cm 的补风口，中部布置 4 个尺寸为 25 cm×25 cm 的排烟口，实验平台如图 2-3 所示。

表 2-1 大空间换乘大厅原型与 1∶10 模型内部空间几何尺寸对照表

名　称	实际原型	缩尺模型
长/m	108	10.8
宽/m	20	2.0
高/m	10	1.0

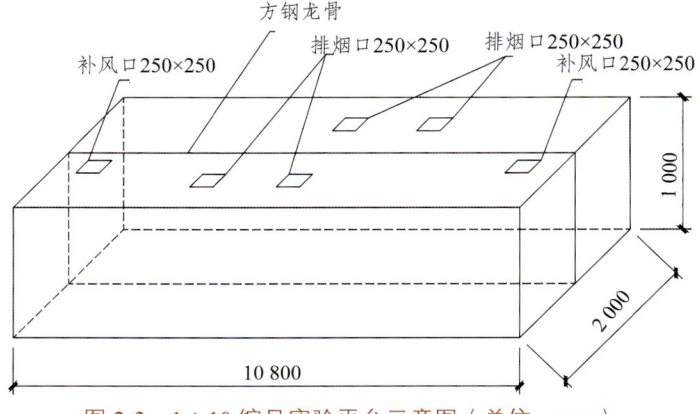

图 2-3 1∶10 缩尺实验平台示意图（单位：mm）

图 2-4 为该实验平台的全貌图,其中红色标注部分为 1∶10 缩尺实验平台。该实验平台拥有 2 台排烟风机、4 个排烟口以及 1 个补风机和 2 个补风口,同时具备完整的排烟补风管道。该实验平台长为 10.8 m,宽为 2.0 m,高为 1 m,位于整个实验平台的第三层处且其底部开口与下一层直接相通,顶部及周围用防火泥填堵以确保烟气不会通过缝隙逸出。

图 2-4　1∶10 缩尺实验平台全貌图

2.2　沙坪坝综合交通枢纽火灾场景

为了方便研究的开展,本节分别建立和搭建了全尺寸 FDS 数值模拟模型和 1∶10 缩尺实验平台。如图 2-5 所示为本节火灾场景设计的内容概况。

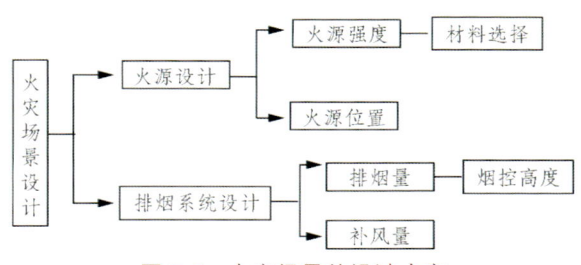

图 2-5　火灾场景的设计内容

2.2.1　枢纽火源强度

大空间换乘大厅属于公共场所,按照我国规范标准规定,内部座椅装饰等一般为阻燃性材料,所以主要火灾荷载为乘客所携带的行李。对于行李火灾,公安部天津消研所曾开展过行李燃烧试验研究[193],考虑行李火灾的最不利情况下为1个行李包同时引燃周围放置的4个行李包,根据试验可知,单个11 kg重行李包的最大热释放速率为250 kW;一个行李包引燃相邻包的时间为57~127 s。以单个11 kg行李火灾热释放速率曲线为基础,延迟57 s同时引燃周围4个行李包,可叠加出热释放速率曲线,如图5-6所示。考虑一定的安全系数,最终确定行李火灾的最大热释放速率为1.5 MW。

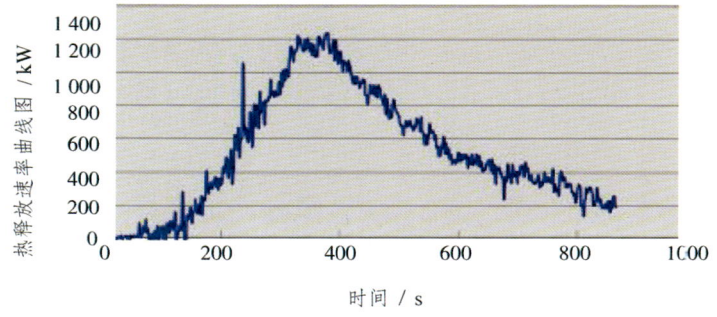

图 2-6　行李火灾热释放速率曲线

考虑到最不利因素,本研究中对全尺寸FDS数值模拟模型的火源强度设计选为:1.6 MW,3.2 MW以及7.7 MW。根据表2-2中相似模型的相似关系可以进一步确定1:10缩尺实验平台中所选取的火源强度分别对应为:5.19 kW,10.24 kW和24.27 kW。如表2-2所示。

在1:10缩尺实验平台中,参考国内外烟气研究实验的一般方法,采用油池火作为火源。由于不同尺寸的汽油油池火的燃烧速率几近一致,因此想要达到模型要求的火源强度,只需要通过制作不同尺寸的油盆即可。在缩尺实验模型中设计了3种尺寸的油盆:10 cm×10 cm,14 cm×14 cm和20 cm×20 cm,分别对应实验中的5.19 kW,10.24 kW和24.27 kW。如表2-2所示。

表 2-2　火源强度的设计参数一览表

全尺寸 FDS 数值模拟模型	1:10 缩尺实验平台模型	油池火油盆尺寸/cm
1.6 MW	5.19 kW	10×10
3.2 MW	10.24 kW	14×14
7.7 MW	24.27 kW	20×20

2.2.2　枢纽火源位置

考虑到模型实验平台是规则长方体型空间,内部具有对称性,为了方便数据的分析与采集，本模型实验选择模型空间的正中心这一典型位置作为火源的摆放位置。

2.3 实验平台测试系统

2.3.1 温度测量及热电偶束

实验中烟气的温度是用热电偶来测量并记录的，总共布置了 50 个 K 型热电偶，如图 2-7 所示，该热电偶具有价格低廉、灵敏度高、响应快等特点。在平台顶部正中间位置沿长度方向布置一串热电偶共 10 个测点，标记为 a1~a10；沿 a1~a10 测点位置高度方向垂直布置热电偶树 B1~B10，横向间隔为 1 m，每树自下而上均匀布置 4 个测点，间隔为 0.2 m，分别标记为 b11~b14，b21~b24，……，b101~b104。

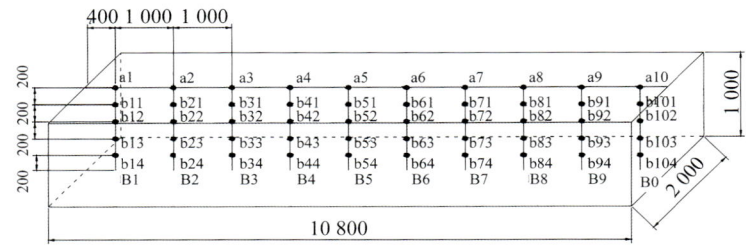

图 2-7　模型实验台热电偶布置图　单位：mm

2.3.2 风速的测量

风速的测量仪器采用型号为 KANOMAX 6243 的多点风速仪，具体参数见表 2-3。

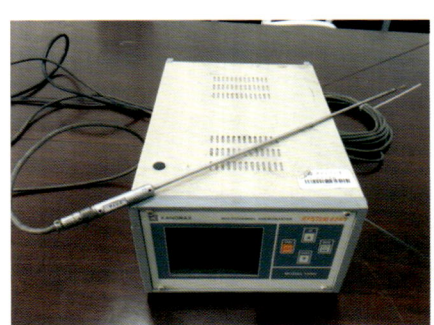 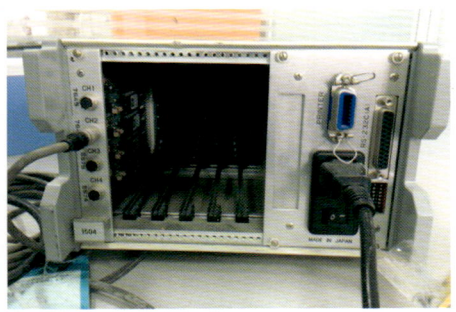

图 2-8　KANOMAX 6243 多点风速仪

表 2-3　KANOMAX 6243 多点风速仪测量参数

参数	测量单位	测量量程	精度
风速	m/s	0～9.99	0.01
		10～25	0.1
温度	°C	5～40	0.1

2.3.3　数据采集系统

本模型实验中，数据采集仪采用的型号是 SH-X 型多路温度测试仪（见图 2-9），温度信号输入通道最多可配置 8 组，每组可接 8 路热电偶，主要参数指标如下：

（1）测温范围：-100 ℃～1 000 ℃；

（2）测量精度：0～1 000 ℃：±（读数值×0.5%+1）℃，

-100～0 ℃：±（读数值×0.5%+2）℃；

（3）使用环境：工作温度：-20～70 ℃；相对湿度：20%～90%。

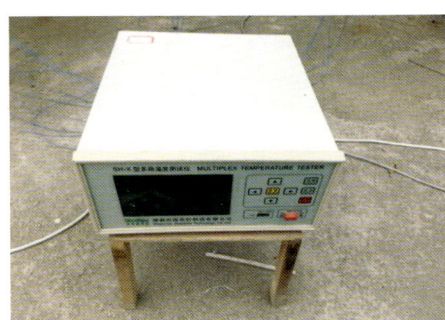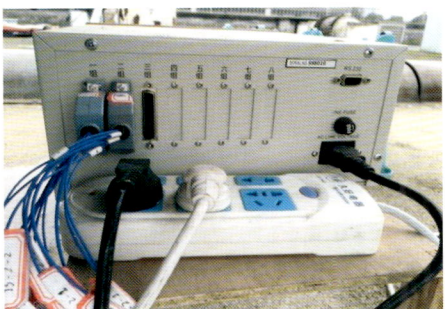

图 2-9　SH-X 多路温度测试仪

2.4　全尺寸 FDS 数值模拟

2.4.1　全尺寸 FDS 数值模拟工况

对于全尺寸 FDS 数值模拟模型工况的设计主要根据不同火源功率、不同排烟量、不同排烟口风速以及不同补风量这 4 种特征参数进行的。

1. 不同火源功率

前面通过对行李火灾的研究，得出了表 2-4 中对火源功率（火源强度）的设计标准，即研究该大空间在火源功率分别为 1.6 MW、3.2 MW 和 7.7 MW 下烟气的发展情况以及大空间内能见度的变化情况。在研究过程中，在排烟风速、排烟量以及补风量不变的情况下，分析了 3 种不同火源功率下烟气层的下降情况和能见度的变化情况，同时设定了 4 种烟控高度作为参照。根据不同火源功率设计的全尺寸 FDS 数值模拟模型工况如表 2-4 所示。

表 2-4　根据不同火源功率设计工况一览表

工况编号	火源功率/MW	烟控高度/m	排烟量/（m³/h）	补风量
m-1-1	1.6	2	25 236.72	50%
m-1-2		2.6	29 188.08	50%
m-1-3		3	32 197.32	50%
m-1-4		4	40 763.52	50%
m-2-1	3.2	2	43 577.64	50%
m-2-2		2.6	49 515.12	50%
m-2-3		3	53 473.32	50%
m-2-4		4	64 223.28	50%
m-3-1	7.7	2	59 616.96	50%
m-3-2		2.6	99 583.56	50%
m-3-3		3	106 228.08	50%
m-3-4		4	132 197.32	50%

2. 不同排烟量

不同排烟量，即在设定的不同烟控高度下，大空间的机械排烟效率会有所差异，为了方便研究，本文根据不同排烟量大小设计的工况与根据不同火源功率设计的工况一致，如表 2-4 中的数据所示。在研究不同火源功率对排烟效率的影响时，将同一烟控高度作为参考标准，而在研究不同烟控高度即不同排烟量对排烟效率的影响时，将同一火源功率作为参考标准。值得一提的是在这 12 种工况下，排烟口的风速相同且补风量按照排烟量的 50% 计算。

3. 不同排烟风速

根据排烟风速的不同，将全尺寸数值模拟模型的工况进行如表 2-5 所示的设计，其中 5 种工况下烟控高度都为 3 m，即排烟量和补风量相同，且火源功率都为 1.6 MW。

表 2-5　根据不同排烟口风速设计工况一览表

工况编号	排烟口风速/(m/s)	火源功率/MW	排烟量/(m³/h)	补风量
mf-1	1.25			
mf-2	2			
mf-3	3	1.6	32 197.32	50%
mf-4	4			
mf-5	5			

4. 不同补风量

根据不同补风量将全尺寸数值模拟模型的工况设计如表 2-6 所示，其中 5 种工况下烟控高度都为 3 m，其排烟口风速和火源功率相同。

表 2-6　根据不同补风量设计工况一览表

工况编号	补风量	火源功率/MW	排烟量/(m³/h)	排烟口风速/(m/s)
mb-1	30%			
mb-2	40%			
mb-3	50%	3.2	53 473.32	—
mb-4	60%			
mb-5	70%			

5. 机械排烟补风系统启动延时的特殊工况

在实际情况下，由于火灾探测器对火灾探测的延时以及机械排烟/补风系统开启延时的影响，并不能在火灾发生时立即启动机械排烟/补风系统。为了研究实际情况下由于机械排烟/补风系统的延时开启对地下换乘大厅烟气控制的影响，对全尺寸数值模拟模型的特殊工况进行如表 2-7 所示的设置。此时，考虑机械排烟系统和机械补风系统连锁启动。

表 2-7　根据机械排烟补风系统启动延时设计工况一览表

工况编号	排烟/补风启动延时/s	补风量	火源功率/MW	排烟量/(m³/h)	排烟口风速/(m/s)
mt-1	30	50%	3.2	49 515.12	
mt-2	60	50%	3.2	49 515.12	—
mt-3	90	50%	3.2	49 515.12	

当机械排烟系统和机械补风系统处于非连锁启动状态时，火灾发生时排烟系统启动，而机械补风系统较排烟系统延时启动时，对全尺寸数值模型的特殊工况进行如表 2-8 所示的设置。

表 2-8　根据机械补风系统启动延时设计工况一览表

工况编号	补风启动延时/s	补风量	火源功率/MW	排烟量/（m³/h）	排烟口风速/（m/s）
mt-4	30	50%	3.2	49 515.12	
mt-5	60	50%	3.2	49 515.12	—
mt-6	90	50%	3.2	49 515.12	

2.4.2　全尺寸 FDS 数值模拟结果

1. 不同火源功率对烟控效果的影响研究分析

在全尺寸模型中，采用热电偶对建筑空间发生火灾后的温度变化进行测量。热电偶的分布如图 2-7 所示。火源附近顶棚 2 处的热电偶能较准确地测出烟气温度的变化。模型计算设定的总时间为 1 200 s，但根据一般地铁发生火灾人员在起火后 6 min 内安全撤离的要求，且从实验数据中观察到在 6 min 以后，该处的烟气温度几乎保持稳定，没有明显的变化。故在数据处理中只分析了前 360 s 时间内火源功率对温度分布的影响。利用 Origin 绘图软件绘制了在不同烟控高度和不同火源功率下火源附近烟气层的温度-时间变化。模拟数据处理结果如图 2-10 所示。

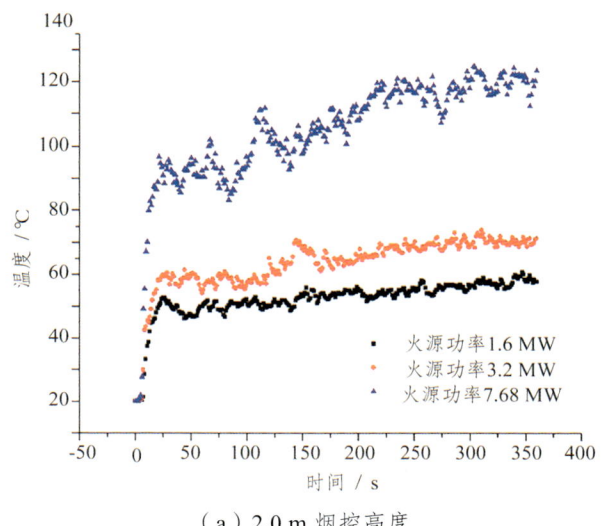

（a）2.0 m 烟控高度

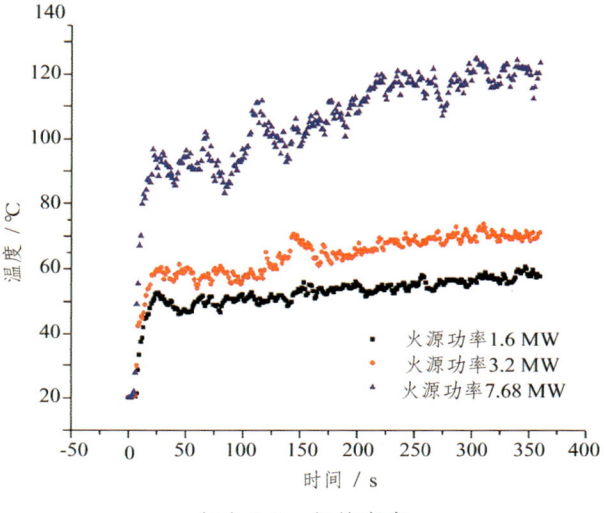

(b) 2.6 m 烟控高度

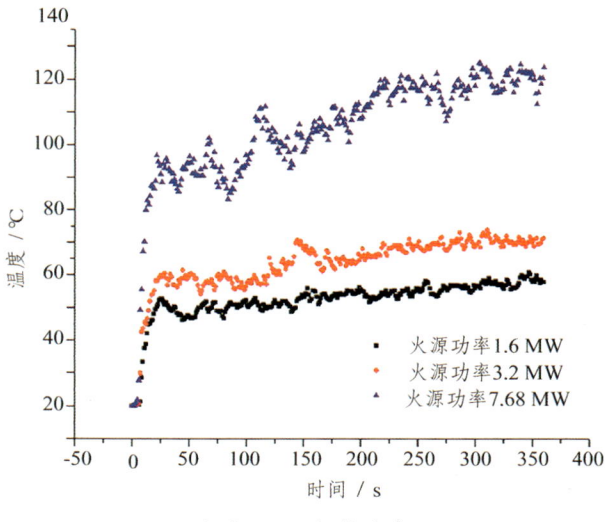

(c) 3.0 m 烟控高度

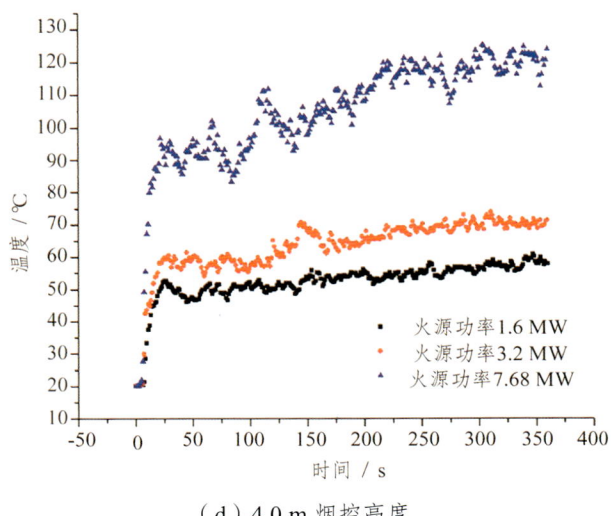

(d) 4.0 m 烟控高度

图 2-10　火源附近烟气层的温度-时间变化规律

对图 2-10 中进行分析可知：

（1）火源功率越大，则火源附近烟气层的温度越高。对于火源功率为 1.6 MW 的火灾场景，火源附近烟气层的温度在 6 min 末时约为 50 ℃；对于火源功率为 3.2 MW 的火灾场景，火源附近烟气层的温度在 6 min 末时约为 65 ℃；而对于特大火源功率 7.7 MW 的火灾场景，火源附近烟气层的温度在 6 min 末时约为 120 ℃。

（2）在该地下换乘大厅的模型中，发生火灾后，火源附近烟气层的温度在前 60 s 的时间内上升十分迅速。通过对实验数据的分析可知在 60 s 的时间内，该处的烟气层温度上升至该处全程最高温度的 75% 左右。在起火阶段，火源上方的空气受到火焰的直接作用，温度迅速上升，当烟气上升至顶棚后，与顶棚撞击产生顶棚射流，烟气沿着径向向周围扩散，此时，由于卷吸作用，使得火源下方的冷空气与顶棚烟气之间产生对流换热作用，使得该处烟气层的温度上升开始变得缓慢。60 s 之后该处烟气层的温度继续缓慢上升并伴有小幅度的波动。火源功率越大，温度波动越明显，这是由于火源功率越大，其与周围冷空气和顶棚的换热作用越剧烈。

如图 2-11 所示为不同火源功率条件下烟气层高度随时间的变化趋势，从图中可以看出烟气在前 200 s 时间内下降较快，在 60～100 s 时烟气层高度发生了骤降断层现象，这是因为顶棚烟气射流径向扩散时，碰撞到了四周的壁面发生了烟气回流现象，此时烟气层的高度变化较大；在 150 s 之后，烟气层趋于稳定，下降速度得以减缓；烟气层高度在 600 s 之后就趋于稳定，变化较少。

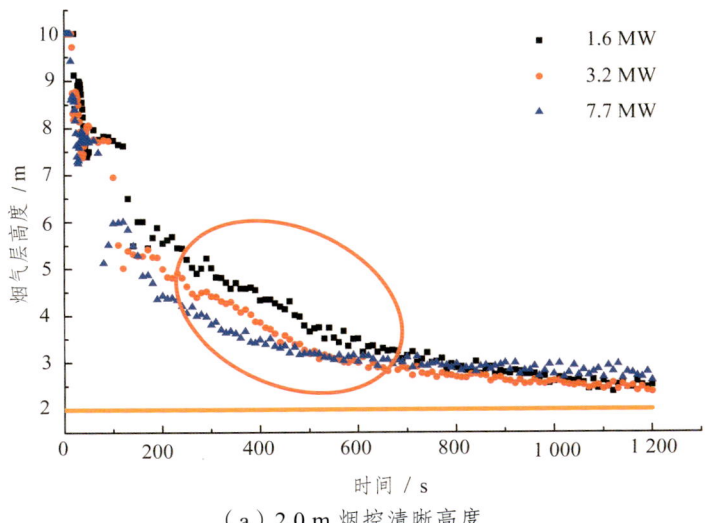

（a）2.0 m 烟控清晰高度

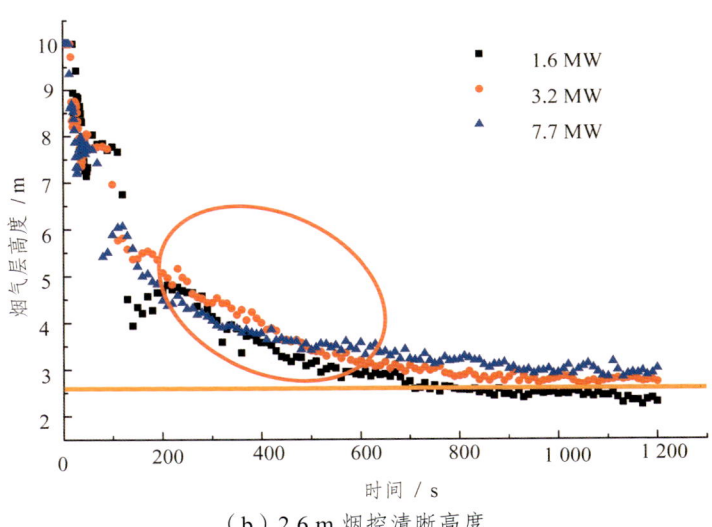

（b）2.6 m 烟控清晰高度

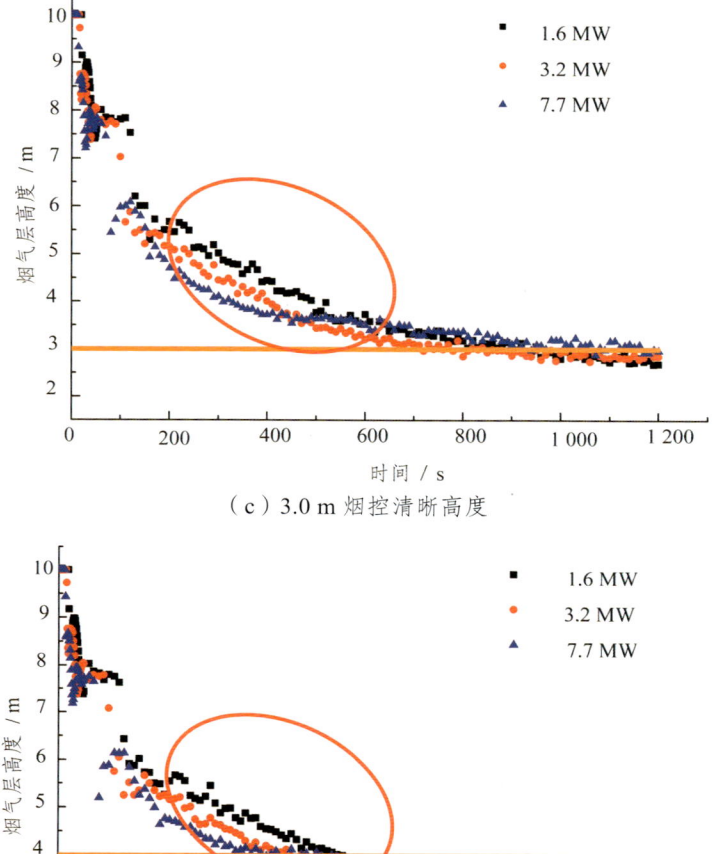

(c) 3.0 m 烟控清晰高度

(d) 4.0 m 烟控清晰高度

图 2-11 不同火源功率条件下烟气层高度变化

如图 2-11 中所示，地下换乘大厅内发生火灾以后，清晰高度随着火灾的发展变得越来越小。前面介绍到清晰高度即是建筑物净高减去烟气层的厚度，因此可以发现即使在通风排烟系统正常工作时，烟气层的厚度也会随着火灾的发展越来越厚。通过对比 12 种火灾场景下烟气层的变化可以知道当地下换乘大厅内发生火灾以后，首先火源上方出现烟气，在测试点处烟气的下降速度十分明显，在短时间内烟气层达到 2 m 左右的厚度。此后，烟气到达顶棚产生顶棚射流，顶棚射流时，测试点烟气层的厚度保持稳定，此过程发生在起火后 2 min 左右的时间内（不同建筑物根据空间大小以及是否具有排烟系统和其他挡烟措施，顶棚射流的时间都不相同），当 2 min 以后，烟气层蔓延到整个空间的上部区域，此时，烟气层在短时间内迅速下降，烟气层的厚度达到建筑物净高的一半。之后，建筑空间内的烟气层下降速度开始变得越来越慢，有趋于稳定的趋势，此时，单位时间内的产烟量和排烟量相等，烟气层不再向下降，并且在烟控高度以上，说明机械排烟系统能有效延缓烟气层的下降，并能将烟气控制在一定高度之上。数值模拟研究得出不同的烟控高度下，即采用不同的排烟量和补风量，建筑物物内烟气层的下降速度以及厚度都不一样。具体关系是烟控高度越高，即单位时间的排烟量和补风量越大，烟气层的下降速度越慢，同一时刻烟气层的厚度越小。

图 2-11 中，黑色曲线表示火源功率为 1.6 MW 时清晰高度的变化，紫色曲线表示火源功率为 3.2 MW 时清晰高度的变化，红色曲线表示火源功率为 7.7 MW 时清晰高度的变化。当火源功率越低，其单位时间内的产烟量也越小，建立模型时根据"产烟量法"计算出了在火源功率不同，烟控高度相同条件下的排烟量和补风量，可以看出，1.6 MW 小型火灾的机械排烟效果更好，而 3.2 MW 和 7.7 MW 等大中型火灾中，利用机械排烟系统虽然能将烟气控制在设定的烟控高度之上，但是效果不如 1.68 MW 的小型火灾效果好，故而在大空间中应当尽量减小火灾规模。

在第 6 min 以后，3.2 MW 和 7.7 MW 的曲线重合度越来越大，而 1.6 MW 火源功率的曲线始终在 3.2 MW 和 7.7 MW 火源功率的曲线之上，在地下大空间工程设计中，当火源功率较大时，采用"产烟量"法计算机械排烟系统的排烟量和补风量行之有效。需要注意的是，模型中层分区装置测量出的烟气层厚度与实际情况不太一致，虽然在整个模拟时间内，烟气层都未下降到人体高度以下，但是实际情况下由于各种对流和卷吸作用，有部分烟气已经下降到人体的高度范围内。

图 2-12 所示为不同火源功率下换乘大空间内烟气能见度的分布情况。从图中可以发现换乘大空间内不同高度处的烟气能见度与火源功率大小成反比，火源功率越大，烟气能见度越低。1.6 MW 火源功率和 3.2 MW 火源功率下，整体空间内的能见度都大于 10 m，7.7 MW 火源功率工况下则出现了 5 m 以上高度处的烟气能见度低于 10 m；尽管如此，3 种火源功率工况下，在 2 m 安全临界高度处的能见度都大于 10 m，因此对于人员的安全疏散影响较小。

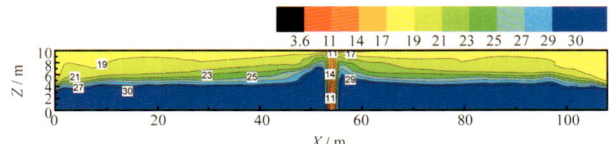

（a）1.6 MW 火源功率下 $y=10$ 切面烟气能见度分布（单位：m）

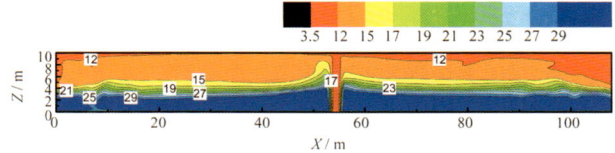

（b）3.2 MW 火源功率下 $y=10$ 切面烟气能见度分布（单位：m）

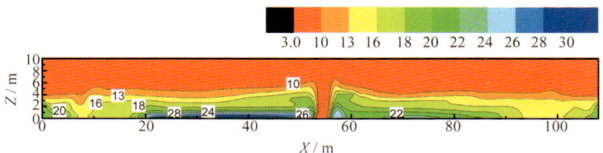

（c）7.7 MW 火源功率下 $y=10$ 切面烟气能见度分布（单位：m）

图 2-12　不同火源功率下 $y=10$ 切面烟气能见度分布

2. 不同排烟量对烟控效果的影响研究分析

由表 2-4 中的 12 种数值模拟工况的结果绘制出在不同排烟量条件下烟气层的变化趋势如图 2-13 所示。

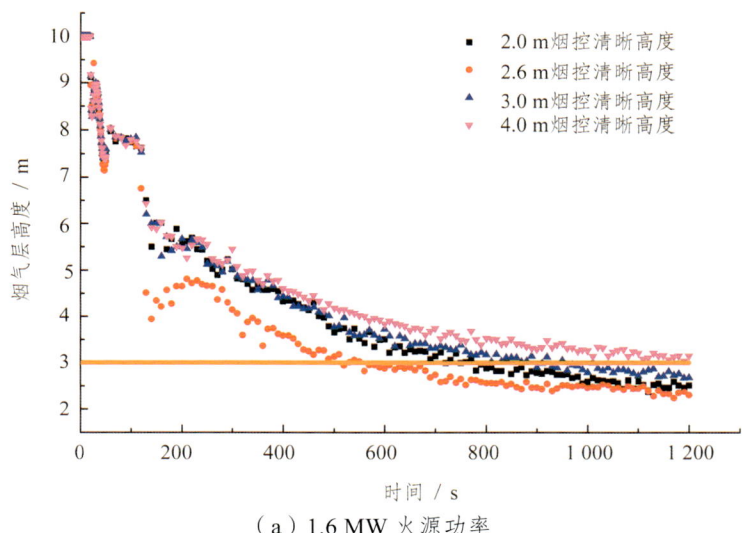

（a）1.6 MW 火源功率

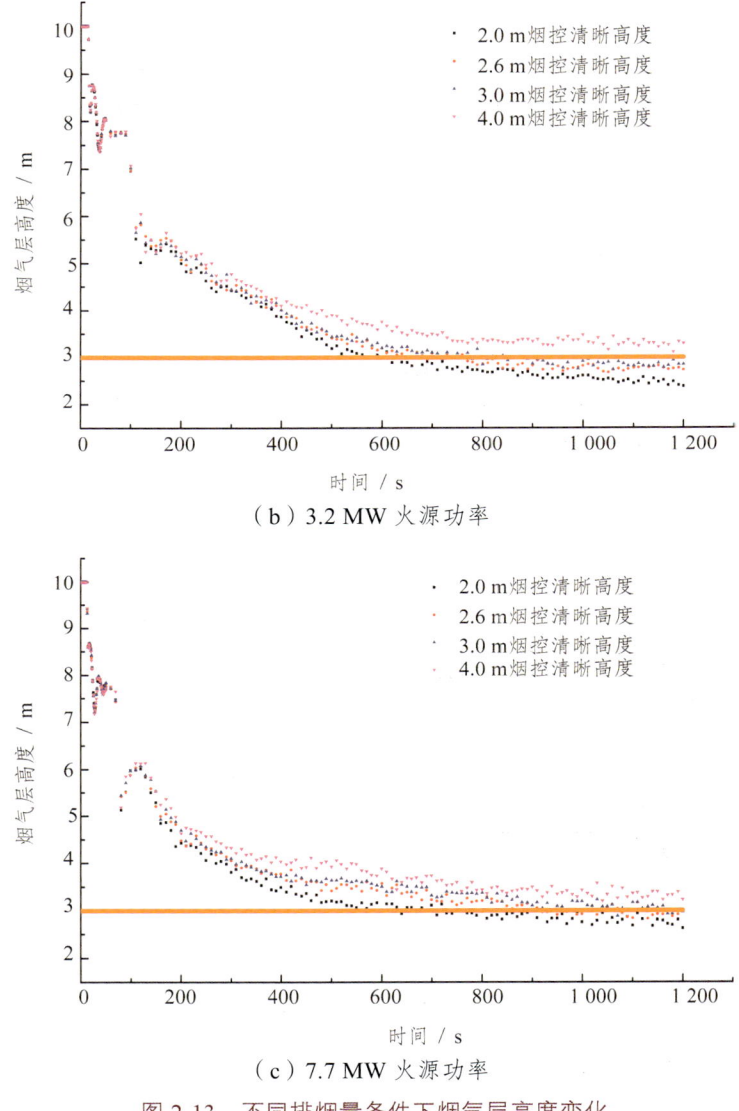

(b) 3.2 MW 火源功率

(c) 7.7 MW 火源功率

图 2-13　不同排烟量条件下烟气层高度变化

从图 2-13 中可以看出，烟气层稳定高度与排烟量的大小成正比，即排烟量越大，烟气层稳定高度越高。无论是在烟气快速下降阶段还是在渐趋于稳定阶段，排烟量越大的工况，烟气层的高度始终高于排烟量较小的工况。

由表 2-4 中的 m-2-1、m-2-2、m-2-3 和 m-2-4 这 4 种工况在允许逃生时间内的模拟结果绘制出在不同排烟量条件下大空间能见度的分布情况，结果如图 2-13

所示。由图 2-13 可以看出，在整体的分布趋势上，不同排烟量下的能见度差异并不是非常大，整体空间内的能见度均大于 10 m，底部 2 m 安全临界高度处的能见度更是大于 20 m，对于人员安全疏散的影响较小。

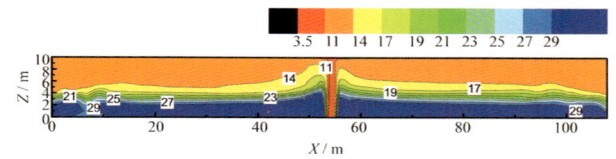

（a）2.6 m 烟控清晰高度排烟量下烟气能见度分布（单位：m）

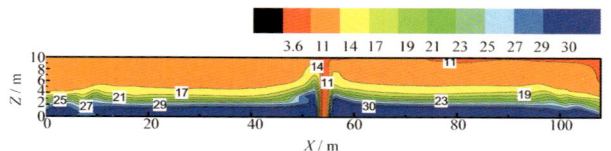

（b）2.0 m 烟控清晰高度排烟量下烟气能见度分布（单位：m）

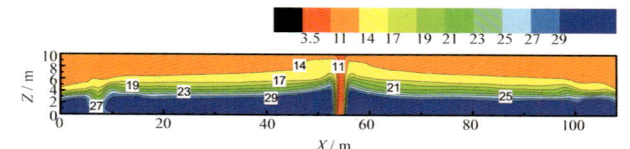

（c）3.0 m 烟控清晰高度排烟量下烟气能见度分布（单位：m）

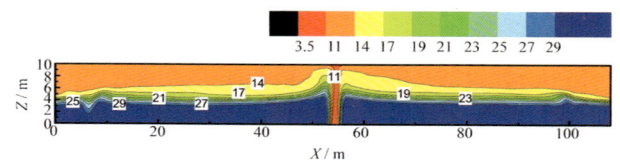

（d）4.0 m 烟控清晰高度排烟量下烟气能见度分布（单位：m）

图 2-14　不同排烟量下烟气能见度分布

3. 不同排烟风速对烟控效果的影响研究分析

图 2-14 所示为不同排烟风速条件下烟气层稳定高度的变化趋势。图中所示的 5 种工况都是在 3 m 烟控清晰高度排烟量的条件下进行的，可以看到实际模拟的烟气层高度与计算所得较为符合，均在 3 m 高度以上，而随着排烟口风速的增大，烟气层稳定高度亦逐渐增大。从图中可以发现，烟气层稳定高度与排烟风速的大小成正比，排烟风速越大，烟气层稳定高度越高。在模拟中，5 m/s 的排烟风速控烟效果最为理想，将烟气层高度控制在了 3.5 m 以上的高度，2~4 m/s 的排烟风

速工况次之，在 3.5 m 高度上下浮动，而 1.25 m/s 排烟风速的工况虽然最为不理想，但依然能将烟气层高度控制在 3 m 的高度附近。

同时由图 2-15 中的差异可以发现，虽然排烟风速越大，控烟效果越好，但是存在一定的限制，当排烟风速达到一定值时，控烟效果的增长会变得越来越小，即当风速达到一定值后，再增大风速，控烟效果的提升将变得不明显。

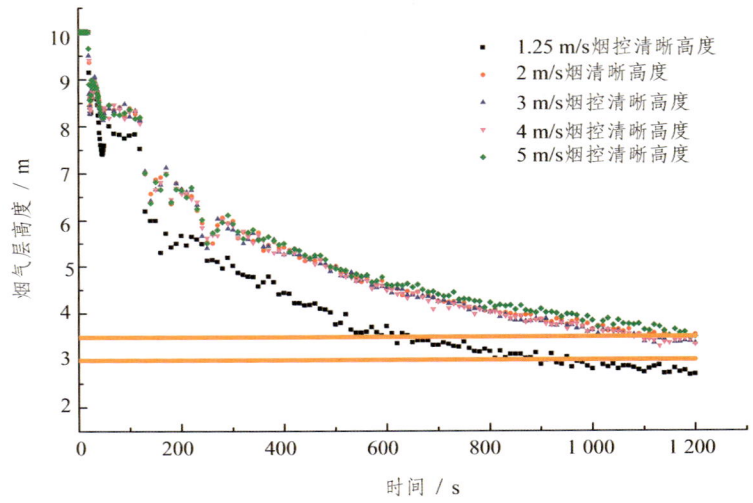

图 2-15　不同排烟风速下烟气层高度变化

从图 2-16 中可以看出，不同排烟风速工况下，在 4 m 建筑高度以下，烟气能见度的分布情况大体一致，都能维持在 20 m 以上，在人员疏散过程中对于人员生命安全的威胁较小，能够较好地引导疏散。

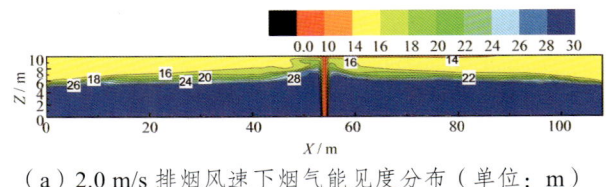

（a）2.0 m/s 排烟风速下烟气能见度分布（单位：m）

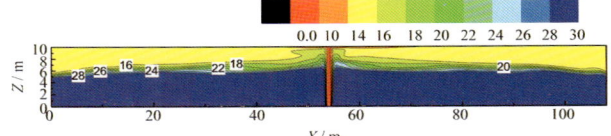

（b）3.0 m/s 排烟风速下烟气能见度分布（单位：m）

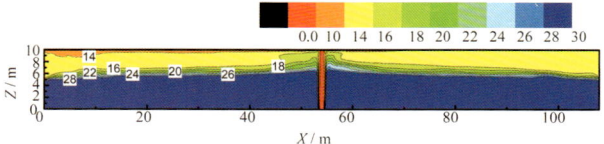

（c）4.0 m/s 排烟风速下烟气能见度分布（单位：m）

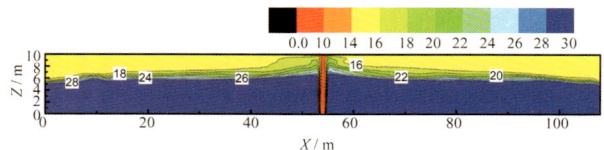

（d）5.0 m/s 排烟风速下烟气能见度分布（单位：m）

图 2-16　不同排烟风速下烟气能见度分布

4. 不同补风量对烟控效果的影响研究分析

图 2-17 所示为不同补风量条件下烟气层高度的变化趋势。随着补风量的逐渐增大，烟气层的稳定高度越高。在 400 s 之前，烟气层的下降速度与补风量的大小不存在明显的关联性，较为接近，在烟气层渐趋于稳定，可以发现，补风量的大小与烟气层稳定高度成正比。但高度的差距较小，都在 3 m 烟控清晰高度上下浮动，基于安全考虑，规范中的要求补风量不小于 50% 的规定较为合理。

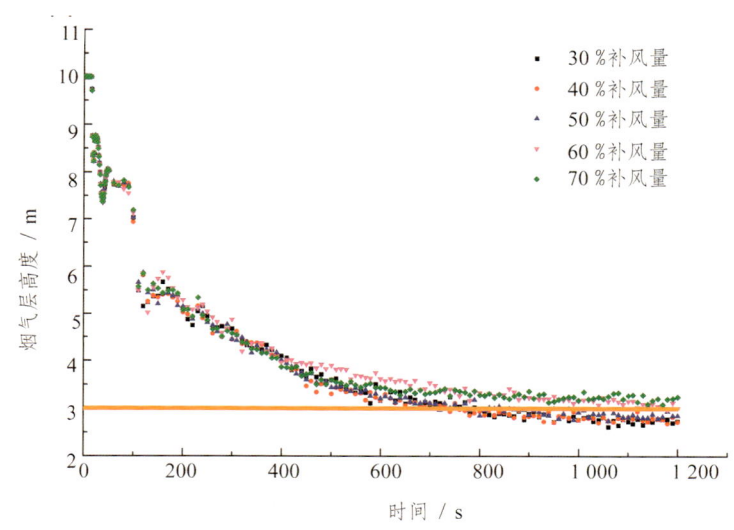

图 2-17　不同补风量条件下烟气层高度变化

图 2-18 为不同补风量条件下，换乘大空间内烟气能见度的分布情况。从整体趋势来看，各工况下整体烟气能见度均在 10 m 以上，在 2 m 安全临界高度处能

见度大于 20 m，对于人员安全疏散的影响可以不计。从图 2-10（d）和（e）中可以发现，左侧补风口位置处出现了烟气层低于烟气层平均高度的现象，这是因为 5 种工况下，补风口的面积是恒定的，随着补风量的增大，补风风速也随之增大，过大的补风风速对于烟气层的扰动影响较大，使得烟气被补充进来的冷空气打乱，并伴随着较大速度的冷空气带入了下部冷空气区域。该现象只发生在补风口周围，对于换乘大空间内整体的烟气层高度影响较小。

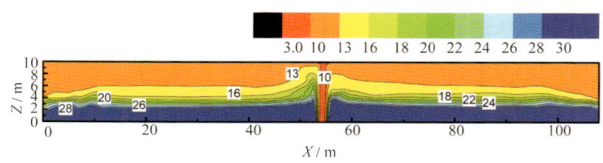

（a）30%补风量条件下烟气能见度分布（单位：m）

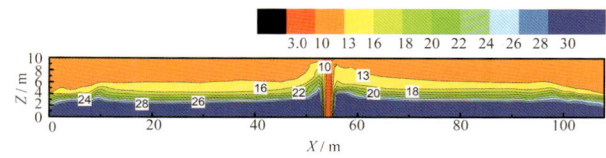

（b）40%补风量条件下烟气能见度分布（单位：m）

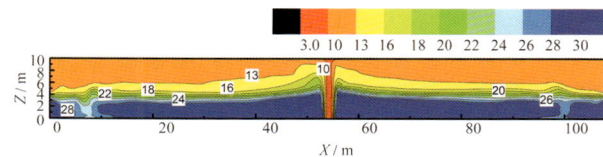

（c）50%补风量条件下烟气能见度分布（单位：m）

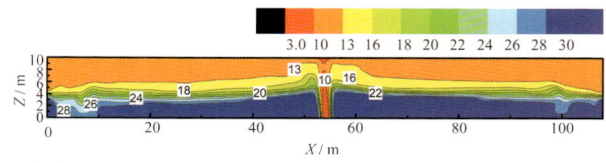

（d）60%补风量条件下烟气能见度分布（单位：m）

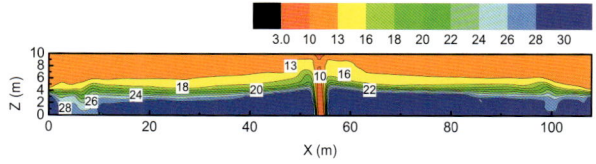

（e）70%补风量条件下烟气能见度分布（单位：m）

图 2-18　不同补风量条件下烟气能见度分布

5. 机械排烟和补风系统延时启动对烟控效果的影响研究分析

本节根据模拟工况 mt-1 ~ mt-6 对火灾发生后机械排烟系统以及补风系统的延时启动对烟控效果的影响进行了研究和分析。其中模拟工况 mt-1 ~ mt-3 为机械排烟系统以及补风系统同时延时启动 30 s、60 s 和 90 s 的特殊工况；模拟工况 mt-4 ~ mt-6 为只考虑补风系统延时启动 30 s、60 s 和 90 s 的特殊工况。

（1）机械排烟系统和补风系统同时延时启动。

图 2-19 为当机械排烟系统和补风系统延时启动时烟气层高度的变化情况，由图 2-19 可以看出：火灾发生初期，烟气在顶棚处聚集，此时由于排烟系统暂未开启，烟气层下降速度较火灾发生时立即启动的工况更快，当延时结束，机械排烟系统和补风系统同时开启后，大空间内烟气的卷吸现象（图像中反映为烟气层高度的波动程度）较火灾发生时立即启动的工况更明显；对于不同延时的工况下大空间烟气层高度的变化情况有如下规律：机械排烟系统及补风系统启动的延时越长，火灾初期烟气层的下降速度越快，卷吸现象越明显。故而，在大空间中，为保证人员的安全疏散，在技术条件支持的情况下，应尽量减少机械排烟及补风系统启动的延时，宜在火灾发生后 1 min 以内启动机械排烟系统和补风系统。

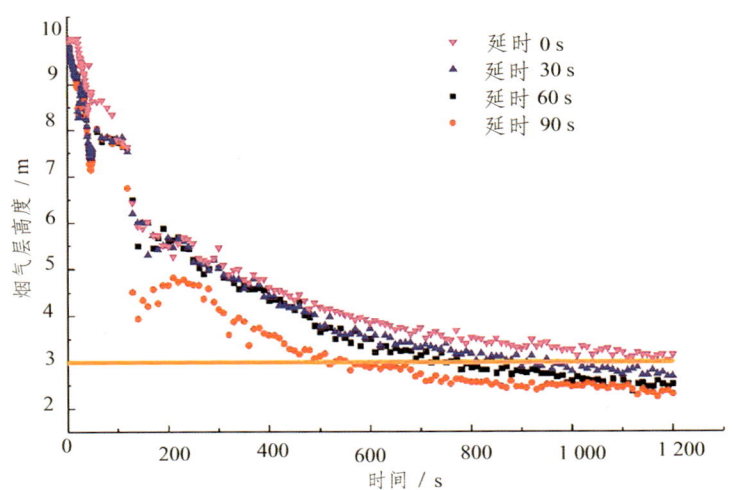

图 2-19　机械排烟/补风系统延时启动下烟气层高度随时间的变化

（2）只考虑机械补风系统延时开启。

在实际情况下，机械补风系统可能延迟于机械排烟系统启动，为了探明补风系统的延时开启对烟控效果的影响，对模拟模型 mt-4 ~ mt-6 进行了详细分析。图

2-20 为当机械排烟系统和补风系统处于非连锁启动状态下，当补风系统分别延时 30 s、60 s、90 s 情况下烟气层高度的下降情况。

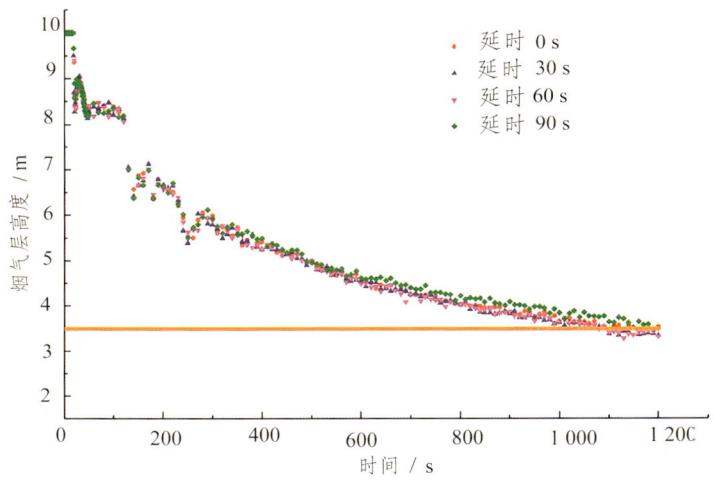

图 2-20　机械补风系统延时启动下烟气层高度随时间的变化

由图 2-20 可以看出，机械补风系统延时开启对烟气层最终稳定高度的影响不大，且在火灾初期，烟气层的下降速度与补风系统的延时启动关系也不明显。

由于地下换乘大厅内开口较多且情况较为复杂，火灾发生初期，即使在火灾发生后补风系统暂未开启的情况下，其空间内所需补风量也能从其他防火分区得到补足；在火灾增长阶段以及火灾后期，补风量的大小与烟气层最终稳定高度成正比，此时，大空间内所需的正常补风量无法从其他防火分区得到补足，只能通过机械补风系统对大空间所需的补风量进行补足，故而实际情况下，大空间内的实际补风量为其他防火分区和外界以及机械补风系统补风量的总和。

2.5　缩尺试验平台实验

利用 1∶10 缩尺实验平台针对在不同火源功率、不同排烟量、不同排烟风速以及不同补风量下大空间烟气运动的规律做了详细的研究。本文在对缩尺实验平台大空间烟气的研究过程中由于实验不如模拟那样可以较为清晰地得到烟气层高度的变化以及能见度的变化，故而只能利用大空间内烟气的温度分布情况以及变化情况作为研究的切入点，以此来判定大空间烟气的运动规律。

为了全方位的衡量烟气在火灾发展过程中的运动规律及烟气的温度分布情况，本书在对烟气的温度分析研究的过程中选取了 3 种方法来进行研究，分别是：

①火源附近测点烟气的温度变化。②顶棚烟气水平温度分布情况。③火源附近烟气垂直温度分布情况。

2.5.1 缩尺试验平台实验工况

本章对缩尺实验平台的工况设计和数值模拟模型的工况设计一致。即根据不同火源功率、不同排烟量、不同排烟风速和不同补风量分别进行设计，根据相似理论可以得出缩尺实验平台的工况设计如表2-9、表2-10和表2-11所示。

1. 不同火源功率和不同排烟量

根据不同火源功率和不同排烟量可将缩尺实验平台的工况进行如表2-1所示的设计。

2. 不同排烟风速

根据不同排烟风速将实验工况进行如表2-10所示的设计。其中sf-1-1到sf-1-5的排烟风速设计为 0.4 m/s、0.63 m/s、0.95 m/s、1.26 m/s 和 1.58 m/s，分别对应原型实验中的 1.25 m/s、2 m/s、3 m/s、4 m/s、5 m/s，其中 1.25 m/s 的排烟风速为实验初始风速，受限于风口风阀的工程制造，无法达到 1 m/s，所以选用 1.25 m/s 作为最小排烟风速研究。

表2-9 根据不同火源功率和不同排烟量设计工况一览表

工况编号	火源功率/kW	油盆尺存/cm	烟控高度/m	排烟量/(m³/h)
s-1-1	5.19	10×10	0.2	79.81
s-1-2			0.26	92.30
s-1-3			0.3	101.82
s-1-4			0.4	128.91
s-2-1	10.24	14×14	0.2	137.80
s-2-2			0.26	156.58
s-2-3			0.3	169.10
s-2-4			0.4	203.09
s-3-1	24.27	20×20	0.2	223.92
s-3-2			0.26	283.39
s-3-3			0.3	314.91
s-3-4			0.4	388.45

表 2-10　根据不同排烟口风速设计工况一览表

工况编号	排烟口风速（m/s）	火源功率/kW	排烟量/（m³/h）	补风量
sf-1	0.4	5.19	101.82	50%
sf-2	0.63			
sf-3	0.95			
sf-4	1.26			
sf-5	1.58			

3. 不同补风量

根据不同补风量可将缩尺实验平台的工况进行如表 2-11 所示的设计。

表 2-11　根据不同补风量设计工况一览表

工况编号	补风量	火源功率/kW	排烟量/（m³/h）	排烟口风速/(m/s)
sb-1	30%	10.24	169.10	—
sb-2	40%			
sb-3	50%			
sb-4	60%			
sb-5	70%			

2.5.2　缩尺试验平台实验结果

1. 不同火源功率对大空间烟气温度分布的影响研究分析

实验中设计了 3 种火源功率，分别对应原型的 1.6 MW、3.2 MW 和 7.7 MW。根据相似理论可以计算出在缩尺实验平台中的火源功率分别是：5.19 kW、10.24 kW 和 24.27 kW。

（1）火源附近烟气温度随时间的变化情况。

根据实验工况 s-1-1 到 s-3-4 得出的实验温度结果进行研究分析，选取火源附近 a4 测量点作为研究的对象可以得出该测量点温度随时间的变化曲线分布图，如图 2-21 所示。

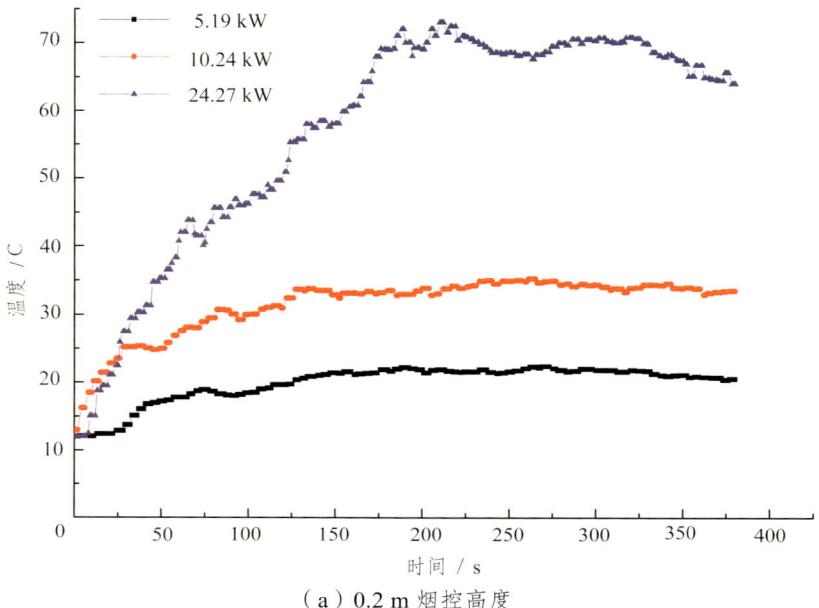

（a）0.2 m 烟控高度

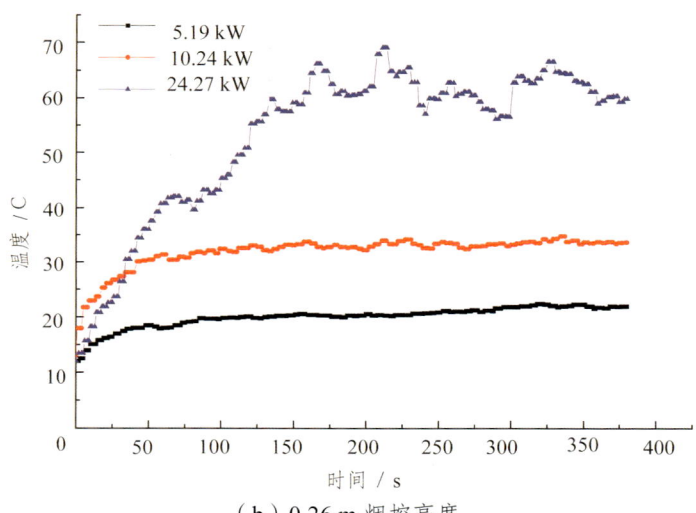

（b）0.26 m 烟控高度

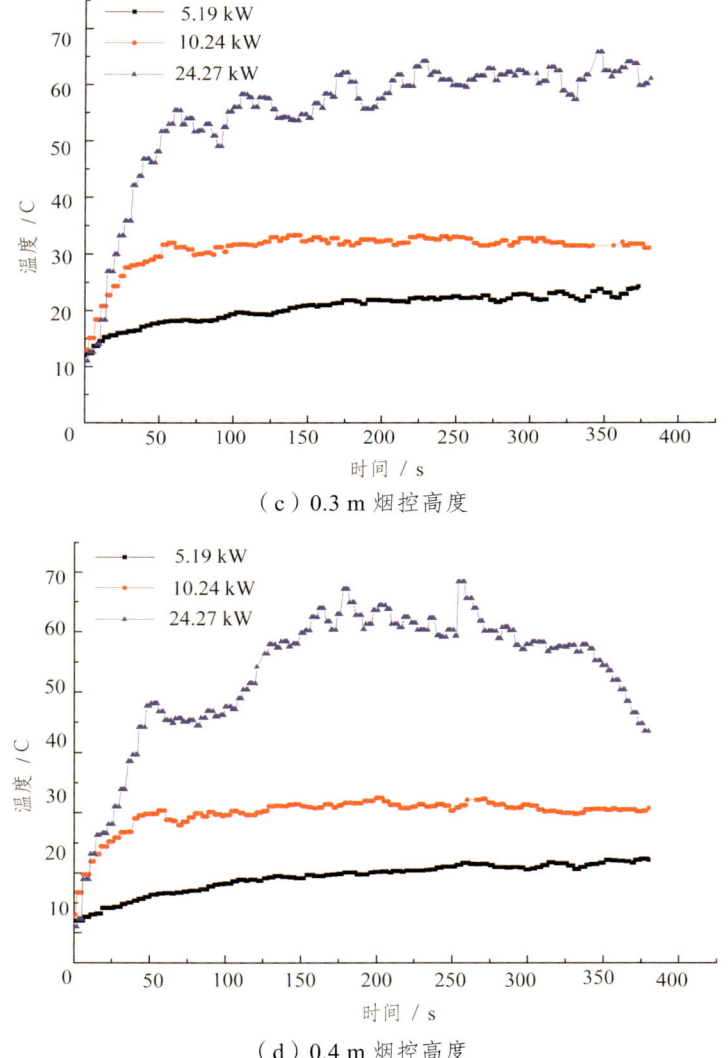

图 2-21 不同火源功率下火源附近烟气温度-时间曲线分布

由图 2-21 可以看出：①显而易见的，当建筑物内火灾荷载越多，即建筑物内部可燃物的数量越多，火源的功率越大，火源附近烟气层的温度也越高。在 2.6 m 标准烟控高度下：对于火源功率为 5.19 kW 的小型火灾来说，在机械排烟系统正常工作时，火源附近的烟气层在第 5 min 左右时温度大约为 35 ℃；而对于 10.24 kW 的中型火灾，在机械排烟系统正常工作时，火源附近的烟气层在第 5 min 左右时的温度大约为 58 ℃；特大火灾中，机械排烟系统正常工作时，火源附近烟气层的温度可达 130 ℃ 以上。②5.19 kW 的小型火灾以及 10.24 kW 的中型火灾，在起火后的 1 min 时间内，温度上升较快，此后，温度上升速度变慢，维持在最高温度附近，变化幅度小，4 min 以后温度有下降的趋势，但是不明显。火灾发生后，火源附近的空气被迅速加热，故而在前期温度上升较快；当烟气层开始蓄积并向周围扩散时，由于卷吸作用，导致火源附近冷热空气相互混合从而使火源附近温度上升速度变慢；到后期，由于热对流、热辐射和热传导的作用，火源附近的烟气层温度有轻微的下降趋势。对于特大型火灾来说，同样在起火后 1 min 内火源附近烟气层的温度上升迅速，在第 1 min 和第 2 min 之间，温度继续上升，在 2 min 以后，烟气层的温度出现较大幅度的波动。通过分析可知，特大型火灾当中，烟气羽流或羽流与顶棚处产生的撞击更加强烈，与周围墙壁、空气之间的热传递现象发生的更加剧烈，故而，在特大型火灾实验中观察到烟气层的温度会在平均值附近来回波动且幅度较大。③如火源功率为 5.19 kW 或 10.24 kW 的小中型火灾场景，烟控高度在 2.6 m、3.0 m 或 4.0 m 之间的差异不大，此类火灾中，由于火场温度也较低，若采用更高的烟控高度无疑会增加投资，这与经济效益最大化的目标相违背。故而对于小中型火灾来说，应采用标准的烟控高度。而对于大型火灾来说，3.0 m 的烟控高度为最佳，大型火灾中，由于火场的温度较高，对人员的逃生是极大的考验，故而应通过增加排烟量以降低火场中的温度，尽量为人员的逃生争取到更多的时间。

（2）顶棚烟气温度水平分布情况。

当大空间发生火灾时，火源将其上方的空气加热，使其温度升高，密度降低，受热浮力的作用，向上的热空气在上升过程中不断卷吸周围的冷空气，形成火羽流。而受到热浮力作用竖直上升的烟气羽流在撞击顶棚后，由于受到顶棚的阻碍，火灾烟气将沿两边纵向扩散形成水平运动的顶棚射流。顶棚射流的扩散运动是一种受到重力限制的分层流，当烟气沿顶棚水平扩散，撞击到侧墙或挡烟垂壁时，会发生回流现象，从而在顶棚下方积累，当烟气积累到一定程度时，烟气开始下降并且在空间内形成具有一定厚度的烟气层。

根据实验工况 s-1-4、s-2-4、s-3-4 的实验结果将顶棚烟气的温度分布情况进行绘制，如图 2-22 所示。

从图 2-22 可以看出：实验过程中，模型内部的整体温度分布呈现对称性分布，火源上方的温度都是最高的。在烟气羽流撞击顶棚后，沿径向水平运动，运动过程中，烟气前沿不断被周围冷空气以及顶棚温度所冷却，可以发现距离火源越远，烟气温度越低。3 种火源功率下，烟气层整体温度随着火源功率的增大而增大，同时火源附近温度与远端的温差也随着火源功率的增大而增大，图中不难看出 24.27 kW 工况下的温差最大，达 70 ℃ 之多，而 5.19 kW 工况下温差则仅为 25 ℃

左右。在整体的温度变化趋势上，5.19 kW 的火源功率除了火源上方的温度较高，其余位置的温度都大致相近，波动浮动不大，而 10.24 kW 与 24.27 kW 的火源功率，则在整体的温度变化趋势上呈现出了较为明显的递增趋势，由远及近逐渐升高。

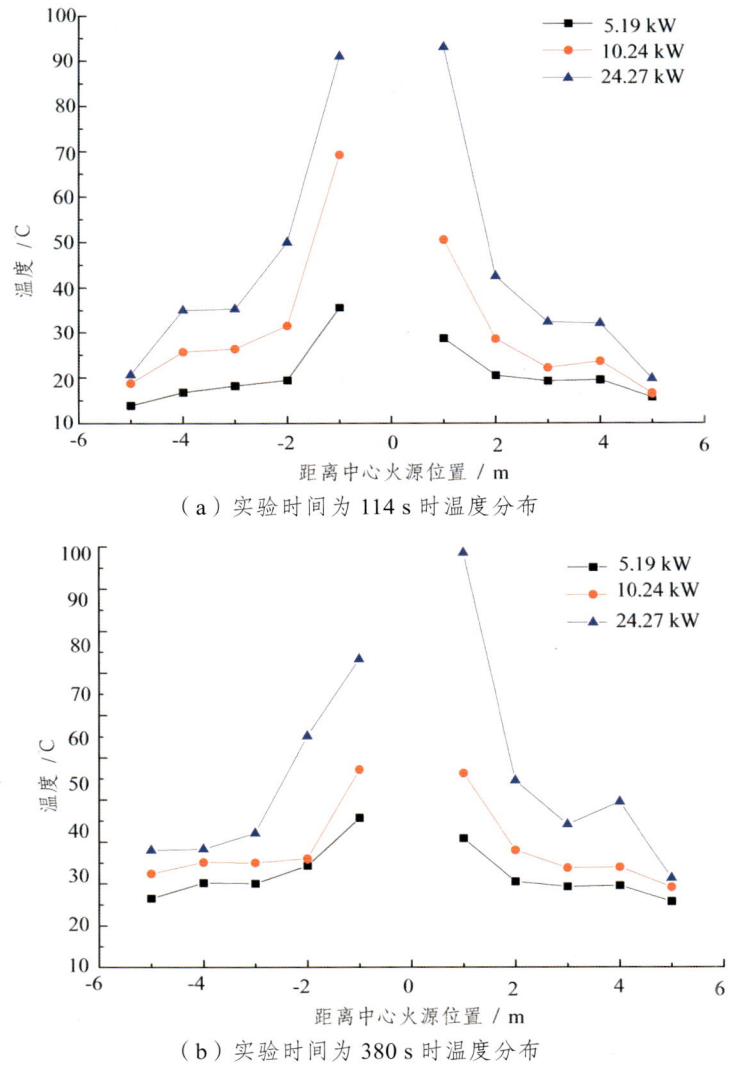

图 2-22　不同火源功率下顶棚烟气温度分布

（3）火源附近烟气温度垂直分布情况。

正常情况下，火灾一般分为以下几个阶段：①火灾增长阶段，此阶段烟气温度上升较为迅速；②火灾稳定发展阶段，此阶段燃烧已达稳定状态，烟气温度较为稳定；③火灾衰减阶段，此阶段由于燃料或空气的减少，燃烧衰减，烟气温度也随之降低。而在本实验研究中，着重研究火灾稳定阶段时烟气的运动规律及排烟效率，故燃烧过程只研究前两个阶段。图 2-23 给出了大空间在燃烧到 380 s 时，通过竖向布置的热电偶束 B4 测量的温度来分析不同烟控高度下烟气流动和温度的变化。

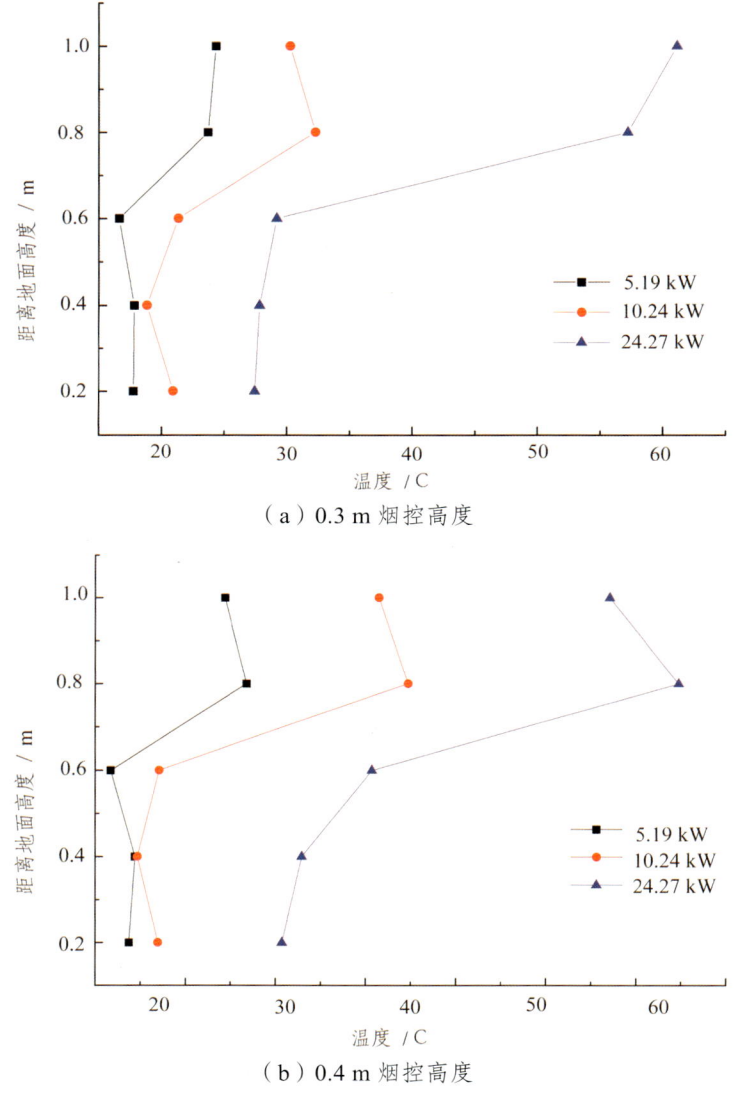

（a）0.3 m 烟控高度

（b）0.4 m 烟控高度

图 2-23　实验时间为 380 s 时火源附近烟气垂直温度分布情况

通过图 2-23 可以看出，火灾热烟气层与冷空气层之间存在分界面，在 0.6 m 与 0.8 m 之间的温度差跨度最大，这说明烟气层就存在于这个高度区间，但由于热电偶竖向布置节点并不是非常多，对于分界面的辨别存在一定的误差。从图中还可以看出，烟气层与空气层之间的温差随着火源功率的增大而增大，24.27 kW 时的温差可达 30 ℃ 左右，而 5.19 kW 时的温差则为 10 ℃ 以内，这说明在大空间内火灾烟气的温升较一般火灾要低得多，在火灾中，烟气温度对于人体的伤害是较低的，即使是在 24.27 kW 的火源功率下，距离地面 0.2 m（原型 2 m）位置处的温度也仅仅维持在 25 ℃ 到 30 ℃ 左右，对于人体的体感温度而言，并不会造成伤害。在图 2-3（b）中，我们可以发现，顶棚的温度相较于 0.8 m 高度时的烟气温度要来的低，这是由于顶棚与外界存在热交换，从而降低了与顶棚接触的烟气的温度。而且排烟口位置在 0.8 m 位置处，对于烟气的聚集效应更为明显，温度较高的烟气多聚集在 0.8 m 位置处。

2. 不同排烟量对大空间烟气温度分布的影响研究分析

对于不同排烟量对实验工况温度分布的影响主要实验工况 s-2-1 到 s-3-4 这 8 种实验工况的结果进行研究和分析。本次实验，针对这一影响因素，利用现阶段国内外普遍采用的产烟量法，设计了 4 种不同的排烟量，分别把烟气高度的设置控制在 0.2 m 清晰高度，0.26 m 清晰高度，0.3 m 清晰高度以及 0.4 m 清晰高度（对应于原型分别是：2 m 清晰高度，2.6 m 清晰高度，3 m 清晰高度以及 4 m 清晰高度）其中 0.26 m 清晰高度是在实际实验模型的大小下，按照产烟量法中针对该建筑最小清晰高度所求得的，并在最小清晰高度上下各取几个整数倍排烟量作为对照工况。实验中除去排烟量不同，其他各项条件都一致。

（1）火源附近烟气温度随时间变化情况。

根据实验工况 s-2-1 到 s-3-4 这 8 种工况的实验结果可以绘制出火源附近烟气温度随时间的变化情况，如图 2-24 所示。其中图 2-24（a）表示的是当火源功率为 10.24 kW 时不同烟控高度（即不同排烟量）下火源附近烟气温度随时间的变化情况；图 2-24（b）表示的是当火源功率为 24.27 kW 时不同烟控高度下火源附近烟气温度随时间的变化情况。

由图 2-24 可以看出，在火源功率相同，排烟量不同的情况下，火源附近烟气的温度随时间的变化情况相关性较大，其图像重合度较大。在火灾发生前 70 s 的时间内，温度上升十分迅速，并在 70 s 之后温度到达峰值并开始趋于稳定。从图 2-24（b）中，我们可以发现，在 24.27 kW 的工况下，峰值情况与 10.24 kW 工况下相同，随着排烟量的增大，顶棚烟气温度逐渐降低，但在燃烧增长阶段，则反映出的是排烟量越大，温升速度越快的现象，这是因为火源功率增大的情况下，燃烧更加剧烈，加之虽然同为 2 m 烟控高度下的排烟量，但是由于火源功率的不同，相对较大的火源功率所需要的排烟量更大，使得空气与烟气的流动加快，温度更容易提升。

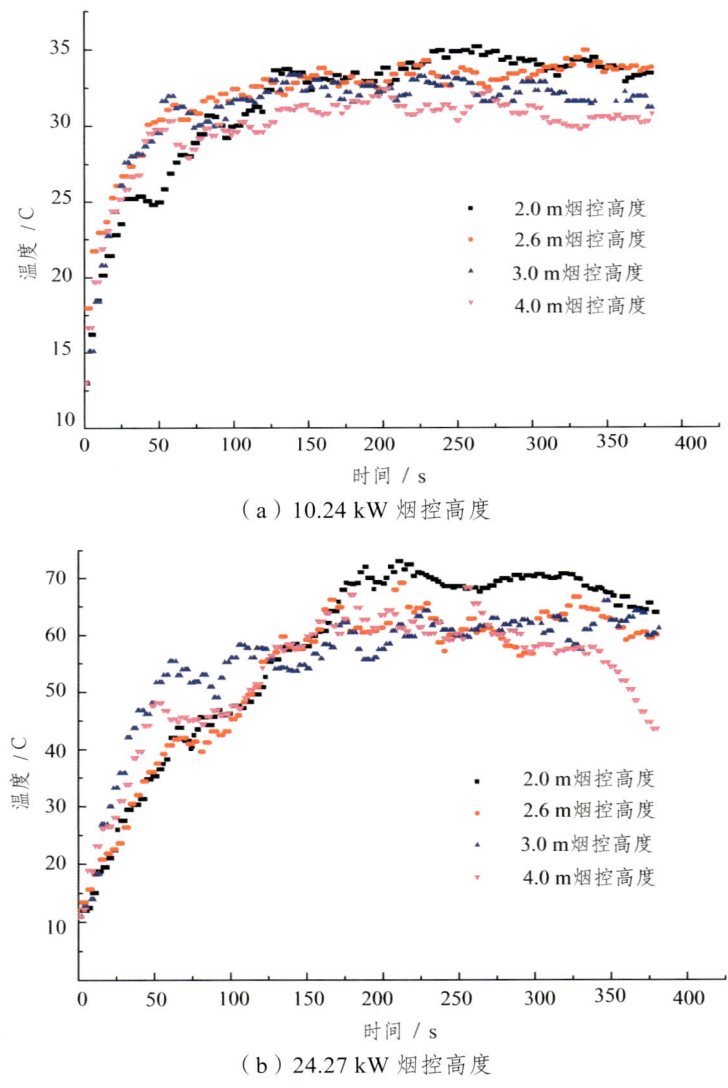

（a）10.24 kW 烟控高度

（b）24.27 kW 烟控高度

图 2-24　不同排烟量下火源附近烟气温度—时间分布图

（2）顶棚烟气温度水平分布情况。

根据实验工况 s-2-1 到 s-3-4 的实验结果绘制如图 2-25 所示。图 2-25 为 380 s

时刻不同排烟量下模型空间内整体温度的分布情况。从图中我们可以看出模型整体空间内的温度分布呈现出对称性，火源上方的顶棚烟气温度依然是最高的，随着与火源位置的逐渐远离，顶棚烟气的温度逐渐降低，距离火源中心位置 1 m 到 2 m 位置处的温度突变最为明显，随后的温度降低速度趋于平稳。

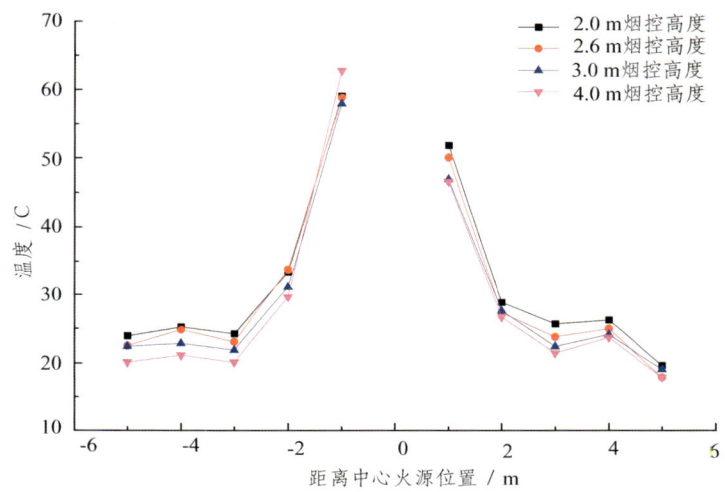

（a）10.24 kW 火源功率

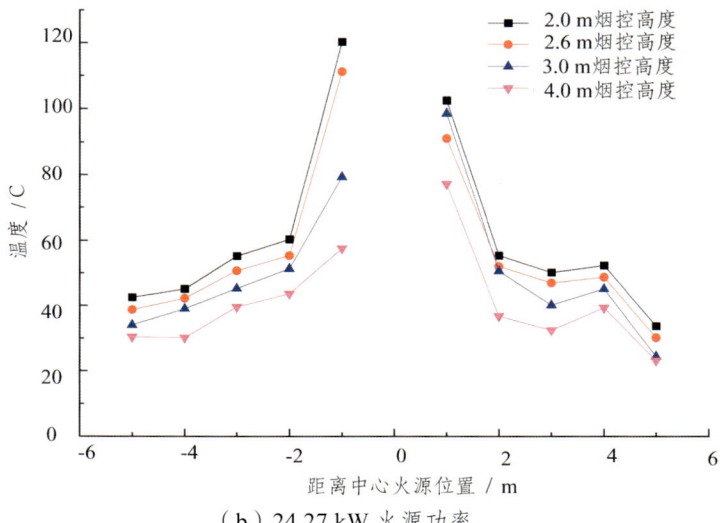

（b）24.27 kW 火源功率

图 2-25　380 s 时刻不同排烟量下顶棚烟气温度分布

在图 2-25（a）中，我们可以发现随着排烟量的增大，顶棚的烟气温度呈现逐次降低的趋势，但由于整体温升较小，不同排烟量之间的烟气温度相差并不是非常大，特别是靠近火源位置，温度分层现象远不如远离火源位置那样清晰可见。

而在图 2-25（b）中，则由于火源功率的增大，不同排烟量下的顶棚烟气温度差相较而言更为明显，2 m 烟控高度下的排烟量所对应的顶棚烟气温度最高，火源上方达到了 120 ℃ 左右，而 4 m 烟控高度下的排烟量所对应的顶棚烟气温度则要低得多，为 75 ℃ 左右，其他两种排烟量所对应的烟气温度则介于前两者之间，整体呈现出排烟量越大，顶棚烟气温度控制得越低。而且对比图 2-25（a）可以发现，排烟量的大小对于排烟效率的影响随着火源功率的增大而进一步增大，在 24.27 kW 火源功率条件下，排烟量对于烟气温度控制的效果明显优于在 10.24 kW 火源功率条件下的效果。

（3）火源附近烟气温度垂直分布情况。

图 2-26 所示为 380 s 时刻竖直方向上不同高度烟气温度分布图。

从图 2-26 可以发现，整体的温度变化趋势依然是随着高度升高，温度逐渐上升。两种火源功率下，随着排烟量的增大，烟气温度逐渐降低，而且在各个高度基本上都呈现出排烟量越大，烟气温度越低的现象。

在图 2-26（a）中，可以看出，虽然在一些高度，某一排烟量下的温度会发生突变，但纵观整个温度-高度的变化趋势，不难发现当排烟量越大，烟气的温度越低。对于烟气温度的控制，下部建筑高度的烟气温度控制效果较上部建筑高度更明显。无论是哪种排烟量工况下，底部温度与顶棚温度的差值都维持在 15 ℃ 左右。

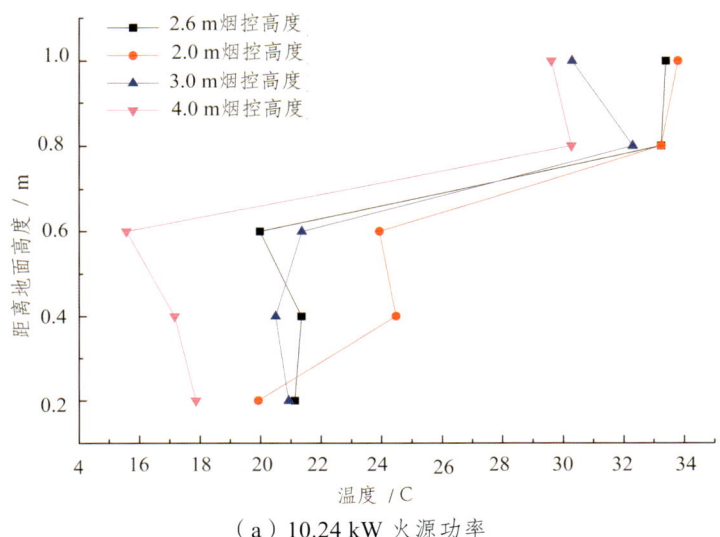

（a）10.24 kW 火源功率

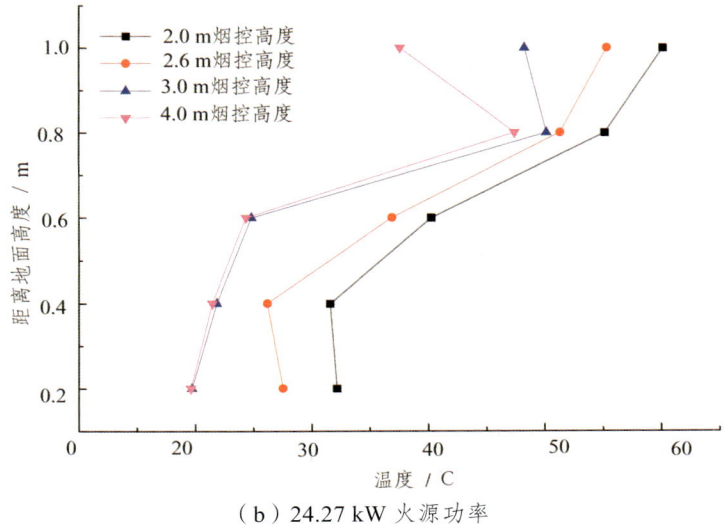

（b）24.27 kW 火源功率

图 2-26　380 s 时刻竖直方向不同高度温度分布

在图 2-26（b）中，可以看出整体的温度分布与排烟量的大小间的关系变得更加的明朗，呈现出烟气温度随着排烟量的增大而逐渐降低，同一排烟量下不同高度的最大温差维持在 25～30 ℃。从图中可以发现，2 m 烟控高度下的排烟量工况与 2.6 m 烟控高度下的排烟量工况在整体趋势上较为一致，而 3 m 烟控高度下的排烟量工况与 4 m 烟控高度下的排烟量工况，在 0.6 m 高度下，温度控制效果近似，在 0.6 m 高度之上，则表现为温度随排烟量的增大而降低。在 1.0 m 高度（即顶棚）处，3 m 烟控高度排烟量与 4 m 烟控高度排烟量工况下的温度相较于 0.8 m 高度处要低，而且随着排烟量的增大，降低得越多，这是因为顶棚本身就与外界存在热交换，而排烟量的增大，在一定程度上带动了内部烟气的流动，也加速了烟气温度的热交换。

3. 不同排烟风速对大空间烟气温度分布的影响研究分析

排烟风速也是排烟效率的一个重要影响因素，过小的排烟风速或过大的排烟风速都不利于烟气的有效排出，当排烟风速过小时，由于排烟量一定，排烟口的面积会增大，这在工程实际中是不可取的，因为这会大大增加设计成本，而过大的排烟风速，则有可能会导致排烟口附近出现烟气层吸穿的现象，当发生烟气层吸穿现象时，由于排烟过程中排出的大部分为新鲜空气，只有一小部分烟气，会使得排烟效率大大降低。故而研究排烟风速对排烟效率的影响是十分有必要的。

研究过程中，对应于原型的 1.25 m/s，2 m/s，3 m/s，4 m/s 和 5 m/s，利用相

似理论的关系计算并设计出来实验平台的排烟风速为:0.4 m/s、0.63 m/s、0.95 m/s、1.26 m/s 和 1.58 m/s。本书通过研究这 5 种排烟风速下大空间内烟气的整体温度分布情况从中得出对大空间的机械排烟效率有效提高的可靠结论。

(1) 火源附近烟气温度随时间变化情况。

火源附近烟气温度随时间的变化情况如图 2-27 所示。

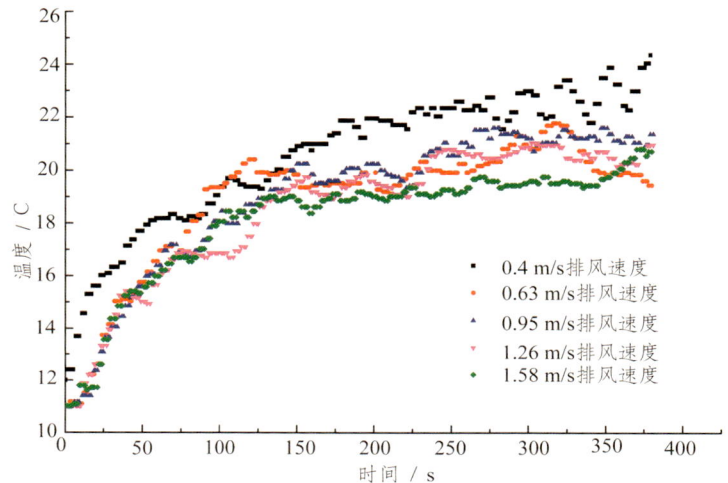

图 2-27　不同排烟风速下火源附近烟气温度-时间分布图

由图 2-27 可以看出,5 种排烟风速工况下,0.4 m/s 的排烟风速控烟效果最差,0.63 m/s、0.95 m/s、1.26 m/s 的排烟风速工况控烟效果较为一致,较 0.4 m/s 的排烟风速工况稍好,而 1.58 m/s 的排烟风速工况效果是 5 种工况里最好的。

(2) 顶棚烟气温度水平分布情况。

图 2-28 所示为 380 s 时刻不同排烟风速工况条件下顶棚烟气温度随距离中心火源位置的不同而呈现出的分布情况。

从图 2-28 可以看出,模型整体温度呈对称分布,在火源上方的温度最高,达到了 38 ℃ 左右,随着和火源位置间的距离加大,温度逐渐降低,两端的温度最低,在 15 ℃ 左右。与上一小节得出的结论一致,0.4 m/s 的排烟风速工况在温度控制方面效果是 5 种工况里最差的,在火源上方位置相差不大,但随着距离火源越远,其控制温度的能力逐渐降低,与其他 4 种工况的最大温差可以达到 8 ℃ 左右。在整体上 1.58 m/s 的排烟风速工况依然是温度控制效果最好的,在各个位置点的温度都低于其他 4 种排烟风速工况。而 0.63 m/s、0.95 m/s、1.26 m/s 这三种排烟风速工况则较为接近,整体温度控制效果在 5 种工况中属于中间水平,且相互间差距较小,整体的温度变化趋势也基本一致。

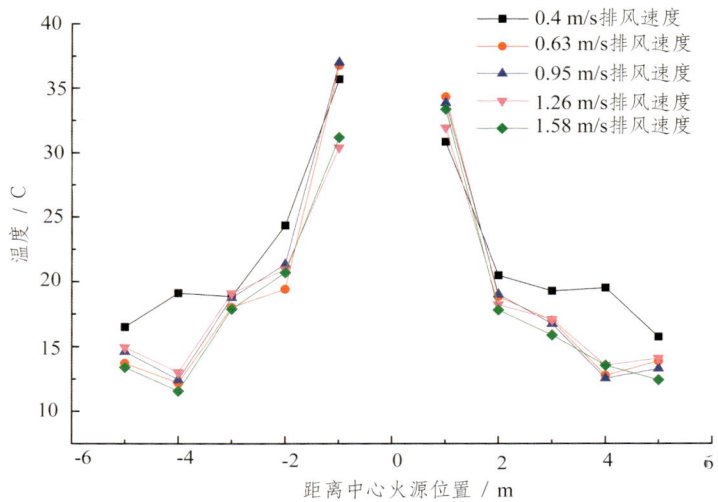

图 2-28　380 s 时刻不同排烟风速下顶棚烟气温度分布

（3）火源附近烟气温度垂直分布情况。

图 2-29 所示为 380 s 时刻不同排烟风速条件下的顶棚烟气温度分布情况。

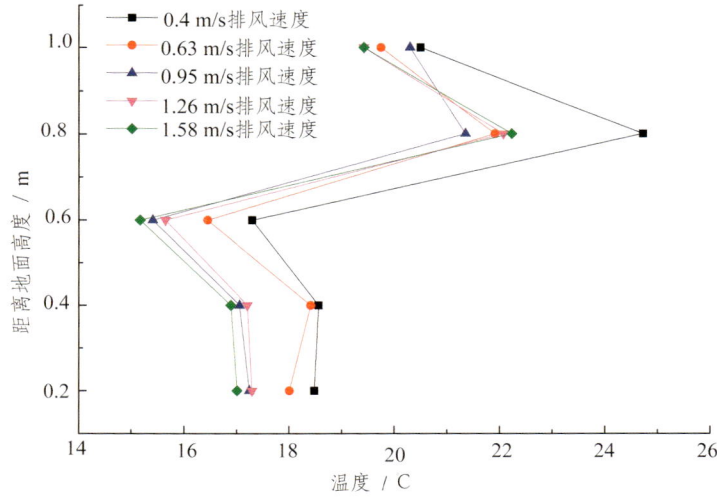

图 2-29　380 s 时刻不同排烟风速下火源附近垂直温度分布情况

从图 2-29 中可以看出，温度分布趋势与排烟风速有较好的相关性，除了 0.8 m 高度处的温度外，其他高度都呈现出随着排烟风速的增大，温度逐次降低的现象。

图 2-29 中 0.4 m/s 的排烟风速工况依然是 5 种排烟工况中温度控制效果最不理想的，各个高度位置处的温度都大于其他 4 种排烟工况，而且各高度的最大温差达

到了 8 ℃ 左右。1.58 m/s 的排烟风速工况在整体上依然是 5 种排烟工况中温度控制效果最好的，除了 0.8 m 高度处的测点温度，其余各个高度的温度都在 5 种排烟工况中最低。0.63 m/s 的排烟风速工况的温度控制效果仅优于 0.4 m/s 的排烟迅速工况，而 0.95 m/s 与 1.26 m/s 这两种排烟工况在温度控制效果上则是不相伯仲。

值得注意的是 0.8 m 高度处的温度变化与其余各个高度测点测得的温度规律有所不同，在这个高度位置，1.58 m/s 的排烟工况不再是最优的温度控制工况，取而代之的是 0.95 m/s 的排烟工况，而 1.58 m/s 的排烟工况效果则仅优于 0.4 m/s 的排烟工况。这是因为 0.8 m 的高度位置是排烟口的布置高度，在这个高度处的烟气由于排烟口排烟行为的进行，其运动加剧，温度的波动也随之变大，因此才产生了图中所示现象。

4. 不同补风量对大空间烟气温度分布的影响研究分析

建筑内的补风形式多种多样，其中普遍采用的形式是利用既有的建筑内部门洞窗户等进行自然补风，而受限于地下大空间的建筑特性，自然补风并不适用，只能采用机械补风的形式。在现有规范中，对于建筑补风仅做出了不小于排烟量的 50%这一规定，且国内外对于补风的研究远不及排烟研究来的深入，且现有规范中的补风量要求对于此种类型大空间建筑是否适用尚且未知。因此，研究补风量对于大空间排烟效率的影响是十分必要的。唯一控制变量为补风量，分别定为排烟量的 30%、40%、50%、60%和 70%，其余各项试验指标都一致，均采用火源功率为 10.24 kW 的油池火，排烟量定为 3 m 烟控清晰高度下的排烟量。

（1）火源附近烟气温度随时间变化情况。

根据表 2-6 中的实验工况进行实验研究，并将实验中所测得的温度变化绘制如图 2-30 所示。

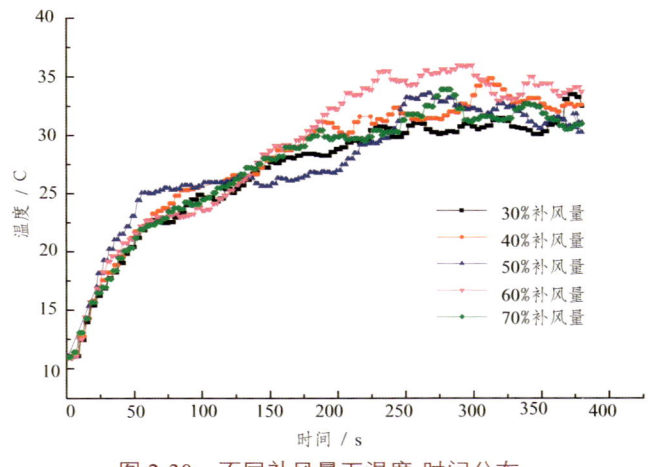

图 2-30　不同补风量下温度-时间分布

从图 2-30 中可以看出，不同的补风量下，火源附近烟气的温度随时间的变化情况相差不大，火源附近烟气的温度在前 70 s 内上升较为迅速，在 70 s 后逐渐达到稳定燃烧现象，不同补风量下火源附近烟气温度变化差异不大的原因可能是大空间体量较大，在实验时间内，补风量的大小对于火源附近烟气的温度影响可以不计，而火源附近烟气的温度主要是由火源功率的大小所决定的。

（2）顶棚烟气温度水平分布情况。

利用同样的方法，本书将在不同补风量下顶棚烟气的水平温度分布情况进行绘制，如图 2-31 所示。

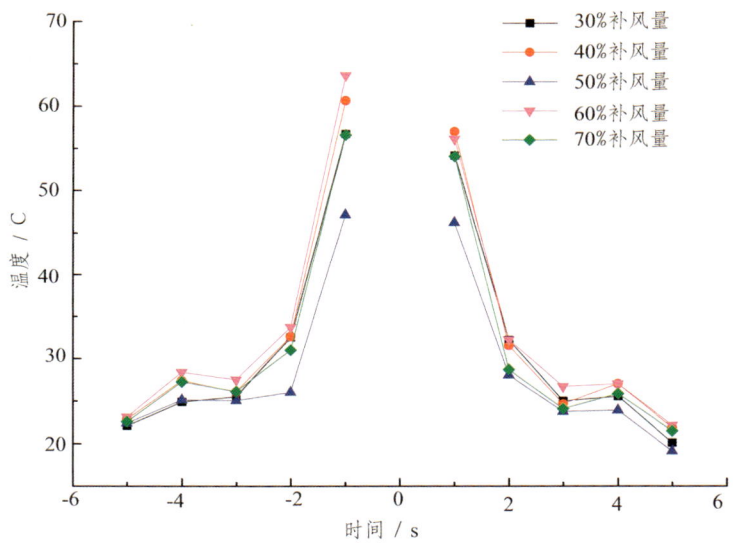

图 2-31　380 s 时刻不同补风量下顶棚烟气温度分布

从图 2-31 中可以看出，50%补风量条件下，换乘空间内整体温度控制情况是 5 种工况中最为理想的，无论是近火源端还是远端，温度都是最低的；其次是 70%补风量的工况，温度控制效果仅次于 50%补风量；但反观 60%补风量工况下，其控温效果反而是最不理想的，与 30%和 40%补风量工况下的控温效果相差较小。纵观整体，补风量不小于 50%的控温效果优于小于 50%的补风量效果，这与规范中建议的补风量不小于 50%的规定相符，且 50%补风量的效果较为优秀。

（3）火源附近烟气温度垂直分布情况。

图 2-32 所示为 380 s 时刻不同补风量条件下的垂直高度温度分布情况。通过图 2-32 可以发现，在 0.4 m 高度以下位置时，温度的分布与补风量的大小成正比关系，温度随着补风量的增大而增大；而当高度达到 0.6 m 以后，温度与补风量

的关系出现了明显变化，50%与 70%补风量工况下的温度明显低于其他工况。由图 2-32 还可以看出，当补风量增大到 70%时，在火源附近底部的卷吸现象会变得较为明显。

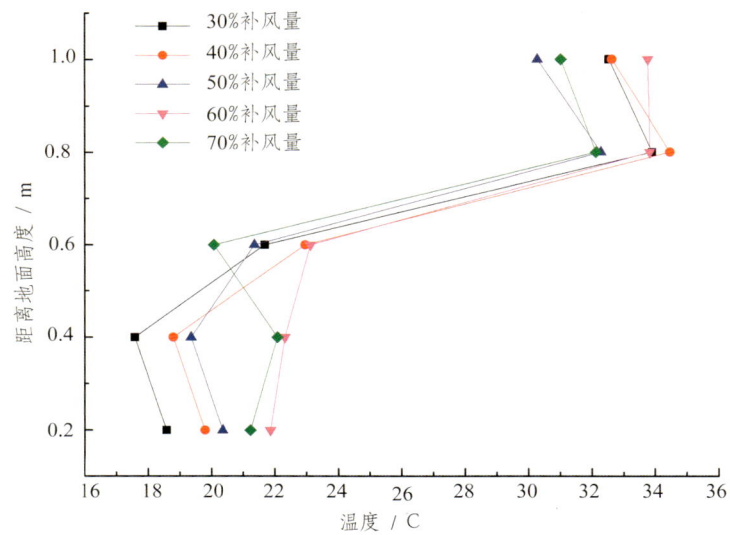

图 2-32　380 s 时刻不同补风量下竖直方向不同高度温度分布

对造成这种现象的原因进行分析，可知是因为随着补风量的增大，外部新鲜冷空气大量涌入换乘空间，由于补风口位置布置于顶棚，其补风口补进的空气打乱了顶棚烟气层，使得补风位置处的烟气与空气下沉，大量的热烟气被带入下部空间，使得下部空间温度上升，从而造成了 0.4 m 以下高度，温度随着补风量的增大而增大；另一方面由于补风量的增大，加快了换乘空间内部的烟气流动，使得排烟效率得到提升，上部烟气层的温度随着烟气的排出而降低，故而出现了补风量大的工况上部烟气温度反而低于补风量小的工况，而在这 5 种工况中，以 50%补风量的工况控温效果最为理想。

5. 全尺寸 FDS 数值模拟模型和缩尺实验平台的验证

首先需要说明的是虽然数值模拟研究在火灾科学研究中相当常见，但是模拟始终是模拟，只是对实际情况的数值计算结果。在实际发生火灾的情况下，由于受到很多不确定因素的影响，会导致实际情况与模拟结果有偏差，但是只要在允许范围之内，便可以说明模拟模型的结果是有效的、可靠的。

本节利用 1∶10 缩尺试验平台模型对 3.2 MW 和 7.7 MW 火源功率分别在 2.6 m 和 3.0 m 烟控高度下这 4 类火灾场景的实验结果对本章中数值模拟研究的结

果进行对比和验证。一般情况下,火场内的温度分布代表了火场的特征,如图 2-33 所示为实验和模拟结果在 360 s 时刻顶棚烟气的温度分布对比。数值模拟设定的起始环境温度为 20 ℃,而实验室的环境温度为 11 ℃,为了更好地将两者进行对比,数据处理时,将实验的结果进行了温度修正。

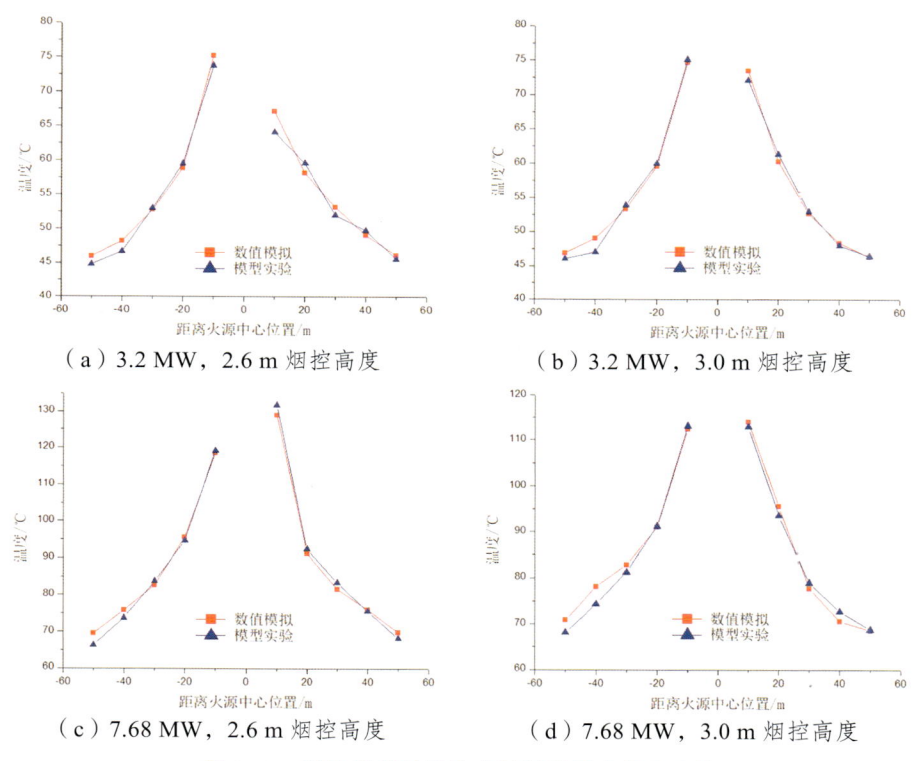

图 2-33　数值模拟结果和实验结果温度分布比较

从图 2-33 中可以看出,模型实验的顶棚烟气温度分布与数值模拟的顶棚烟气温度分布大致重合,吻合程度高,在允许的误差范围以内,说明数值模拟模型的结果可靠性高。通过对比实验和数值模拟的结果,同时证明了 2 种模型的正确性和准确性,为进一步的性能化设计研究提供了有力的研究基础。

2.6　综合交通枢纽换乘大厅机械排烟系统优化设计

2.6.1　综合交通枢纽换乘大厅防火设计存在的问题

地下综合交通枢纽换乘大厅作为人流集散的大型公共场所,具有空间相对封闭、功能多样、空间复杂、换乘复杂、人员密集的特点，一旦发生火灾、恐怖袭击、暴雨、强风和地震等灾害时，若不能及时排出烟气，将会影响人员疏散以及消防救援。换乘大厅空间高大，且贯通地下负一层至四层，连接高铁出站通道、地铁出入口、公交车、出租车站，构成了复杂的地下火灾烟气蔓延网络，火灾烟气流动同时受到多种因素的耦合影响，对火灾的控制、合理的通风排烟至关重要。当换乘大厅发生火灾后，烟气不易排出，已有大量研究表明在换乘大厅中采取有效的排烟措施来确保火灾烟气的排出能大大增加人员安全逃生的时间。目前采用规范要求的排烟量设计能够在发生火灾后有效地将火灾烟气排出，但是前期成本投入巨大且设计排烟量余量较大。目前国内大多数城市综合交通枢纽的地下换乘大厅均按照《建筑防排烟设计规范》中对排烟量的要求进行设计。然而随着我国城市现代化建设的不断加速，未来地下换乘大厅的结构和功能将更加复杂化。利用传统的规范条文进行防火设计将变得乏力，并且对于类似投资较大的建筑项目，在保证消防安全的前提下，应尽量使经济效益最大化。换乘大厅由于其空间高大，发生火灾后烟气能否到达顶棚也是沙坪坝换乘大厅防火设计中存在的问题，这直接影响到排烟口的设置高度。故而在本书的性能化设计研究中针对换乘大厅排烟量的计算方式、排烟口的高度、排烟口的位置分布与数量等方面做了进一步探讨。

2.6.2 综合交通枢纽换乘大厅机械排烟性能化设计优化方案

为了与本研究的改进方案作对比，在研究过程中参照了《重庆沙坪坝铁路交通枢纽性能化设计报告》中对其换乘大厅的性能化设计方案。具体内容如下：

（1）高铁换乘厅内部机械排烟系统，排烟口均匀布置，排烟量按每小时 6 次换气设计，并设置机械补风系统，补风量按排烟量 50%设计。

（2）出站通道往站台层位置设置挡烟垂壁，高度为 1.0 m。

（3）地铁出站厅通往高铁换乘厅的楼梯处设置挡烟垂壁，并设置机械在通道处设置机械排烟系统，排烟量按 72 $m^3/m^2 \cdot h$ 的标准设计。

（4）高铁换乘大厅内设置大空间自动跟踪定位射流喷水灭火系统。

（5）换乘大厅内不设置任何商业（包括零星商业）区域。

重庆沙坪坝铁路交通枢纽施工单位的设计方案为：

（1）高铁换乘厅内设置机械排烟系统，排烟口沿大厅顶部中轴线位置均匀布置 2 个，排烟量设定为 124 000 m^3/h，排烟口风速设计为 5.7 m/s。

（2）设置机械补风系统，在大厅侧边设置一个补风口，补风量按照排烟量的 50%设计，补风口风速设计为 5.1 m/s。

（3）换乘大厅内风机均安装在楼板下设吊层风机房内。

针对换乘大厅目前防火设计中存在的问题，本书在对火源功率、排烟量、排烟风速以及补风量研究的基础上，提出对换乘大厅机械排烟优化方案的设计如下：

（1）换乘大厅最低需求排烟量，并对比换气次数法与产烟量法的优缺点。

（2）考虑到烟气可能达不到顶棚，对多种排烟口高度进行了分析。

（3）为得出排烟口的最佳排烟效率，研究了排烟口的布置方式和数量对其的影响。

具体设计思路如下：

首先重庆沙坪坝地下换乘大厅目前采用换气次数法计算排烟量，此方案能满足换乘大厅排烟要求，但是采用换气次数法并未考虑换乘大厅实际火灾荷载以及实际所需排烟量大小，故而本书提出采用产烟量法计算排烟量。其次，沙坪坝性能化设计报告中只要求排烟口均匀布置，而没有明确排烟口的设置高度，一般地下换乘大厅高度较普通建筑高度高出许多，一旦发生火灾，烟气在向上蔓延过程中会受到"逆温层"和"负压力"的影响，导致火灾烟气有可能达不到排烟口位置。因此在本书的模型设计中，一般将排烟口位置设置于顶棚以下 2 m 处。而 2 m 的排烟口高度是否为最优的设计方案还需要进一步通过模拟得出。如表 2-12 所示为通过将排烟口高度设计为唯一变量而进行分析研究的工况一览表。

表 2-12　根据不同排烟口高度设计机械排烟优化方案

工况编号	排烟口高度/m	火源功率/MW	排烟量/（m³/h）	补风量
g-1-1	6	3.2	53 473.32	50%
g-1-2	7			
g-1-3	8			
g-1-4	9			
g-1-5	10			

对于地下换乘大厅研究模型，排烟口采用均匀分布时，即将排烟口布置在模型的中轴线上，这样的布置方式在多数扁平型大空间中在排烟量余量较为充沛时都适用，研究过程中有这样的猜想：若是在该扁平型地下大空间中排烟口采用交错式分布，使得空间内任意一点到排烟口的距离更短，是否会提高机械排烟系统的排烟效率。因此在以上研究的基础上对火灾场景 6，即当火源功率为 3.2 MW，烟控高度为 2.6 m 的情况下，提出了以下 4 种，针对排烟口和补

风口位置及数量的设计方案且排烟量按"产烟量法"进行设计。改进方案如表 2-12 所示。

改进方案中排烟口和补风口的位置分布,让补风口位于建筑空间的左右两端固定且排烟口和补风口的设置于顶棚下方 2 m 处,如图 2-34 所示。

表 2-13 改进方案设计参数

工况编号	单个排烟口排烟速率/(m/s)	单个补风口补风速率/(m/s)	排烟口、补风口位置	排烟口、补风口数量
g-2-1	0.708 6	0.708 6	交错分布	排烟口 4 个 补风口 2 个
g-2-2	0.708 6	0.708 6	均匀分布	排烟口 4 个 补风口 2 个
g-2-3	0.708 6	1.062 9	交错分布	排烟口 3 个 补风口 2 个
g-2-4	0.708 6	1.062 9	均匀分布	排烟口 3 个 补风口 2 个

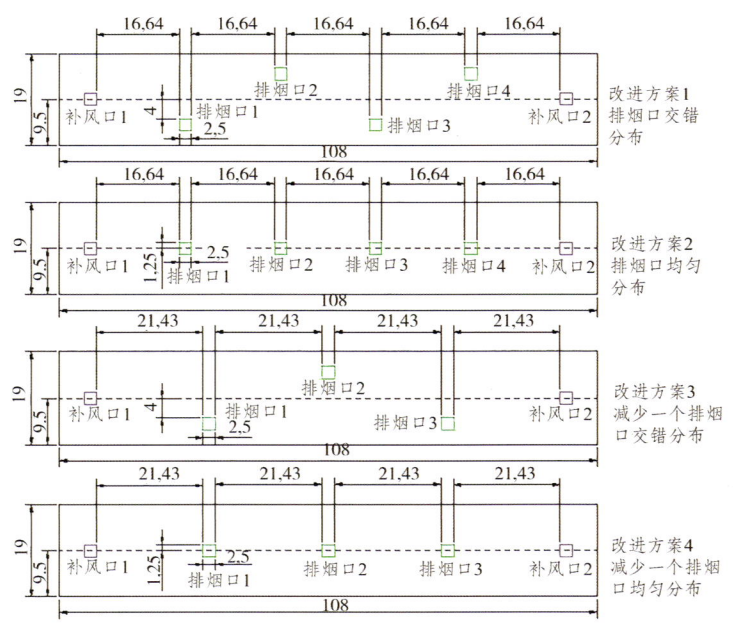

图 2-34 地下大空间性能化设计改进方案示意图

2.7 综合交通枢纽换乘大厅机械排烟系统改进方案

2.7.1 换气次数法与产烟量法

目前我国大空间建筑常用的排烟量计算方法是现行"处方式"规范提供的"换气次数法",对于规范不能涵盖的大空间建筑,则采用了源自美国NFPA92的"产烟量法"来确定排烟量,并通过烟流数值模拟分析判断其烟气控制效果是否能够满足要求。在公安部四川消防研究所承担的公安部消防局应用创新计划《基于"产烟量法"的大空间建筑烟气控制及排烟效果研究》中,围绕高净空型大空间、扁平型大空间、有顶棚步行街类型大空间三类不同形状的典型大空间建筑开展烟气控制研究,研究传统处方式"换气次数法"和NFPA92等提出的"产烟量法"两类大空间建筑排烟量计算方法的在不同空间形状、不同火源条件下的实际控烟效果,并提出对排烟量设计的优化改进方法。总结出高净空场所宜采用"产烟量法"计算排烟量的结论,并开展了相关工程应用。

由于两种排烟量计算方法基于的原理差别较大,可能导致对于同一大空间计算得到的烟控指标差异也较大。改进方案中排烟量的大小采用"产烟量法"计算得出,"产烟量法"是根据火灾现场的热释放速率来计算排烟量大小的,而原始方案中的排烟量采用的是根据建筑物内部空间大小来进行计算的方法,即换气次数法。这两种不同的算法在本质上有区别,原始方案与改进方案排烟量的对比,如表2-14所示。

表2-14 原始方案排烟量与改进方案排烟量

建筑尺寸/m	火源功率/MW	原始方案排烟量/(m^3/s)	改进方案排烟量/(m^3/s)
108×19×10	3.2	34.2	17.715

由表2-13可知,原始方案的排烟量值为34.2 m^3/s,而改进方案的排烟量为17.715 m^3/s,即原始方案的排烟量约为改进方案排烟量的2倍左右。在前文中我们已经对"产烟量法"计算得出的排烟量进行了一系列的研究,并且知道采用"产烟量法"计算出的排烟量对模型的烟控效果已经达到了安全逃生的标准,即是说采用"产烟量法"计算得出的排烟量值的安全余量已经满足要求。而对于较大型的火灾,即研究中采用的7.68 MW、4.0 m烟控高度的情况下,采用"产烟量法"计算得出的排烟量为44.28 m^3/s,远远大于规范中要求的34.2 m^3/s。通过分析可知,采用规范要求的排烟量设计在一般情况下能满足火灾发生后人员安全逃生的需求,不过这种方法仅仅参照规范对机械排烟系统参数进行设计,缺少实地研究基础,对于确定的某一地下建筑来说,没有对其单独进行火灾场景的确定与分析。

对于地下换乘大厅来说，其内部可燃物主要是由乘客带入的行李所组成，然而不同时刻、是否节假日以及不同地点场所等因素对换乘大厅内部人员的密集程度和可燃物数量影响较大。故而在地下换乘大厅的性能化设计中应该对其单独进行分析和研究，对其采用最为合适的性能化设计方案，而不是一味地根据规范条文来进行设计。故而对于地下换乘大厅来说，其排烟量的计算宜采用"产烟量法"来进行设计。不同的建筑应设定不同的火灾场景来分析研究并使其防火设计特殊化，这是未来建筑消防性能化设计发展的必然趋势。

沙坪坝实际工程中由于对排烟的要求更高，采用换气次数法能确保拥有较大安全余量，故而实际工程按照换气次数法进行排烟量设计是可靠且充足的。

2.7.2 排烟口高度对排烟效率的影响

图 2-35 为不同排烟口高度下烟气层高度变化情况。从图中可以看出，尽管最终烟气层稳定高度之间的差距较为微小，但依然存在着一定的联系。6 m 排烟口高度与 10 m 排烟口高度的工况下，烟气层的稳定高度在 5 种工况中控烟效果相对不理想，而 7 m 排烟口高度的工况在最终的烟气层稳定高度控制中相对较好，8 m 与 9 m 的排烟口高度工况则相对于 7 m 排烟口高度工况差一些。

整体现象：随着排烟口高度的增加，烟气层稳定高度也随之增大，当排烟口高度达到 7 m（即离顶棚 3 m 高度）时，控制烟气层稳定高度的效果达到最佳，在 7 m 高度之后，烟气层稳定高度随着排烟口高度的增加而降低，即排烟口高度与烟气层稳定高度之间先成正比关系，达到峰值后成反比关系。

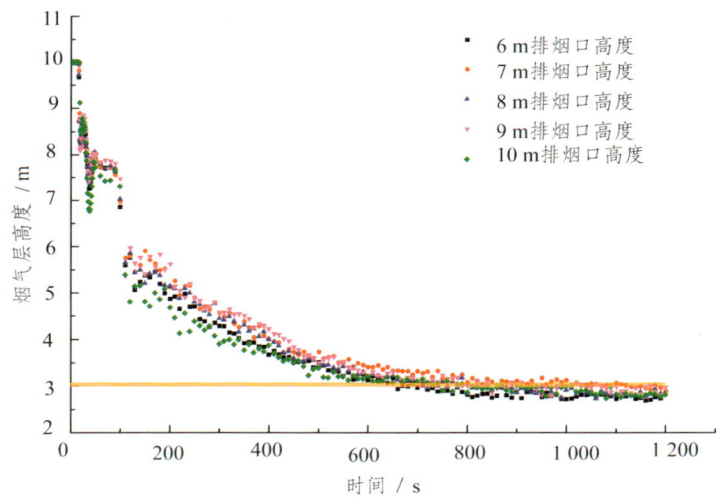

图 2-35 不同排烟口高度条件下烟气层高度变化

发生这一现象的原因为：6 m 高度位置的排烟口只在建筑中间高度往上 1 m 处设置排烟口，使得在烟气扩散的前期，排烟口处没有烟气聚集，只能排出新鲜空气，而顶部没有排烟行为的存在，烟气填充速度较快，烟气层高度迅速下降，使得排烟效率降低，最终导致烟气层稳定高度的控制较为不理想；而 10 m 高度位置的排烟口则会使得顶棚烟气射流在扩散到排烟口附近时，就有部分被机械排烟口排出建筑外，而由于此时烟气层尚未稳定，且产烟量较大，除去排出建筑外的烟气，剩余的烟气继续径向扩散，但顶棚射流的扩散运动被扰乱，烟气层趋于稳定下降的时间被延长了，因此导致最终的控烟效果较为不理想；而 7 m、8 m 和 9 m 的排烟口高度，则与顶棚存在一定的距离，当烟气蔓延到排烟口附近时，烟气层的下降已经渐趋于稳定，此时机械排烟的排烟行为能够较好地减缓烟气层的下降。

图 2-36 所示为不同排烟口高度下烟气能见度的分布情况。从图中整体的能见度分布情况可以发现，与前面分析的原因较为符合。6 m 与 10 m 排烟口高度的工况下，接近地面处的烟气能见度较差，而 7 m 排烟口高度工况的分布情况是 5 种工况中最理想的，8 m 与 9 m 工况次之，但 5 种工况下 2 m 安全临界高度的能见度都大于 20 m，对于人员安全疏散的影响较小，都能够较好地保护人员生命安全。

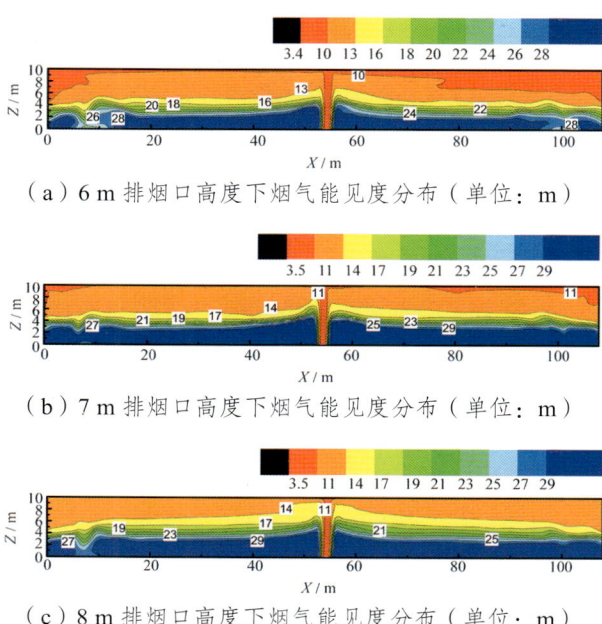

（a）6 m 排烟口高度下烟气能见度分布（单位：m）

（b）7 m 排烟口高度下烟气能见度分布（单位：m）

（c）8 m 排烟口高度下烟气能见度分布（单位：m）

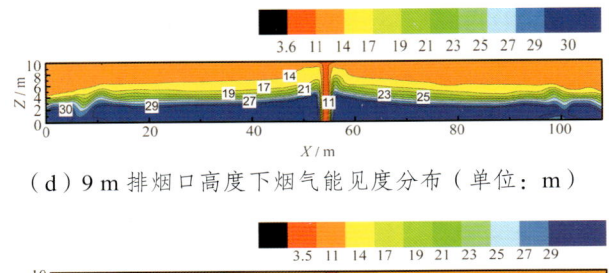

(d) 9 m 排烟口高度下烟气能见度分布（单位：m）

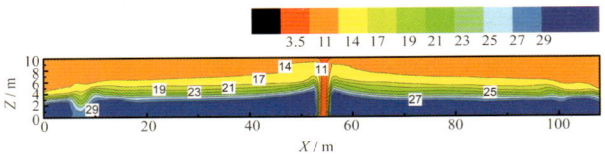

(e) 10 m 排烟口高度下烟气能见度分布（单位：m）

图 2-36　不同排烟口高度下烟气能见度分布

2.7.3　排烟口的位置及数量对烟控效果的影响

运用 FDS、PyroSim 对改进方案进行数值模拟研究，根据图 2-3 所示的排烟口位置分布建立对应的模型，排烟量和补风量与改进方案中所给的参数一致，火源设置于建筑物的正中心，热释放速率为 3.2 MW。为了与沙坪坝性能化设计报告的原始方案作对比，在此给出原始方案的设计参数，如表 2-15 所示。

表 2-15　原始模型设计参数

模型编号	热释放速率/MW	单个排烟口排烟速率/（m/s）	单个补风口补风速率（m/s）
y-2-1	3.2 MW	1.368	1 368

利用 FDS 模拟软件对模型 y-2-1、m-2-2、g-2-1、g-2-2、g-2-3 和 g-2-4 进行机械排烟数值模拟。根据层分区装置所测得的数据运用 Origin 绘图软件绘制这 6 个模型在 360 s 内的清晰高度变化，如图 2-37 所示。

由图 2-37 可以得出以下结论：①所有模型在发生火灾后清晰高度的变化趋势大致相似，即火灾发生后前 20 s 内火灾烟气处于上升阶段，待到达顶棚后，产生顶棚射流，并径向向周围扩散，对于同一扁平型地下大空间来说，热释放速率的大小对顶棚射流的时间关系不大。②在地下换乘大厅允许安全逃生时间内，排烟量为 34.2 m³/s 的原始方案与排烟量为 17.715 m³/s 的改进方案对清晰高度的影响差异不大，但对火灾中后期的烟控效果影响较明显，在实际工程运用中，采用"产烟量法"对地下换乘大厅的机械排烟系统排烟量进行设计是可靠且经济的。③对比模型 g-2-1 和模型 g-2-2 可知，在扁平型换乘大厅内当排烟口设置较为密集时（4 个及以上），排烟口采用均匀分布和交错分布对清晰高度的影响差异不大；对比模型 g-2-3 和模型 g-2-4 可知，当排烟口数量较少时（3 个及以下），排烟口采用交错分布比均匀分布的烟控效果更好。模型中层分区装置的设置位置仅能看出在测试点处烟气层的变化规律，为了进一步观察整个建筑空间内清晰高度的变化，利用模拟结果得出在 360 s 时刻不同方案的能见度分布情况。如图 2-38 所示。

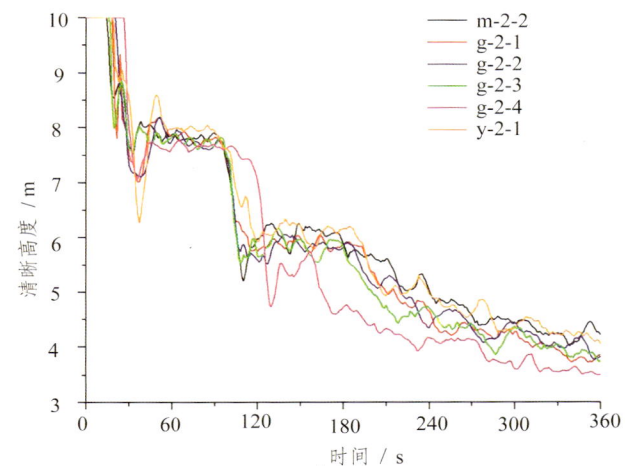

图 2-37 原始方案和改进方案在 360 s 内清晰高度的变化

（a）模型 g-2-1 排烟口交错分布

（b）模型 g-2-2 排烟口均匀分布

（c）模型 g-2-3 减少一个排烟口交错分布

（d）模型 g-2-4 减少一个排烟口均匀分布

图 2-38 360 s 时刻换乘大厅内部能见度情况

图 2-38 中，红色区域表明能见度较高，绿色及蓝色区域表示能见度较低，由

于层分区装置所测得的清晰高度难以表示整个大空间内部的能见度变化情况，故而利用图 2-38 对结论③进行进一步证明。图 2-38（c）中，即模型 g-2-3 红色区域面积在所有改进方案里最大，故而可以说明在该地下换乘大厅内，减少一个排烟口交错分布是最优的方案。在此方案下，换乘大厅内部能见度的范围更高，这对于保证人员安全逃生是有很大意义的。

图 2-38 中，方式方案的编号为 y-1-1，当排烟量和补风量增加了近一倍时，地下换乘大厅的烟控效果没有明显变化。分析可知导致这一现象的原因可能有：①层分区装置的设置位置，研究中采用层分区装置测量热烟气层和冷空气层，而层分区装置的设置部位离火源位置较近，实际排烟量的大小对该处烟气层的厚度影响较小，可考虑只与火源功率即产烟量大小有关。②排烟口的设置位置，排烟口设置位于顶棚以下 2 m 处，当烟气层下降到 2 m 以下时，排烟口才能正常工作进行排烟，即在顶棚射流结束前，排烟口排出的气体内烟气较少，而新鲜空气较多，故而导致在层分区装置处烟气层的厚度与实际排烟量关系不大。③取样时间较短，由于该地下换乘大厅的安全允许逃生时间为 6 min，故而在研究过程中只取用了前 360 s 的数据结果，往后，不同排烟量大小的烟控效果差异将有所增加。④补风量的大小以及建筑空间结构也会对此结果产生一定影响。

2.7.4　综合交通枢纽换乘大厅机械排烟系统方案设计

大空间中人员的能见度耐受极限为 10 m，在地下换乘大厅内该数值应该更加严苛，当能见度在 15 m 以下时，人员的逃生能力将会大大下降，故而为了进一步证实改进方案的优势，表 2-16 给出了地下换乘大厅模型 $z=2$ m 切片处能见度下降到 15 m 时的时刻。

表 2-16 中的数据再一次证实了选用改进方案 g-2-3，即减少一个排烟口交错分布对地下换乘大厅发生火灾后烟控效果和人员疏散有着较大优势，且排烟口的高度应设置于顶棚以下 2～3 m 处。相较于原始方案，改进方案的优点在于：首先，采用"产烟量法"计算地下换乘大厅机械排烟系统的排烟量更加符合实际情况，并且可以根据环境、时间等因素对换乘大厅的排烟量进行特殊设计。同时，排烟口和补风口平时担负起通风换气等功能，在长期的运行条件下，采用过高的排烟量和补风量容易造成资源浪费，这是我们在现代化建设中遵从可持续发展原则时所应该考虑的。在此基础上，我们也希望采用"产烟量法"计算出的排烟量具有一定安全余量，故而最终确定增加 50% 安全余量，最终排烟量为 34 m³/s，其次，减少一个排烟口并交错分布的情况下，换乘大厅内能够维持较高的能见度，方便了人员逃生和消防队员的火灾扑救工作。最后，根据本章对排烟口高度的研

究分析可知，将排烟口的高度设置于顶棚以下 2~3 m 能够保证烟气顺利排出。

表 2-16　$z=2$ m 切片处能见度下降到 15 m 的时刻

模型编号	时间/s
g-2-1	957
g-2-2	955
g-2-3	1 001
g-2-4	940
y-2-1	963

2.8　小　结

本章以重庆沙坪坝铁路综合交通枢纽地下换乘大厅作为研究应用实例，对该换乘大厅通风排烟组织上所存在的问题进行了详细研究。地下换乘大厅由于其空间体量较大，人员较密集，连接各种交通方式的出入口较多，在目前的防火设计中往往存在超过规范所要求的标准，例如地下换乘大厅的防火分区划分难度较大、超过规范标准、发生火灾后烟气无法及时排出等。因此，研究如何确保当地下换乘大厅发生火灾后，烟气能顺利排出并给予人员以充足的逃生时间是目前研究的热点和难点。本文在目前研究的基础上，首先理论分析了烟气在大空间中的运动规律并建立相似模型基础理论。其次，在此基础上，通过建立和搭建全尺寸 FDS 数值模拟模型和 1∶10 缩尺实验平台分别研究了大空间在不同火源功率、不同排烟量、不同排烟风速、不同补风量下烟气的运动规律以及对排烟效果的影响。最后，根据研究所得的结果，对大空间机械排烟的性能化设计作了进一步研究，包括机械排烟系统排烟量的计算方法、排烟口的设置高度、排烟口的位置和数量等。本文主要得到的结论如下：

（1）沙坪坝高铁换乘大厅发生火灾后，烟气的温度不是主要的危险因素，在对大空间的烟气温度研究分析中可知，由于换乘大厅空间体量较大，在较长的实验模拟时间内，除了顶棚及火源附近的烟气温度较高以外，其余部分的烟气温度都较低，而烟气的减光性和毒性是换乘大厅中造成人员伤亡的主要因素。

（2）在不同火源功率对大空间烟气温度和发展的研究中可知，火源功率越大，烟气的下降速度越快，烟气层最后的稳定高度越高、顶棚烟气的温度也越高。故而在沙坪坝地下换乘大厅中，若非存在商业性质局限，应该不设任何商业（包括零星商业点），降低火灾的规模，当换乘大厅内需要设置零星商业点时，应力求保证其消防安全，并减少其火灾荷载。

（3）在不同排烟量对换乘大厅烟气温度和发展的研究中可知，排烟量越大时，大空间内的整体温度越低；在 4 m 烟控高度（实验平台 0.4 m 烟控高度）下，对于换乘大厅的温度控制和烟气层的高度控制效果最好；烟气层的最终稳定高度与排烟量的大小成正比，即当排烟量越大时，烟气层的最终稳定高度越高，越有利于人员逃生，故而在实际工程中，宜采用换气次数法对换乘大厅的排烟量进行设计，以确保机械排烟系统具有较大安全余量。

（4）在不同排烟风速对大空间的烟气温度和发展的研究中可知，排烟风速越大，大空间内的整体温度越低；烟气层的最终稳定高度与排烟风速的大小成正比，即排烟风速越大，烟气层的最终稳定高度越高。但在实际的工程应用中，在保持排烟量不变的情况下，一味地增加排烟风速以达到更好的烟控效果是不值得考虑的，因为在本文的研究中发现，当排烟口的风速超过 2 m/s 之后，烟气层高度的提升效果开始减弱，而一味地增大排烟风速，不仅会大大增加成本，同时还会使得机械排烟系统荷载增加，故障率也随之增加。

（5）在不同补风量对大空间烟气的温度和发展的研究中可知，烟气层的最终稳定高度与补风量的大小成正比，即补风量越大，烟气的最终稳定高度越高，但影响程度较小。对于补风口位置处设有安全出口的大空间来说，增大补风量会加剧补风口下方及附近烟气的流动，有可能导致人员吸入大量烟气而窒息，故而本文认为采用规范要求的 50% 的补风量设计依然是最佳且合理的。实际情况下，为了保证人员的安全疏散，火灾发生后 1 min 内应启动机械排烟系统对大空间进行机械排烟；火灾发生初期，大空间内所需的正常补风量能从其他防火分区以及外界得到补足，火灾中后期需要对大空间进行机械补风才能达到大空间内所需的正常补风量，故而地下大空间补风系统的设置是十分有必要的。

（6）通过研究发现，首先，沙坪坝铁路交通枢纽性能化设计报告与设计单位方所做方案都能较好地满足排烟要求。其次，考虑到经济效益与可持续发展，对于大空间排烟量的计算方法宜采用产烟量法，并且补风量按照排烟量的 50% 设计，排烟口宜设置于顶棚下 2~3 m 的位置，保持排烟量大小不变，将排烟口交错分布布置时可适当减少排烟口的数量，以确保排烟效率最大化。

（7）通过对地下换乘大厅机械排烟效率的研究，提出了对重庆市沙坪坝铁路交通综合枢纽高铁换乘大厅机械排烟的优化设计方案如下：

① 高铁换乘大厅内不设置任何商业（包括零星商业），降低火灾规模。

② 换乘大厅内设置机械排烟系统，以最大火源强度为 4 MW，且在 20 min 内将烟气层高度控制在危险高度 2.6 m 以上的情况进行考虑，排烟量不应小于 65 000 m³/h，排烟口风速建议取不小于 2 m/s，排烟口高度建议布置在距离顶棚 2~3 m 高度处。

③ 设置机械补风系统，补风量按排烟量的 50%设计。

④ 排烟口宜采用交错式分布，以便能更加高效地排出烟气，在经济条件的约束下，可以在保证排烟量大小不变的情况下减小排烟口的数量。

（8）本文对沙坪坝铁路交通综合枢纽地下高铁换乘大厅机械排烟效率的研究方法可推广到一般大空间建筑的机械排烟系统设计中，即：对于一般大空间建筑，应首先明确其火灾规模的大小、可燃物的种类以及与周围环境的关系。其次，根据其火灾规模大小计算出大空间顺利排出烟气所需的排烟量大小并与目前规范中所要求的排烟量设计原则相互对照，择优选取排烟量的计算方法。再次，应对大空间建筑的排烟风速、补风量、排烟口高度等关键性设计参数进行模拟或缩小比例的模型实验研究，得出适用于该大空间建筑的最优方案。最后，按照常规性能化设计的目标对大空间机械排烟系统的各组成部分进行细化研究并整合，最终得出设计方案。

第 3 章

重庆沙坪坝综合交通枢纽灭火及防火分隔

3.1 综合交通枢纽的主动防灭火技术

3.1.1 水灭火系统

水灭火系统是以水为主要介质的用于灭火、控火和冷却等的系统。由于水的灭火效果较好、价格便宜、使用方便，其一直是建筑火灾中的主要灭火剂，各类建筑都相应安装消防给水系统。

1. 消火栓系统

消火栓系统是扑救、控制建筑物初期火灾的最为有效的灭火设施。普遍应用于多层、高层公共建筑及高层民用建筑，是应用最为广泛、用量最大的水灭火系统。消火栓系统包括室内消火栓系统和室外消火栓系统。

室外消火栓系统是设置在市政给水管网上和建筑物外消防给水管网上的供水设施，主要供消防车从市政给水管网或室外消防给水管网取水实施灭火，也可以直接连接水带、水枪出水灭火，是扑救火灾的重要消防设施之一。室外消火栓系统主要由市政供水管网或室外消防给水管网、消防水池、消防水泵和室外消火栓组成，当出现火情时，利用安装在室外的消火栓供消防部队取水灭火。室外消火栓按安装形式的不同可分为地上和地下两种，地上式室外消火栓适用于温度较高的地方，地下式室外消火栓使用于比较严寒的地区，其结构如图 3-1 所示。按其进水口连接形式的不同可分为承插式和法兰式两种。

室内消火栓是扑救建筑内火灾的主要设施，通常安装在消火栓箱内，与消防水带等器材配套使用，是我国最早和最普通的消防设施之一，在进行消防灭火的使用过程中因性能可靠、成本低廉而被广泛采用。室内消火栓给水系统由消防给水基础设施、消防给水管网、室内消火栓设备、报警控制设备及附件等组成，其中消防给水基础设施包括消防水池、消防水泵、消防水箱、增压稳压设备等，该

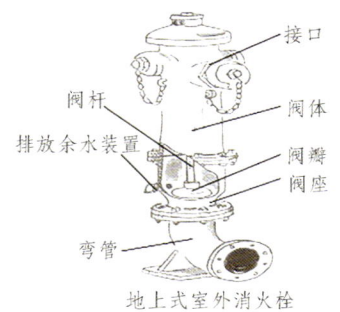
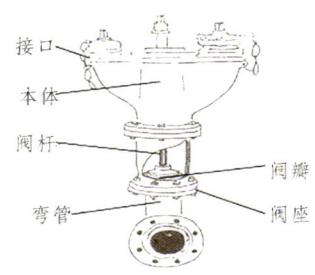

图 3-1 室外消火栓的结构图

设施的主要任务是为了系统储存并提供灭火用水。给水管网包括进水管、水平干管、消防竖管等，其任务是向室内消火栓设备输送灭火用水。室内消火栓设备包括水带、水枪、水喉等，是供灭火人员使用的主要工具。报警控制设备用于启动消防水泵，并监控系统的工作状态，系统附件包括各种阀门。只有通过以上这些设施的有机协调工作，才能保证系统的灭火效果。室内消火栓按出水口型式可分为单出口室内消火栓和双出口室内消火栓。按结构型式可分为：直角出口型室内消火栓、45°出口型室内消火栓、减压型室内消火栓、旋转型室内消火栓、减压稳压型室内消火栓、旋转减压稳压室内消火栓等。各消火栓外形如图 3-2 ~ 3-4 所示。

图 3-2 单阀双出口室内消火栓

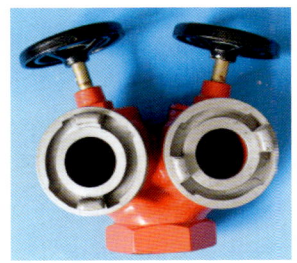
图 3-3 双阀双出口室内消火栓

图 3-4 减压稳压型室内消火栓

室内消火栓给水系统实物如图 3-5 所示。

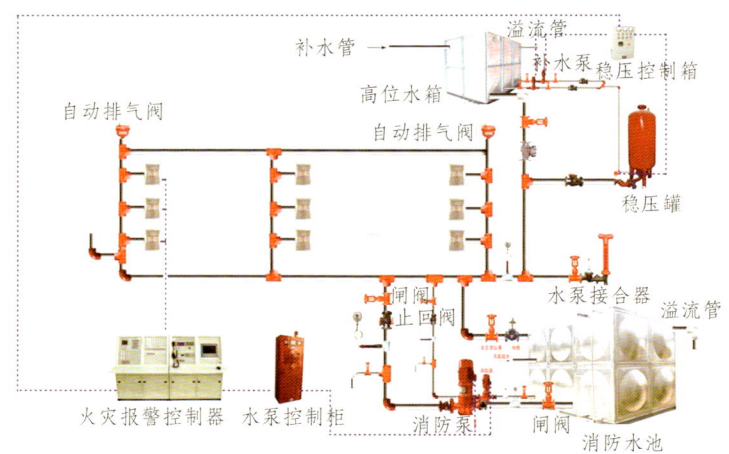

图 3-5　室内消火栓给水系统实物示意图

2. 自动喷水灭火系统

自动喷水灭火系统的应用已有一百多年的历史，在这一个世纪的时间内，该系统在技术、设备和材料等方面都有了很大的发展，且通过推广应用，获得了巨大的社会效益与经济效益。近年来我国确立了以消火栓给水系统为主逐步向自动喷水灭火系统为主过渡的原则。自动喷水灭火系统是扑救、控制建筑物初期火灾的最为有效的自救灭火设施之一，是应用最为广泛、用量最大的自动灭火系统。自动喷水灭火系统具有自动探测火灾、自动灭火的双重效能，具有安全可靠、经济实用、灭火成功率高等优点。据美国消防协会调查统计，装有自动喷水灭火系统建筑物的火灾生命损失减小，财产损失减小。因此，自动喷水灭火系统是非常优秀的火灾生命财产保护系统。根据系统所安装的喷头开闭形式，自动喷水灭火系统分为闭式和开式两大类。闭式系统包括湿式自动喷水灭火系统、干式自动喷水灭火系统和预作用自动喷水灭火系统，而开式自动喷水灭火系统又分为雨淋系统和水幕系统。对于不同的系统，其组件的形式可能不同，但是无论哪种系统，其基本组成主要包括洒水喷头、报警阀组、水流报警装置（水流指示器或压力开关）、末端试水装置等组件，以及管道、供水设施等，并能在发生火灾时喷水。

湿式自动喷水灭火系统构成实物图示如图 3-6 所示。

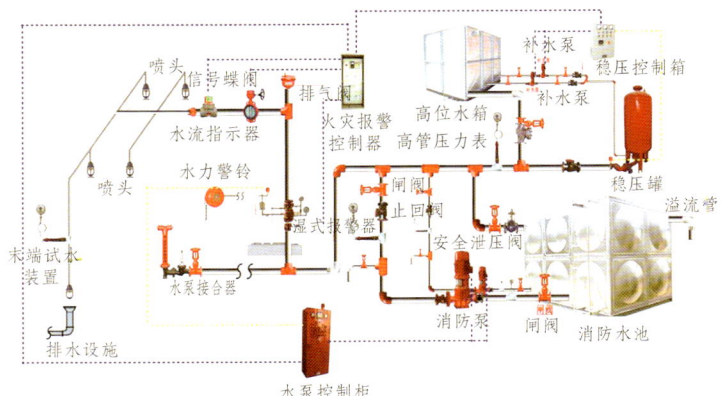

图 3-6　湿式自动喷水灭火系统构成实物图示

干式自动喷水灭火系统构成实物如图 3-7 所示。

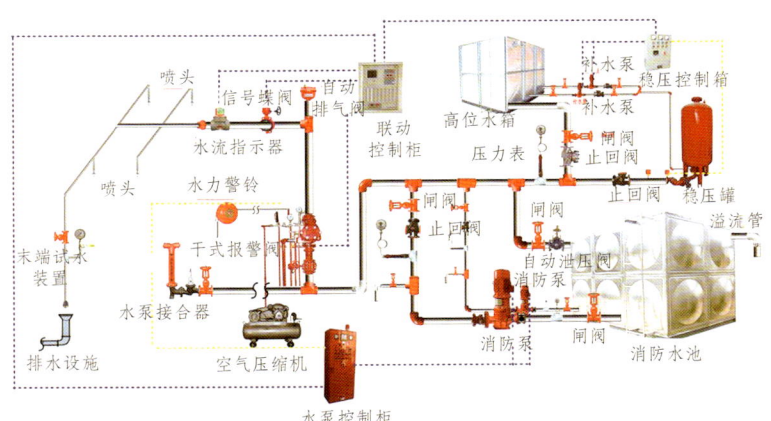

图 3-7　干式自动喷水灭火系统构成实物图示

自动喷水灭火系统用于灭火时的适用范围为：湿式自动喷水灭火系统在环境温度不低于 4 ℃ 且不高于 70 ℃ 的建筑物和场所（不能用水扑救的建筑物和场所除外）都可采用；干式自动喷水灭火系统适用于环境温度低于 4 ℃ 和高于 70 ℃ 的建筑物和场所，如不采暖的地下停车场、冷库等等；预作用系统可以用于干式系统、湿式系统和干湿式系统所能使用的任何场所，而且还能用于一些这三个系统都不适合被采用的场所；雨淋系统适用于燃烧猛烈、蔓延迅速的火灾严重危险级场所，如剧院舞台上部、大型演播室、电影摄影棚等；水幕系统适用于超过 1 500 个座位的剧院和拥有超过 2 000 个座位的会堂、礼堂的舞台口，与舞台相连的侧台、后台的门窗洞口，以及防火卷帘和防火幕的上部，应设防火墙、防火门等隔断物，而又因为各种原因无法设置的开口部位等。预作用自动喷水灭火系统构成如图3-8所示。

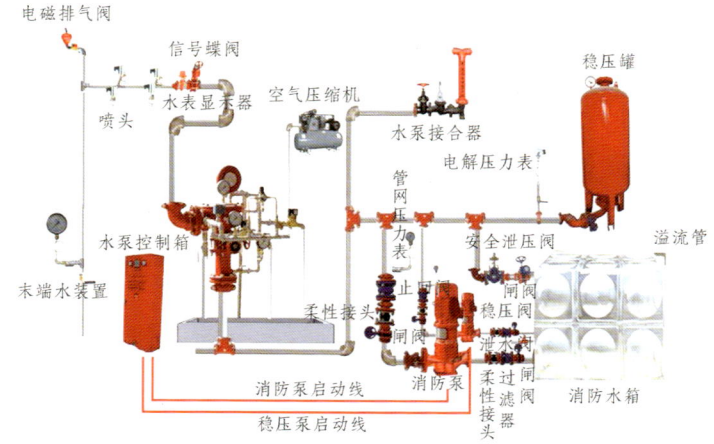

图3-8　预作用自动喷水灭火系统构成实物图示

3. 水喷雾灭火系统

水喷雾灭火系统主要以水为介质，采用水雾喷头在压力作用下喷洒水雾进行灭火，是一种高效能、适用范围较广的灭火系统，如图3-9所示。水喷雾灭火系统是由水源、供水设备、管道、雨淋阀组、过滤器和水雾喷头等组成，向保护对象喷射水雾灭火或防护冷却的灭火系统。它是利用水雾喷头在较高的水压力作用下，将水流分离成细小水雾滴，喷向保护对象实现灭火和防护冷却作用的。水喷雾灭火系统用水量少、冷却和灭火效果好、使用范围广泛。水喷雾灭火系统的应用发展，实现了用水扑救油类和电气设备火灾，并且克服了气体灭火系统不适合在露天的环境和大空间场所使用的缺点。

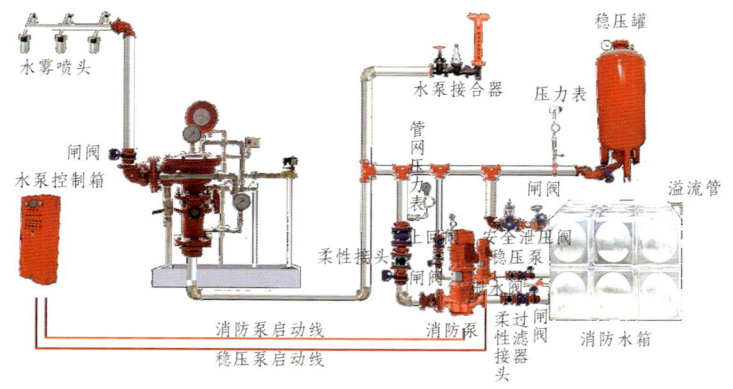

图3-9　水喷雾灭火系统图

水喷雾灭火系统用于灭火时的适用范围为：扑救固定火灾、闪点高于 60 ℃ 的液体火灾和电气火灾。水喷雾灭火系统用于防护冷却时的适用范围为：对可燃气体和甲、乙、丙类液体的生产、储存装置或装卸设施进行防护冷却。设置水喷雾灭火系统时，应考虑保护对象的种类、可燃物的性质（着火点、比重、黏度、混合性能以及水溶性等），以及保护对象周围环境等因素。

4. 细水雾灭火系统

细水雾灭火系统主要以水为介质，利用特殊喷头在压力作用下喷洒细水雾进行灭火或控火，是一种灭火效能较高、环保、适用范围较广的灭火系统，是国际上应用广泛的哈龙灭火系统的替代系统之一，具有广泛的工程应用前景。其系统由水源（储水池、储水箱、储水瓶）、供水装置（泵组推动或瓶组推动）、系统管网、控水阀组、细水雾喷头以及火灾自动报警及联动控制系统组成。按照分配管网中流动介质的压力，可以分为高压系统、中压系统和低压系统；按照流动介质类型，可以分为单体流体系统和双体流体系统；按照安装方式可以分为现场安装系统和预安装系统；按照采用的细水雾喷头型式，可分为开式系统和闭式系统；按照系统供水方式，可分为泵组式、瓶组式及其他型式。目前的主流产品主要是泵组式和瓶组式两种。

细水雾灭火系统适用于扑救以下火灾：① 可燃固体火灾（A 类）：细水雾灭火系统可以有效扑救相对封闭空间内可燃固体表面的火灾，包括纸张、木材、纺织品和塑料泡沫、橡胶等固体火灾等。② 可燃液体火灾（B 类）：细水雾灭火系统可以有效扑救相对封闭空间内的可燃液体火灾，包括正庚烷或汽油等低闪点可燃液体和润滑油、液压油等中、高闪点可燃液体火灾。③ 电气火灾（E 类）：细水雾灭火系统可以有效扑救电气火灾，包括电缆、控制柜等电子、电气设备火灾和变压器火灾等。

泵组式细水雾系统如图 3-10 所示。

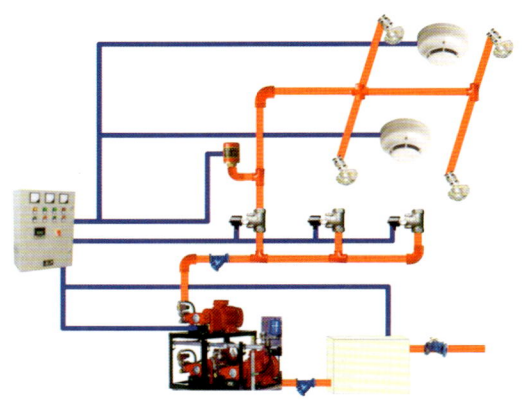

图 3-10　泵组式细水雾系统

瓶组式细水雾系统如图 3-11 所示。

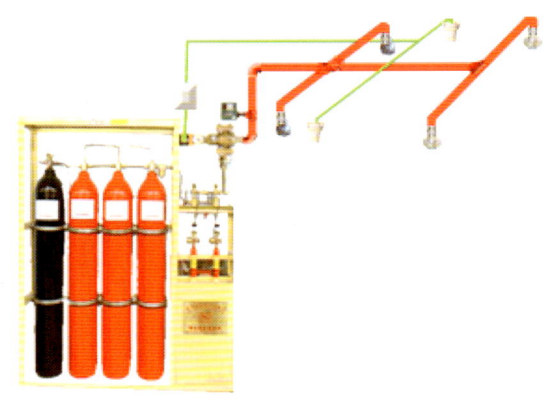

图 3-11　瓶组式细水雾系统

综上所述，消火栓系统是扑救、控制建筑物初期火灾的最为有效的灭火设施。普遍应用于多层、高层公共建筑及高层民用建筑，是应用最为广泛、用量最大的水灭火系统，对于综合交通枢纽这类综合体建筑也不例外。自动喷水灭火系统是扑救、控制建筑物初期火灾的最为有效的自救灭火设施之一，是应用最为广泛、用量最大的自动灭火系统。自动喷水灭火系统具有自动探测火灾、自动灭火的双重效能，具有安全可靠、经济实用、灭火成功率高等优点，也被普遍应用于综合交通枢纽中。水喷雾灭火系统的应用发展，实现了用水扑救油类和电气设备火灾，并且克服了气体灭火系统不适合在露天的环境和大空间场所使用的缺点，对于枢纽中电气操作间等场所的防火灭火有莫大的利处。具有广泛的工程应用前景，天津站综合交通枢纽的电气设备间就应用了高压细水雾灭火系统，细水雾灭火系统为大型综合交通枢纽工程中电气设备间的消防工程开发了一种更为节能、环保、经济的系统。

3.1.2　其他灭火系统

1. 气体灭火系统

气体灭火系统是指平时灭火剂以液体、液化气体或气体状态存贮于压力容器内，灭火时以气体（包括蒸汽、气雾）状态喷射作为灭火介质的灭火系统，并能在防护区空间内形成各方向均一的气体浓度，且该灭火浓度至少能达到规范规定的浸渍时间，实现扑灭该防护区的空间、立体火灾。气体灭火系统适用于扑救电器火灾、固体表面火灾、液体火灾，其适用范围是由气体灭火剂的灭火性质决定的，灭火前能切断气源的气体火灾，气体灭火系统具有化学稳定性好、耐储存、腐蚀性小、不导电、毒性低、蒸发后不留痕迹等特点。气体灭火系统如图 3-12 所示。

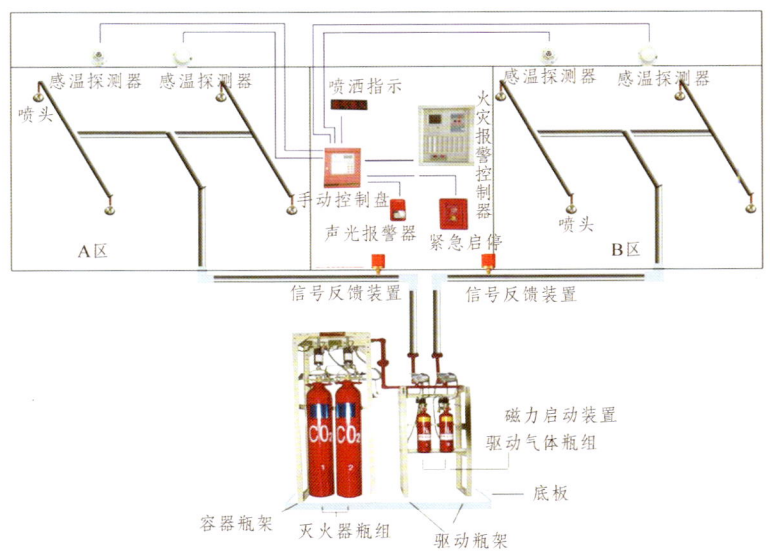

图 3-12　气体灭火系统示意图

气体灭火系统按防护对象的保护形式不同可分为全淹没系统和局部应用系统两种；按使用的灭火剂不同可分为二氧化碳灭火系统、卤代烷烃灭火系统和惰性气体灭火系统等。一般由灭火剂瓶组、驱动气体瓶组、单向阀、选择阀、减压装置、驱动装置、急流管、连接管、喷嘴、信号反馈装置、安全泄放装置、控制盘、捡漏装置、低泄高封阀、管路管件等部件构成。不同的气体灭火系统其结构形式和组成部件的数量也不完全相同。

气体消防中的卤代烷灭火剂排放是破坏大气臭氧层的主要原因。我国在卤代烷灭火剂替代物研发方面做了大量工作，并获得一定进展，例如以 FM200 型为代表的卤代烷替代物已开始得到应用，为最终取消使用卤代烷灭火剂取得一定经验。目前，气体灭火剂和灭火系统日趋多样化，有 FM200、CEA、INERGEN、Trioxide 等。

2. 泡沫灭火系统

泡沫灭火系统主要用于扑救可燃液体火灾，同时也可用于扑救固体物质火灾，随着泡沫灭火技术的发展，该系统在民用建筑、电力行业等领域内的应用也越来越多。主要由泡沫消防泵、泡沫液储罐、泡沫比例混合器、泡沫产生装置、控制阀门及管道等组成。通过泡沫比例混合器将泡沫液与水按比例混合成泡沫混合液，工作原理为：再经泡沫产生装置生成泡沫，施加于着火对象上实施灭火。按系统产生泡沫的倍数的不同，可分为低倍数泡沫灭火系统、中倍数泡沫灭火系统和高倍数泡沫灭火系统。

低倍数泡沫是指泡沫混合液吸入空气后，体积膨胀小于20倍的泡沫。低倍数泡沫灭火系统主要用于扑救原油、汽油、煤油、柴油、甲醇、丙酮等B类的火灾，适用于炼油厂、化工厂、油田、油库、为铁路油槽车装卸油的鹤管栈桥、码头、飞机库、机场等。一般民用建筑泡沫消防系统等常采用低倍数泡沫消防系统。低倍数泡沫液有普通蛋白泡沫液、氟蛋白泡沫液、水成膜泡沫液（轻水泡沫液）、成膜氟蛋白泡沫液及抗溶性泡沫液等几种类型。

发泡倍数为21~200的泡沫称为中倍数泡沫。中倍数泡沫灭火系统，一般用于控制或扑灭易燃、可燃液体、固体表面火灾及固体深位阴燃火灾。其稳定性较低倍数泡沫灭火系统差，在一定程度上会受风的影响，抗复燃能力较低，因此使用时需要增加供给的强度。中倍数泡沫灭火系统能扑救立式钢制储油罐内火灾。

发泡倍数为201~1 000的泡沫称为高倍数泡沫。高倍数泡沫灭火系统在灭火时，能迅速以全淹没或覆盖方式充满防护空间灭火，并不受防护面积和容积大小的限制，可用来扑救A类火灾和B类火灾。高倍数泡沫绝热性能好、无毒、有消烟、可排除有毒气体、形成防火隔离层并对在火场灭火的人员无害。高倍数泡沫灭火剂的用量和水的用量仅为低倍数泡沫灭火时用量的1/20，水渍损失小，灭火效率高，灭火后泡沫易于清除。按照系统组件的安装方式，分为固定式系统、半固定式系统和移动式系统。

3. 干粉灭火系统

干粉灭火系统由干粉储存装置、输送管道和喷头等组成，通过惰性气体压力驱动、管道运输后经喷头喷出，实施灭火的固定式或半固定式灭火系统。该系统具有灭火速度快、不导电、对黄金条件要求不严格等优点，能自动探测、自动启动系统和自动灭火，被广泛应用于港口、大型变压器等场所。

综上，对大型综合交通枢纽来说，气体灭火系统适用于扑救机房等场所的电器火灾、固体表面火灾、液体火灾，其适用范围是由气体灭火剂的灭火性质决定的，灭火前能切断气源的气体火灾，气体灭火系统具有化学稳定性好、耐储存、腐蚀性小、不导电、毒性低、蒸发后不留痕迹等特点；泡沫灭火系统可应用于综合交通枢纽中有可燃液体或可燃固体存在的场所，主要用于扑救可燃液体火灾，也可用于扑救固体物质火灾；干粉灭火系统则适用于综合交通枢纽变配电房的防灭火。

3.1.3 建筑灭火器

利用灭火器扑救建筑初期火灾是火灾早期控制最为有效的方法，灭火器具有轻便灵活、容易操作等特点。综合交通枢纽建筑灭火器的配置，要依据灭火器配置场所的火灾种类、灭火有效程度、对保护物品的污损程度、设置点的环境温度、使用灭火器人员的素质来设定。

3.2 综合交通枢纽的被动防灭火技术

就我国目前的经济实力和公众的防火意识而言，被动防火系统的设计更具有普遍性、可靠性、长久性和经济性，被动防火系统的基本作用就是在火灾发生与蔓延的过程中将火势尽可能地控制在一个小范围内，并保证建筑结构的整体和局部在设计规定的时间间隔内不出现倒塌破坏[194]。

基于建筑物起火的条件和蔓延方式、建筑物防火的措施和技术，建筑被动防火主要包括建筑类别及耐火等级、总平面布局与平面布置、防火防烟分隔。被动防火理论集中体现在"防火分区"的设立上。合理设置防火分区具有很大的防火效果，是一种理想的被动式防火方式。它们的主要功能体现在两方面：一方面是保证该区域出现火灾后，不在规定的时间内向其他区域蔓延；另一方面是有利于消防队及时扑灭火灾，并为建筑内的人员迅速撤离提供相对安全的区域。

3.2.1 建筑类别及耐火等级

建筑分类是确定消防安全要求的基础，以分类为基础，采取不同的防火措施，达到既保障建筑的消防安全，又节约投资的目的。建筑物的分类方式有很多种，根据建筑设计防火规范，工业建筑包括单层、多层及高层的厂房和仓库，其中，火灾危险性类别分别为甲、乙、丙、丁、戊类；民用建筑包括单层、多层及高层的住宅建筑和公共建筑，其中，高层民用建筑根据其建筑高度、使用功能和楼层的建筑面积不同分为一类和二类。主要通过对建筑物高度、层数、火灾危险性、使用性质等进行防火检查，来核实建筑分类是否符合现行国家工程建筑消防技术标准的要求。

建筑耐火等级的选择，是建筑防火技术措施中最基本的措施之一，与建筑使用性质、火灾危险性大小、建筑层数等紧密联系。建筑耐火等级是建筑物整体的耐火性能，由组成建筑物的建筑构件（梁、柱、楼板、墙等）的燃烧性能和耐火极限所决定，分为一、二、三、四级。一级耐火等级建筑是钢筋混凝土结构或砖墙与钢筋混凝土结构组成的混合结构；二级耐火等级建筑是钢结构屋架、钢筋混凝土柱或砖墙组成的混合结构；三级耐火等级建筑物是木屋顶和砖墙组成的砖木结构；四级耐火等级是木屋顶、难燃烧体墙壁组成的可燃结构。建筑耐火等级要求建筑构件在火灾高温持续作用下能够在一定时间内不破坏，不传播火灾，从而起到延缓和阻止火灾蔓延的作用，并为人员疏散、抢救物资和扑灭火灾以及灾后结构修复创造条件。

3.2.2 总平面布局与平面布置

建筑的总平面布局是指根据城市规划和消防安全的要求，结合周围环境、地势条件、主导风向等因素合理划分企业功能分区，确定建筑位置，设置必要防火间距，同时满足消防扑救的基本条件。合理的总平面布局可以避免建筑火灾、爆炸后可能造成的严重后果，并为消防人员和消防车辆扑救火灾提供可靠保障。

建筑内部不同部位的用途千差万别，不同功能空间的火灾危险性和人员疏散要求也是不一样的，通常将火灾危险性大的空间相对集中并划分为不同的防火分区，或将这样的空间布置在对建筑结构或人员疏散影响较小并便于扑救或控火的部位，以尽量降低火灾的危害，所以，要结合建筑功能、空间组合、人员组织与安全疏散等因素针对建筑平面布置的合理性开展防火设计，可以达到减少火灾危害的目的。

3.2.3 防火防烟分隔

防火分隔技术是一种能够有效控制火势蔓延的技术性手段，通过对建筑物进行物理分隔，使得火情发生时能够将火势控制在对应的范围当中，从而减少灭火工作的难度以及火灾造成的损失，对延缓火势蔓延具有重要作用[195-196]。

建筑内防火分区的划分：一方面通过耐火性能较好的楼板及窗间墙，在建筑物的垂直方向对每个楼层进行防火分隔；另一方面利用防火墙或防火门、防火卷帘等防火分隔物将各楼层在水平方向分隔出防火区域，在建筑物内采用划分防火分区这一措施，可以在建筑物一旦发生火灾时，有效地把火势控制在一定的范围内，减少火灾损失的同时，可以为人员安全疏散、消防扑救提供有利条件。

防火墙是在现代建筑消防设计中经常使用的一种水平防火分隔技术，它要求使用耐燃材质作为建筑物墙面材料。防火墙分为内防火墙、外防火墙和独立防火墙等。墙体材料由不燃烧的黏土、钢筋混凝土、天然石材等材料混合而成，其各种防火性能参数必须经过相关部门的专业耐火测试且达标后，才允许投入市场并使用。防火墙作为防火分隔的建筑构件，其使用与普通墙体使用相比有特殊要求，其内部不能设置水电燃气等输送管道，墙体上也不能开口（如不得不安装管道，必须用不可燃材料将墙体内空隙与管道口填满）。防火墙虽然实用，但严重缺乏通透性，而且从美学上来讲，很多防火墙都会严重影响建筑物的美观。

防火门是为了防止火灾在建筑物中的蔓延而设置的，是体现防火分隔技术的一种设施，兼具一般门的功能作用。从位置上来看，防火门一般都设置在建筑物内部的安全出口和某些重要功能房间的出入口，除了能阻止火势蔓延外更能为人员疏散逃离提供便利。防火门要具备自动关闭的功能，在通常情况下，防火门是处于关闭状态的，并不经常使用，但要做好平时的维护检查工作，以防到关键时能够顺利启用。

防火卷帘由于产品外形平整美观、造型新颖，具有刚性强，广泛应用于工业与民用建筑的防火隔断区，能有效地阻止火势蔓延，保障生命财产安全，是现代建筑中不可缺少的防火设施。防火卷帘通常设置在中庭自动扶梯四周等位置，也可酌情替代防火墙、防火门等，并同时结合水幕使用。

目前，建筑中普遍应用的防火分隔多以传统方式为主，包括防火墙、防火隔墙、防火卷帘、防火门窗、防火阀等。

随着材料技术及工艺的迅速发展，建筑消防分隔技术相关理论和产品都得到了持续的创新与完善，一些全新的技术和设备在实际消防工作中得到了广泛的应用。例如，当前开始推广应用的使用钢化玻璃进行防火分隔的技术。通过使用钢化玻璃，配置对应的玻璃喷头，使用密封剂、不燃烧树脂将两者结合起来。当火灾发生时，钢化玻璃在高温下依然不会破裂，持续的喷水能够避免温度继续升高，使得与火灾直接接触的玻璃不会因为温度过高而造成火势蔓延的情况发生。该技术的核心材料是窗玻璃，里面装一个热敏元件，能够感知周围温度，当判定出现火灾时，则利用玻璃喷头均匀喷出水帘，能够在一定程度上控制温度上升，避免高温对玻璃的持续破坏，最终保证整个玻璃结构的完整性，达到阻断火势蔓延的目的。当前，该技术已经在建筑消防行业中得到了广泛的认可，在外观方面，通过使用窗玻璃喷头与钢化玻璃的结合，可提升防火分隔技术的美观性，使更多的建筑企业愿意将该技术应用与消防设计工作中[198-202]。

在建筑物中，墙壁、隔板、楼板和其他阻挡物都可作为防烟分隔的构件，由这些分隔构件组成的防烟分区可以保证在一定时间内，使火场上产生的高温烟气不会随意扩散，以便蓄积和迅速排除，并达到有利于人员安全疏散、控制火势蔓延和减少火灾损失的目的。

考虑到大型综合交通枢纽这类建筑结构具有特殊的综合功能，因此防火墙、防火门窗、防火卷帘、防火阀、防火玻璃等是其不可或缺的防火分隔构件。同样在大型综合交通枢纽建筑体中，墙壁、隔板、楼板和其他阻挡物都可作为防烟分隔的构件，由这些分隔构件组成的防烟分区可以保证在一定时间内，使火场上产生的高温烟气不致随意扩散，以便蓄积和迅速排除，并达到有利于人员安全疏散，控制火势蔓延和减少火灾损失的目的。

3.3 重庆市沙坪坝综合交通枢纽防灭火及防火分隔

3.3.1 重庆市沙坪坝综合交通枢纽水灭火系统

沙坪坝铁路枢纽综合改造工程对上盖广场标高 259.20 m 以下部分的消防系统进行改造，被改造的消防系统如下：室外消火栓系统、室内消火栓系统、自动喷水系统、消防炮系统、气体消防系统、建筑灭火器配置等。

铁路站房、站台、进出站通道及配套用房，按甲方要求设置一套单独的消防系统和消防水池（即消防系统一）；由于沙坪坝交通枢纽除了铁路站房、站台、进出站通道及配套用房外，建筑面积仍超过 500 000 m^2，因此地下车库及物业开发设置两套消防系统和消防水池（即消防系统二和消防系统三）。

沙坪坝工程按体积大于 500 000 m^3 的一类超高层公共建筑设防；室外消火栓系统流量：40 L/s，室内消火栓系统流量：40 L/s，火灾延续时间：3 h；消防用水量设置：同一时间内火灾次数为一次，符合《消防给水及消火栓系统技术规范》（GB 50974—2014）的规定。各消防系统的消防用水量标准及一次灭火用水量如表 3-1 ~ 3-3 所示。

表 3-1 消防系统一用水量表

用水类别	用水标准/(L/s)	灭火时间/h	总用水量/m^3	备注
室内消火栓	40	3	432	水池储存
室外消火栓	40	3	432	水池储存
自动喷水灭火系统	35	1	126	水池储存
固定消防炮	40	1	144	水池储存
总　　计	—	—	1 134	水池储存 1 134 m^3

消防系统一用于保护铁路站房、站台、进出站通道及配套用房，消防用水采用水池储存，消防水池位于配套用房，经计算其有效容积为 1 134 m^3。水池分独立的两座，采用矩形钢筋混凝土结构。

消防系统二保护双子座及周边车库和其裙房商业，以地下停车库为消防对象。其中储存室外消防用水的水池位于车库负一层，其有效容积为 432 m^3；储存其余消防用水的水池位于车库负二层，其有效容积为 756 m³，水池分两座，采用矩形钢筋混凝土结构。

表 3-2　消防系统二用水量表

用水类别	用水标准/（L/s）	灭火时间/h	总用水量/m³	备注
室内消火栓	40	3	432	储存在室外消防水池
室外消火栓	40	3	432	水池储存
自动喷水灭火系统	90	1	324	水池储存
大空间智能型主动喷水灭火系统	45	1	162	水池储存
总　　计	—	—	1 350	水池储存 1 188 m³

注：大空间智能型主动喷水灭火系统与自动喷水灭火系统采用两者中水量较大者作为消防水量储存。

消防系统三保护高层公寓铁路办公楼、公寓式办公楼、高层酒店及周边商业及地下车库；以高层酒店为消防对象，消防水池位于车库负一层，其有效容积为 1 188 m³，分为独立的两座，采用矩形钢筋混凝土结构。

表 3-3　消防系统三用水量表

用水类别	用水标准/（L/s）	灭火时间/h	总用水量/m³	备注
室内消火栓	40	3	432	储存在室外消防水池
室外消火栓	40	3	432	水池储存
自动喷水灭火系统	90	1	324	水池储存
大空间智能型主动喷水灭火系统	45	1	162	水池储存
总　　计	—	—	1 350	水池储存 1 188 m³

注：大空间智能型主动喷水灭火系统与自动喷水灭火系统采用两者中水量较大者作为消防水量储存。

1. 消火栓系统

消火栓系统设计依据《消防给水及消火栓系统技术规范》（GB 50974—2014），《室外给水设计规范》（GB 50013—2006）。

（1）室外消火栓系统。

沙坪坝项目室外给水系统总体考虑从北侧东站西路市政给水管上引入

DN350 给水管供枢纽生产生活给水及消防用水，从跨铁路综合管廊上引入 DN250 给水管供铁路生产生活用水及消防用水，引入后分成生产生活给水管网和消防管网。

室外消防用水量为 40 L/s，由市政给水和消防水池及室外消防泵供给。室外消火栓系统为临时高压系统，消防系统一、系统二、系统三消防泵房内各设置一组室外消防加压泵组。平时室外管道压力由市政供给和通过稳压装置保持，在消防压力或流量不足时，室外消火栓水泵自动启动或消防控制室启动加压水泵，向室外消火栓管网供水。室外消火栓系统在室外形成 DN200 环网，室外消火栓间距不大于 120 m，保护半径 150 m，并配合消防水泵接合器布置。

消防系统一室外消火栓系统压力平时由设于消防泵房的增压稳压设备维持，稳压泵启泵压力 P_1 为 36 m，稳压泵停泵压力 P_2 为 44 m，当系统压力（压力开关处）P 降为 29 m 时，增压稳压设备自动停运，室外消防主泵同时启动。

消防系统二室外消火栓系统压力平时由设于消防泵房的增压稳压设备维持，稳压泵启泵压力 P_1 为 36 m，稳压泵停泵压力 P_2 为 44 m，当系统压力（压力开关处）P 降为 29 m 时，增压稳压设备自动停运，室外消防主泵同时启动。

消防系统三室外消火栓系统压力平时由设于消防泵房的增压稳压设备维持，稳压泵启泵压力 P_1 为 32 m，稳压泵停泵压力 P_2 为 40 m，当系统压力（压力开关处）P 降为 25 m 时，增压稳压设备自动停运，室外消防主泵同时启动。

其中，铁路站房室外采用生活与消防独立的消防给水系统，室外消防水泵设于消防泵房内，共 2 台，为一用一备，加压后接入沙坪坝综合交通枢纽综合体室外消防环网。

（2）室内消火栓系统。

消防系统一不分区，系统二、系统三分区，如表 3-4 所示。

表 3-4 室内消火栓系统分区情况

竖向分区	系统二	系统三	供水方式	备注
低区	地下部分，商业裙房至双子座的 9 层	地下部分，商业裙房至成都铁路局商务公寓楼 9 层，公寓式办公楼 A 的 10 层，酒店 8 层，公寓式办公楼 B 的 13 层	地下消防泵站主泵出水管接减压阀后供水	临时高压
中区	双子座 A 的 10~22 层；双子座 B 的 10~23 层	成都铁路局商务公寓楼 10~23 层，公寓式办公楼 A 的 11~23 层，酒店 9 层至顶层，公寓式办公楼 B 的 14 层至顶层	地下消防泵站主泵出水管供水	临时高压

续表

竖向分区	系统二	系统三	供水方式	备注
高区	双子座A的23~36层；双子座B的24~38层	成都铁路局商务公寓楼24层至顶层,公寓式办公楼A的24~33层	系统二在双子座A的22层和双子座B的23层设输水箱,系统三在公寓式办公楼A的24层设输水箱	临时高压
高1区	双子座A的37层至顶层,双子座B的39层至顶层	公寓式办公楼A的34层至顶层	系统二在双子座A的22层和双子座B的23层设输水箱,系统三在公寓式办公楼A的24层设输水箱	临时高压

① 室内消火栓设置。

a. 各层均设置室内消火栓,消火栓按规范要求安装于各楼层、地下室和明显、便于取用的地方,消火栓的间距设置能保证同层的任何部位有两个消火栓的水枪充实水柱同时到达,水枪充实水柱高度不少于 13 m。所有枢纽地下部分消火栓均采用减压稳压型消火栓；公交候车区、出租车等候区、高铁出站厅,电梯厅等除停车库外的人口密集区域采用甲型单栓带消防软管卷盘消火栓箱。当消火栓栓口的出水压力超过 0.50 MPa 时消火栓为减压稳压消火栓,室内消火栓系统在本建筑各区的屋顶设有带压力表的试验消火栓。每个消火栓箱内均配置 DN65 mm 消火栓一个、配置消防软管卷盘一个、DN65 mm-L25 m 麻质衬胶水带一条,DN65×19 mm 直流水枪一支,指示灯、消防按钮各一只。

b. 站房室内采用临时高压制给水系统,在消防泵房内,共设 2 台室内消火栓给水加压泵,为一用一备,消防水箱设于站房夹层内,并设增压稳压装置。消火栓系统设有 3 套消防水泵接合器。

c. 站房室内消防管道设有两个消防给水进口,以保证一个进口发生故障时,仍能供给全部的消防水量,消火栓给水管网连成环状,干管上均设手动阀门,采用钢制组合式消防柜。

② 消火栓系统控制。

消火栓主泵应由消防水泵出水干管上设置的压力开关、高位消防水箱出水管上的流量开关的开关信号直接自动启动,消火栓主泵也可在消防控制室遥控启动和水泵房内手动启动。水泵启动后,在消火栓箱处用红色讯号灯显示。水泵启动后,便不能自动停止,灭火结束后,手动停泵。系统压力平时由增压稳压设备维持,当系统压力降低至 0.40 MPa 时,增压稳压设备自动停运,消火栓主泵同时启动。消火栓主泵启动运行信号应反馈至消防中心及消防水泵房内的控制盘上。消防水池水位达最低或溢流水位时,应向消防中心发出声光警报。

③ 具体优化要点。

  a. 候车区加强室内消火栓和消防水喉设置。

  b. 站台层站台区域每隔 30 m 设置室外消火栓,并加强灭火器设置。

  c. 出站大厅公共区域每隔 30 m 设置室内消火栓和消防软管卷盘。

  d. 车库连接道按车库要求设置室内消火栓。

2. 自动喷水灭火系统

(1)工程自喷设计参数如表 3-5 所示。

表 3-5   自动喷水灭火系统设计参数

设置部位	火灾危险等级	喷水强度	作用面积/m²	最不利喷头工作压力/MPa	火灾延续时间/h
地下停车库	中危险Ⅱ级	8 L/(min·m²)	465	0.05	1.0
候车厅、出站通道以及净空大于 8 m 区域	自动巡检的消防水炮	单个水炮用水量 20 L/s	—	0.8	1.0
出站厅、中厅	自动扫描射水高空水泡	单个水炮用水量 5 L/s	—	0.6	1.0
其余部分	中危险Ⅰ级	6 L/(min·m²)	160	0.1	1.0

(2)系统分区及系统组成。

① 自动喷水灭火系统分区同消火栓系统分区一致,以能保证配水管道的工作压力不大于 1.6 MPa。

② 各区每组湿式报警阀的喷头高度不超过 50 m。报警阀工作压力不大于 1.6 MPa。

③ 喷头的设置和选择:除不宜用水扑救的区域外,沙坪坝工程各层均设置喷头。地下停车库及无吊顶区域选用直立型喷头($K=80$),喷头公称动作温度 68 ℃、公交车站、出租车站以及公交车候车厅和出租车候车厅采用快速响应喷头。站房所有的喷头采用快速响应喷头,有吊顶处,采用闭式吊顶型玻璃球喷头,$K=80$,下喷,喷头安装高度同吊顶。无吊顶处,采用 DN15 mm 闭式直立式玻璃球喷头,$K=80$。厨房喷头公称动作温度 93 ℃。直立型喷头其溅水盘与顶板的距离,不应小于 75 mm,不应大于 150 mm。吊顶型、下垂型喷头安装高度同吊顶。

④ 设有自动喷水灭火系统的每个防火分区或每层均设信号阀和水流指示器。每个报警阀组的最不利喷头处设末端试水装置，其他防火分区和各楼层的最不利喷头处，均设 DN25 mm 试水阀。所有厨房的烹饪操作间的排油烟罩及烹饪部位设置自动灭火装置。装置启动时应联动制停燃料供应，并与消防报警系统联网。

（3）系统控制。

① 消防系统一自喷控制。

消防控制室能显示自喷系统水流指示器、压力开关、信号阀、消防水池及水箱水位，并能控制水泵、信号阀的操作。管网压力平时由设于站房的增压稳压设备维持在 0.33~0.38 MPa。火灾时，增压稳压设备自动停运，由报警阀组压力开关、水流指示器将火灾信号（含火灾位置显示）传至消防控制室及泵房内自喷主泵控制柜，启动自喷主泵，并反馈信号到消防控制室。自喷主泵也可在消防控制室遥控启动，或在水泵房内手动启动。

② 消防系统二、三小流量自喷泵（$Q=40$ L/s）系统控制。

$Q=40$ L/s 的自动喷淋泵为塔楼喷淋加压泵，管网压力平时由高位转输水池维持。发生火灾时，由报警阀组压力开关、水流指示器将火灾信号（含火灾位置显示）传至消防控制室及泵房内自喷主泵控制柜，启动自喷主泵，并反馈信号到消防控制室。自喷主泵也可在消防控制室遥控启动，或在水泵房内手动启动。

③ 消防系统二、三大流量自喷泵（$Q=90$ L/s）系统

这种控制用于裙房商业喷淋系统供水，消防控制室能显示自喷系统水流指示器、压力开关、信号阀、电磁阀、消防水池及水箱水位，并能控制水泵、信号阀、电磁阀的操作。管网压力平时由高位水池维持。发生火灾时，由报警阀组压力开关、水流指示器将火灾信号（含火灾位置显示）传至消防控制室及泵房内自喷主泵控制柜、电磁阀，启动自喷主泵，开启泡沫电磁阀，并反馈信号到消防控制室。自喷主泵也可在消防控制室遥控启动，或在水泵房内手动启动。

自喷系统末端试水阀采用电动试水阀，末端试水装置均采用自动末端试水装置。其可显示压力、流量等参数并将信号传至消防控制中心主机。

（4）具体优化要点。

① 根据消防性能化要求，一层候车区若设置商业，则需要设置自动喷水灭火系统。

② 候车区设置的旅客服务、办公室、吸烟室均设置自动喷淋系统；

③ 站台区设置自动喷水灭火系统；

④ 出站通道设置自动喷水系统；

⑤ 沙坪坝工程按每个报警阀控制喷头数不超过 800 个的原则设置湿式报警阀。

3. 自动喷水-泡沫联用系统

（1）设置部位。

自动喷水-泡沫联用系统也是自动喷水灭火系统的一种。在枢纽地下车库及车库连接道（D、E、F连接道）设置了泡沫-喷淋联用灭火系统，选用6%的轻水型水成膜泡沫灭火剂，并选用立式泡沫罐，布置在报警阀间，比例式混合器分散布置在自喷管网防火分区中心。

（2）喷头的选择。

根据国标《自动喷水灭火系统设计规范》（GB 50084—2017），自动喷水-泡沫联用系统应采用洒水喷头。而联用系统要求泡沫液应能通过喷头产生泡沫，因此沙坪坝项目采用普通闭式喷头。

（3）设计基本参数。

自喷泡沫混合液设计流量为 90 L/s，泡沫混合液连续供给时间不小于 10 min；泡沫混合液与水的连续供给时间之和不小于 60 min，设计泡沫用量为 4 m³。闭式泡沫-水喷淋系统的供给强度不应小于 6.5 L/（min·m²）。闭式泡沫-水喷淋系统输送的泡沫液应在 8 L/s 至最大设计流量范围内达到额定的混合比。

通过对比萃联川消的压力式混合比例装置和广州应穗的平衡式泡沫比例混合装置 ZPHY-32/20 两家的比例混合装置，最后本工程系统选用的是萃联川消压力式比例混合装置 PHYM100/20-LD（3%）。泡沫比例混合装置技术参数如表 3-6 所示。

表 3-6 泡沫比例混合装置技术参数

技术参数	萃联川消	广州应穗
储罐容积	2 000 L	2 000 L
储罐型式	立式	立式
设计流量	4～100 L/s	4～40 L/s
工作压力	0.6～1.2 MPa	0.6～1.2 MPa
混合比	3%	3%或6%
单价	29 800.00	29 200.00

压力式比例混合装置 PHYM100/20-LD（3%）适用于设计流量在 4～100 L/s 的保护场所，特别是按现行《泡沫灭火系统设计规范》（GB 50151—2010）执行设计的闭式泡沫-水喷淋系统，近年来被广泛运用于各大地下车库。压力式比例混合装置如图 3-13 所示。

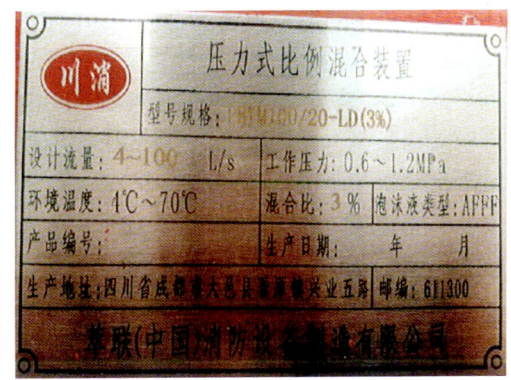

图 3-13　压力式比例混合装置

另外,萃联川消是国内首家获得"压力式比例混合装置 PHYM100/20-LD（3%）"国家强制性 3C 认证产品的厂家,也是目前国内唯一一家设计流量范围能满足"4~100 L/s"的厂家。

（4）系统优点。

自动喷水-泡沫联用灭火系统发挥了单一喷水或单一喷泡沫灭火所不能达到的效果。这种联用系统被广泛用于大量可燃液体存在的场所,如地下车库、石化油罐区、油轮、加油站、海上采油平台等,也常用于高危险的厂房或设备场所,如停车场、车库等。这种系统有以下 3 种功能：

① 灭火功能。该系统可以扑救固体可燃物与液体可燃物共存的火灾。

② 在有 B 类易燃液体火灾时,可以防止因易燃液体的蔓延而把火灾引到邻近的其他区域,并能防止复燃；

③ 控制和暴露防护。在扑灭火灾时,泡沫液可以控制火灾燃烧,并且大幅度减少热量的传递,同时也对火场温度升高的速率起到一定的控制和降低作用,使暴露在火灾中的其他物质不致受损,减少火灾带来的损失。

（5）具体优化要点。

自动喷水-泡沫联用系统设计基本参数除满足一般规定外,尚应符合下列规定。

① 当系统管道充水时,在 8 L/s 的流量下,自系统启动至喷泡沫的时间不应大于 2 min。

② 持续喷泡沫的时间不应小于 10 min,泡沫混合液与水的连续供给时间之和不小于 60 min。

③ 其余未说明的应符合《自动喷水灭火系统设计规范》（GB 50084—2001）和《泡沫灭火系统设计规范》（GB 50151—2010）的规定。

4. 大空间智能型主动喷水灭火系统

（1）系统选型及设置位置。

根据《大空间智能型主动喷水灭火系统设计规程》(DB62/T 25—3045—2009)要求的相关规定要求，在净空高度大于 8.0 m 的场所，采用大空间智能型主动喷水灭火系统。本工程在高铁出站厅净空高度大于 8.0 m 的场所，设置大空间智能型灭火系统，系统的灭火装置为标准型自动扫描射水高空水炮灭火装置。

（2）系统设计参数。

标准型自动扫描射水高空水炮灭火装置型号为 ZDMS0.6/5S—ZSS25B 高空水炮，为机电一体化（保护半径：30 m，标准喷水流量：5 L/s，工作压力：0.6 MPa）。

（3）系统组成及控制。

标准型自动扫描射水高空水炮灭火装置由消防水源及加压设备、水泵接合器、动扫描射水高空水炮灭火装置、电动阀、水流指示器、信号闸阀、末端试水装置和智能型红外线探测组件等组成，全天候自动监视保护范围内出现的一切火情；一旦发生火灾，智能型红外线探测组件向消防控制中心的火灾报警控制器发出火警信号，启动声光报警装置报警，报告发生火灾的准确位置，并能将灭火装置对准火源，同时启动喷淋水泵，打开电动阀，喷水扑灭火灾。火灾扑灭后，系统可以主动关闭电动阀以停止喷水，同时系统具备手动控制、自动控制和应急操作的功能。

沙坪坝工程大空间智能型主动喷水灭火系统的管网与自动喷水灭火系统的管网综合设置，并与自动喷水灭火系统合用消防水池和水泵。

（4）系统优点。

大空间智能型主动喷水灭火系统有智能性、主动性的特点，它能迅速判断火灾，准确定点灭火。它的设置方式灵活可靠，特别能适应复杂多变的建筑空间，与雨淋和固定炮系统相比，它的设计流量低，管网简单可靠。

5. 固定消防炮自动灭火系统

（1）消防水炮的合理选型。

水炮的射程与其炮口的压力和流量成正比关系，水炮系统合理的流量和射程与其要保护的空间大小密切相关，水炮位置的设置既要考虑对建筑平面的影响，又不能使水炮射程太大。射程大，炮口压力和流量就大，势必增加基建投资。

综合考虑，站房候车大厅层高约为 13 m，对候车厅、进站通道等高大空间设置了消防炮灭火系统，在其上空采用红外线自动寻的消防水炮——ZDMS 0.8/20S—PSZS8/20 型高空水炮，该型号为机电一体化（保护半径 50 m，流量为 20 L/s）。ZDMS0.8/20S—PSZS8/20 水炮沿壁座装示意图如图 3-14 所示。

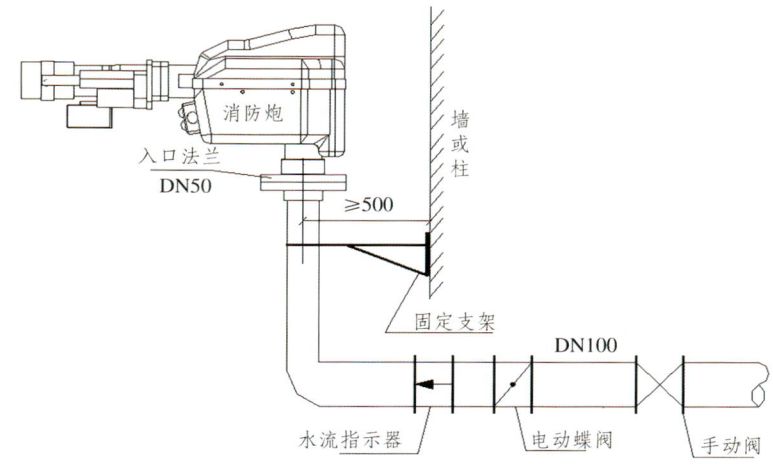

图 3-14　ZDMS0.8/20S—PSZS8/20 水炮沿壁座装示意图

（2）系统设计参数。

消防炮给水系统采用临时高压给水系统，消防给水设备由稳压泵、气压罐、消防炮主泵、压力传感器、管路、阀门及仪表等组成。

沙坪坝工程每门水炮设计流量 20 L/s，系统消防用水量 40 L/s，工作压力为 0.80 MPa，射程为 50 m，火灾延续时间 1 h。在消防泵房内设置 2 台消防炮给水加压泵，为一用一备，增压稳压装置由夹层消防水箱供给，与消火栓、自喷系统合用。在每个压力分区的水平管网末端最不利点处设模拟末端试水装置，排水接入卫生间。在室外设置 3 处消防水炮专用水泵接合器。

（3）消防炮设置。

① 候车厅、进站通道的高大空间设置固定消防炮自动灭火系统，布置高度应保证消防炮的射流不受阻挡，并应保证 2 门消防炮的水流能够同时到达被保护区域的任一部位。

② 现场手动控制盘应设置在消防炮的附近，并能观察到消防炮动作，且靠近出口处或便于疏散的地方。

③ 消防炮的俯仰角和水平回转角设置应满足使用要求。

④ 在消防炮塔和设有护栏平台上设置的消防炮的俯角均不宜大于 50°，在多平台消防炮塔设置的低位消防炮的水平回转角不宜大于 220°。

⑤ 消防炮的固定支架或安装平台的设置应能满足消防炮喷射反作用力的要求，并应保证支架或平台不影响消防炮的旋转动作。

（4）系统控制。

消防水炮启动方式有控制室自动、手动和现场应急手动等三种启动方式。消防控制室能对消防泵组、消防炮及相关组件进行远程控制，主要包括控制和显示消防泵组的运行、停止、故障，电动阀的开启、关闭及故障，消防炮的俯仰、水平回转动作等，消防备用泵在工作泵发生故障时自动投入工作。

当智能型红外探测组件探测到火灾信号时，启动水炮传动装置进行扫描，完成火源定位后，打开电动阀，信号同时传至消防控制室（显示火灾位置，并发出声光报警信号）及水泵房，启动消防主泵，并反馈信号至消防控制室。最不利环路处设末端模拟试水装置，测量防火分区电控系统的状态及分区最不利点处的水压和流量值。

（5）对消防性能化的响应。

① 本项目固定消防炮采用电控消防水炮，带红外线自动跟踪定位，并具有对消防泵组、电控炮及相关设备进行远程控制的功能，采用联动控制方式，各联动控制单元设有操作指示信号，系统具有接收消防报警的功能；当工作消防泵组发生故障停机时，备用消防泵组应自动投入运行。

② 候车大厅、进站通道设置消防水炮灭火装置、消防水炮系统供水泵，对站房固定消防炮系统进行供水。

3.3.2 重庆市沙坪坝综合交通枢纽气体灭火系统

由于气体灭火系统中七氟丙烷自动灭火系统是一种高效能的灭火设备，其灭火剂无色、无味、低毒性、绝缘性好、不产生二次污染的气体、对大气臭氧层的耗损潜能值（ODP）为零、低压（2.5 MPa）、设计浓度低（8%）、洁净（灭火后无残留物）、灭火时间短（只需 10 s），能够在灭火过程中较大程度地保护防护区内的设备。所以在不适宜用水扑救的房间，均采用气体灭火系统，是目前替代卤代烷 1211、1301 最理想的替代品，因而使用比较广泛，沙坪坝项目选用此类气体灭火系统。

1. 设计依据

（1）《气体灭火系统设计规范》（GB 50370—2005）。
（2）《火灾自动报警系统设计规范》（GB 50116—2008）。
（3）《火灾自动报警系统施工及验收规范》（GB 50166—2007）。
（4）《气体灭火系统施工及验收规范》（GB 50263—2007）。
（5）《柜式气体灭火装置》（GB 16670—2006）。

2. 计算依据

（1）根据《气体灭火系统设计规范》（GB 50370—2005）计算。

$$W = K \times \frac{V}{S} \times \frac{C1}{(100-C1)}$$

式中　W——灭火剂设计用量（kg）；

　　　V——防护区净容积（m³）；

　　　S——灭火剂过热蒸汽在 101 kPa 大气压和防护区最低环境温度下的比容（m³/kg）；

　　　K——海拔高度修正系数，可在《气体灭火系统设计规范》附录 B 表中取值，如海拔高度为 0～1 000 m 时，取值 K = 1.000；

　　　$C1$——灭火设计密度（%）。

（2）灭火剂过热蒸汽在 101 kPa 大气压和防护区最低环境温度下的比容，应按下式计算：

$$S = K1 + K2*T$$

式中　T——防护区最低环境温度（℃），对于采取空调或冬季取暖设施的防护区，可按 20 ℃计算；

　　　$K1$——0.126 9；

　　　$K2$——0.000 513。

3. 系统选型及设置位置

对站房变配电房、储油间、电话交接机房、有线电视进线机房、电信机房和电讯设备机房等（不适宜用水扑救的房间）均设置七氟丙烷气体灭火系统。设备选用 GQQ（40、70、90、120、150）/2.3—SZT 柜式七氟丙烷气体灭火装置。该装置是一种轻便可移动的灭火设备，其灭火效能高，灭火速度快，对设备无污损。

4. 系统设计参数

变配电房、储油间等防护区设计灭火浓度 9%，喷放时间不大于 10 s，灭火浸渍时间不小于 10 min；弱电机房设计灭火浓度 8%，喷放时间不大于 8 s，灭火浸渍时间不小于 5 min。同一防护区内有多台灭火装置的系统，各台灭火设备必须同时启动，其动作响应时间差不得小于 2 s。

5. 系统控制

七氟丙烷灭火系统有以下三种控制方式。

（1）自动控制。

当感烟、感温两路同时报警后，气体灭火控制器启动声光报警器，发出声光报警并向控制中心发出灭火信号，经过一段时间后下达灭火指令，按下列程序工作。

① 联动关闭开口密闭装置、通风机、防火阀等设备。
② 延迟 30 s 后启动相应的灭火装置实施灭火。
（2）手动控制。
若操作人员将气体灭火控制器的控制键拨"手动"位置，当感烟、感温两路同时报警后，气体灭火控制器启动声光报警器，发出声光报警，但并不启动灭火装置，操作人员可按下气体灭火控制器上的"紧急启动"按钮或旋动防护区门外的手动控制盒上的钥匙至"启动"位置以启动灭火装置。
（3）防护区内机械应急操作。
采用单台柜式七氟丙烷灭火装置保护的防护区，操作人员可直接进入防护区拔出电磁阀上的手动止簧片，压下手柄即可打开氮气启动瓶，实施灭火。

6. 系统优点

（1）七氟丙烷是新型、高效、无毒的灭火剂。能适应经常有人工作的防护区。
（2）七氟丙烷不含固体粉尘、油渍，以液态储存以气态释放，喷放后可自然排出或由通风系统迅速排出，现场无残留物。
（3）七氟丙烷具有良好的灭火效率，灭火速度快，效果好，灭火浓度低（8%~10%）与哈龙 1301 的特性极其相似，系统硬件、软件极为相似，故七氟丙烷很快就替代了哈龙。
（4）七氟丙烷灭火剂的喷射时间小于 10 s，因此大大减少了火灾时设备的损坏度，为业主减少损失。
（5）灭火操作简单可靠：有自动、手动和机械应急操作 3 种启动方式，确保在任何情况下均可灭火。

3.3.3 重庆市沙坪坝综合交通枢纽建筑灭火器的配置

根据《建筑灭火器配置设计规范》（GB 50140—2005），候车大厅、高铁出站厅公交车站、公交车站、出租车站按照重危险等级配置灭火器，地下停车库按中危险级配置灭火器。根据情况设置必要数量的手提/推车式磷酸铵盐型干粉灭火器，手提式的为磷酸铵盐型干粉灭火器 MF/ABC5。

候车厅、高铁出站厅按严重危险级 A 类火灾设计，手提式保护距离 15 m，推车式保护距离 30 m。

出租车站、公交车站按严重危险级 A、B 类火灾设计，手提式保护距离 9 m，推车式保护距离 18 m。

车库按按中危险级 A、B 类火灾设计，手提式保护距离 12 m，推车式保护距离 24 m。

3.3.4　重庆市沙坪坝综合交通枢纽防火分隔

防火分隔技术就是指在建筑过程中结合使用耐火楼板、耐火隔墙等可以有效阻挡高温的建筑材料，使其均匀分布于建筑的不同区域，利用这种防火分隔技术可以有效控制火势的发展。首先，由于防护建筑构件处于相互分离的状态，有着其他建筑构件不可比拟的耐火抗高温能力，可以延长火势的发展时间，在消防员到来前控制局势。其次，在建筑中应用了不易燃烧耐火隔墙材料，不但可以使火灾对建筑本身的影响降到最低，而且也有利于火灾后的重新修整。再者，建筑防火区域还可以为人员逃生创造合理通道，有利于高层建筑内的人员及时安全逃生的同时，还有利于消防人员利用通道对困在高层建筑里面的人群开展营救[203]。

为了更好地了解沙坪坝综合交通枢纽的防火分隔情况，就本项目进站通道及一层候车区、站台层、高铁换乘厅和出站通道、公交候车厅与出租车候车厅、停车库连接通道等重要防火分隔情况做了简要的技术研究。

1. 进站通道防火分隔

（1）候车区进站通道与两侧双子座高层采用防火墙进行分隔。这里仅用防火墙将两侧的火灾危险拒于枢纽之外，简单可靠。

（2）进站通道与高架候车区之间采用"防火墙+防火卷帘+防火门"的形式进行分隔，候车区一侧功能用房与进站通道两侧的安全通道之间采用防火墙和防火门的进行分隔。进站通道与高架候车区，人员来来往往，川流不息，其中以"防火墙+防火卷帘+防火门"的形式进行分隔时，防火卷帘在一般情况下处于卷起状态，供人们自由通行，在发生火灾时防火卷帘帘面通过传动装置和控制系统实现卷帘的升降，起到防火、隔火作用，这种组合形式的防火分隔在满足建筑的使用性质与安全要求的同时，也满足了对于建筑的美观、时尚的要求。进站通道设置如图 3-15 所示。

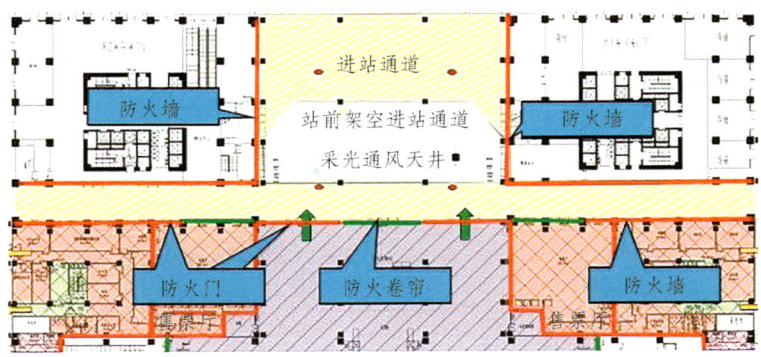

图 3-15　进站通道设置示意图

（3）进站通道仅作为人员通行区，通道内不设置商业设施。地面、墙面和顶棚等装修材料采用 A 级材料。地面、墙面和顶棚的装修在民用建筑中都属于内部装修，采用的 A 级材料符合《建筑内部装修设计防火规范》（GB 50222—2017）的相关要求。没有留给商业店铺的通道，只有作为旅客换乘其他交通工具的行人通道，其可燃物主要有装修材料、灯箱广告、电气设备以及行人行李等。如采用不燃材料对地面、屋顶以及墙体进行装修，对电气设备进行防火处理，同时广告灯箱的制作材料为不燃材料，则整个行人通道系统中的主要火灾荷载为旅客行李，火灾荷载较低。

2. 候车区防火分隔

我国铁路综合交通枢纽多为等候式车站，候车区面积大，候车时间长，客流众多。候车厅作为综合交通枢纽的主体建筑空间，功能复杂、人员密集，火灾危险性相对较高。

（1）候车大厅内不设置商业设施，售票厅、问休室、办公室等功能房间被设置为独立防火分区。随着综合交通枢纽的发展，对商业服务的要求也越来越高，部分车站在候车厅内部进行了改造，加建了更多的餐饮店、商铺等设施，这些设施通常没有经过性能化防火设计的验证，消防安全性不可靠。并且由于这些商业设施是后期加建的，很难再进行独立的防火保护，导致车站内部火灾荷载大幅提升，防火间隔不能得到有效保证，增加了发生严重火灾的风险性。如果候车大厅内不设置商业设施，无固定火灾荷载，那么此时候车区本身火灾发生的概率就较低了。

（2）与候车区相通的旅客服务、客运值班室等按"防火单元"设置，采用耐火极限不低于 2.0 h 的不燃烧体防火隔墙和耐火极限低于 1.5 h 的不燃烧体屋顶进行防火分隔。候车区公共空间采用耐火极限不低 2 h 的 C 类防火玻璃，采用防火玻璃门。"防火单元"内部设置火灾自动报警系统、自动喷淋系统及排烟系统。对旅客服务室、客运值班室等需要特别做防火的房间，设置成防火单元，用防火墙以及防火屏蔽门等隔开。与候车区相通的区域采用了 C 类非隔热型防火玻璃，此类玻璃具有透光、防火、隔烟、强度高等特点。适用于无隔热要求的防火玻璃隔断墙、防火窗、室外幕墙等。既考虑到视角、采光、空间感和舒适感，也方便人们查找，有利于发挥这些功能房的作用。

（3）候车区两侧夹层与候车区之间采用防火墙和耐火极限不小于 3.0 h 的镶玻璃构件（A 类夹胶防火玻璃）进行防火分隔。A 类夹胶防火玻璃为隔热型防火玻璃，是能同时满足耐火完整性、耐火隔热性要求的防火玻璃。此类玻璃具有透光、防火（隔烟、隔火、遮挡热辐射）、隔声、抗冲击性能，适用于建筑装饰钢木防火门、防火窗、上亮、隔断墙、采光顶、挡烟垂壁、透视地板及其他需要既透明又防火的建筑组件中。

（4）候车大厅的进站楼扶梯采用耐火极限不低于 2.0 h 的 C 类防火玻璃围合，满足了对采光与美观的要求。

候车区设置如图 3-16 所示。

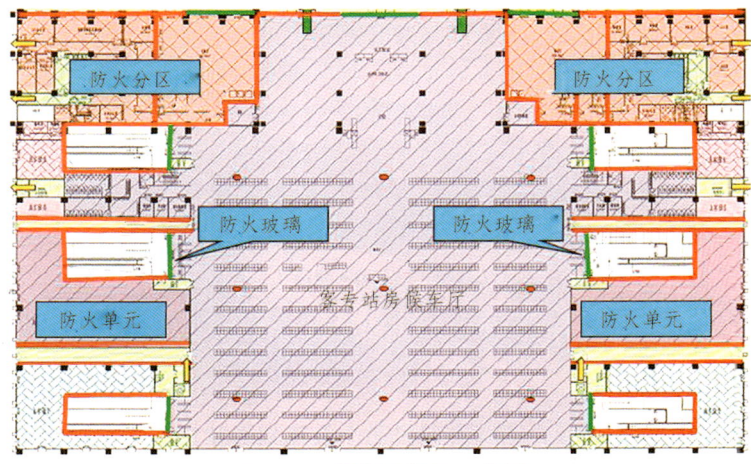

图 3-16　候车区设置示意图

候车厅夹层设置如图 3-17 所示。

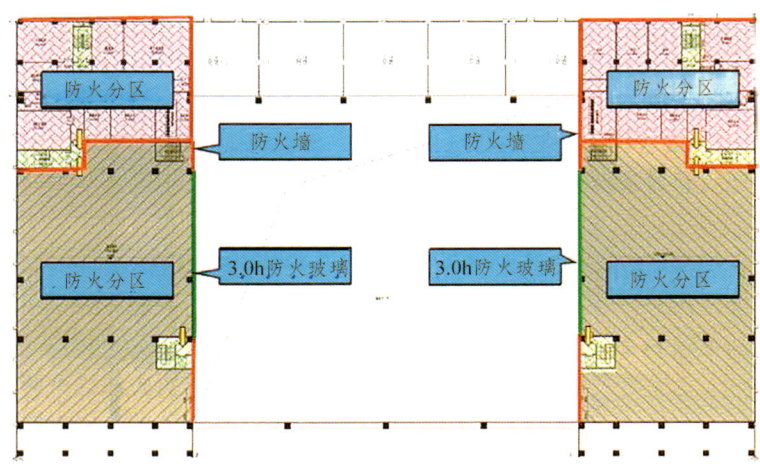

图 3-17　候车厅夹层设置示意图

候车厅自然排烟口设置如图 3-18 所示。

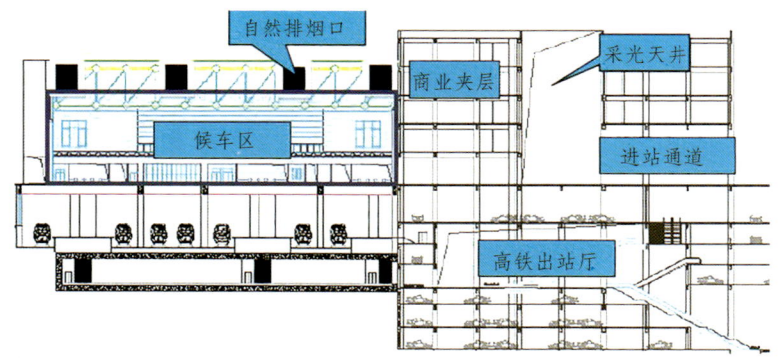

图 3-18 候车厅自然排烟口设置示意图

3. 站台层防火分隔

站台区域不进行防火分区划分，到发线与正线之间利用防火墙隔开。列车站台区是旅客上下列车的主要区域，主要包括了列车站台、人员通道、办公以及设备用房等。潜在火灾危险源主要包括旅客随身携带的行李、流动收货商亭、列车。对于整个站台层最不利的火灾场景可能是发生在车道上的列车火灾。客运列车由于体型较大，单节车厢的长度均在 20 m 左右，宽度超过 3 m，高度近 4 m，其内部物质如座椅、装修材料、旅客行李等的可燃物较多，一旦发生列车火灾，火灾烟气除了会对站台层上的乘客造成威胁，烟气还会通过楼梯和自动扶梯蔓延到上部高架层，威胁到候车区内人员的安全。列车内发生的火灾多是由于旅客行李起火，从而引起车厢内座以及车体材料的燃烧。现代大型综合交通枢纽往往采取高架候车，站台区一般位于高架候车厅的下方，一旦发生火灾，产生的大量烟雾将极易向上方建筑扩散，容易造成比较严重的后果。

4. 高铁换乘厅和出站通道防火分隔

（1）高铁换乘厅与周围的停车库、库房利用耐火时间不低于 3 h 的防火墙进行分隔。

（2）高铁换乘厅与出站通道利用特级防火卷帘分隔，两侧设置前室。

（3）高铁换乘厅与公交车候车厅、出租车候车厅之间采用耐火极限不小于 1.0 h 的 C 类防火玻璃，并在公交车候车厅和出租车候车厅一侧设置特级防火卷帘。高铁换乘厅进入公交车候车厅、出租车候车厅以及过街的通道处设置敞开式甲级防火门。这种"防火玻璃+防火卷帘"的并行设置方式，在一定程度上既满足了采光效果，又提高了分区的相对安全性。

（4）高铁换乘厅与地铁站厅连通的楼梯处设置特级防火卷帘。

高铁换乘厅防火分隔设置如图 3-19 所示。

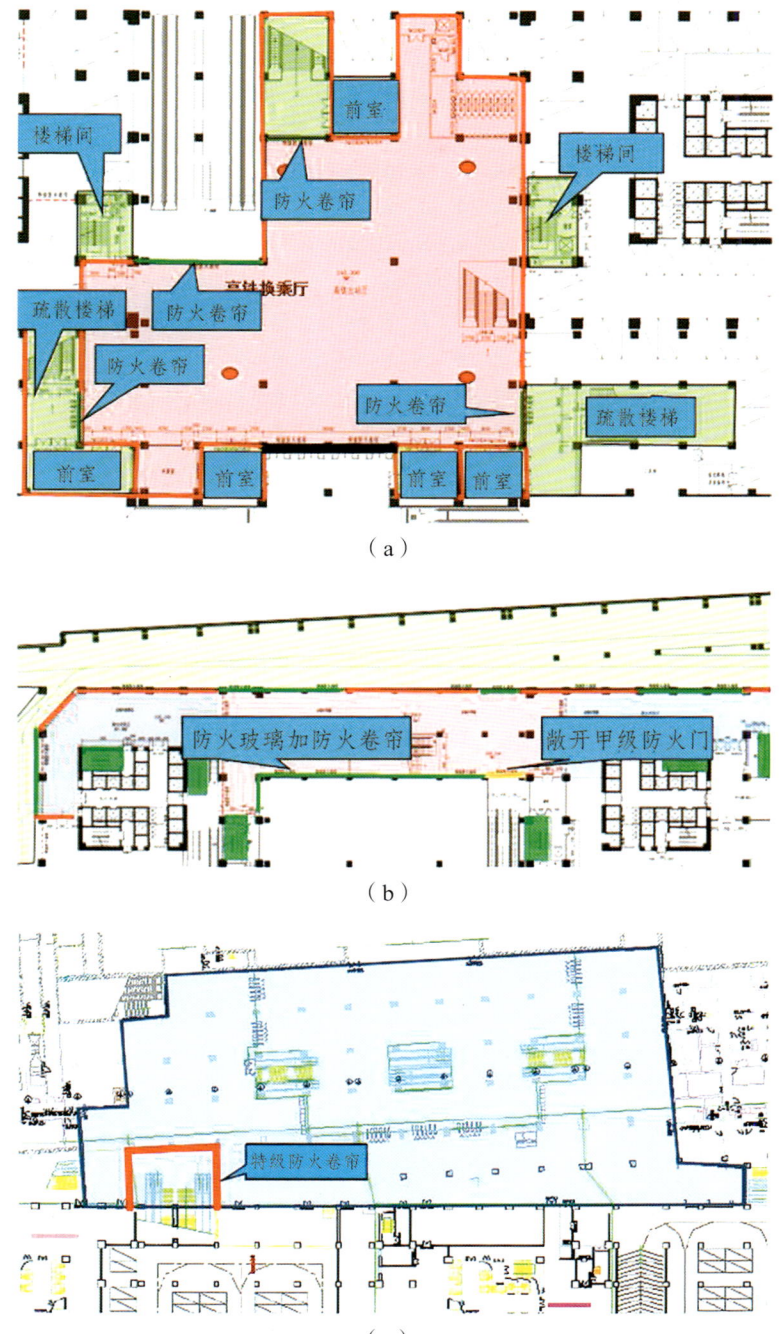

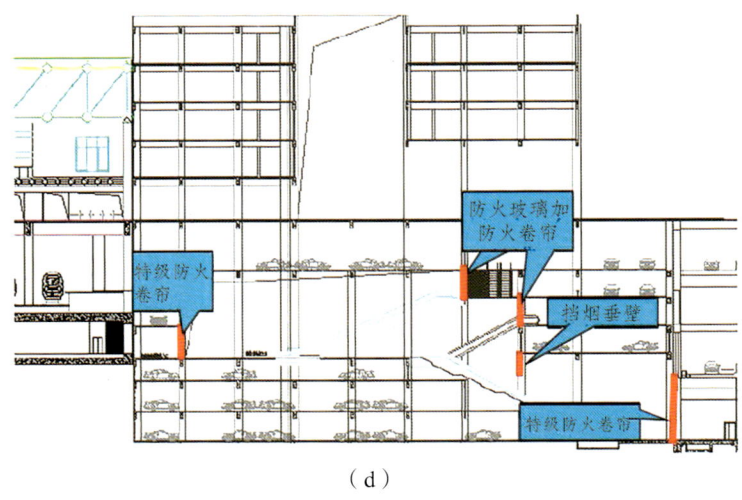

（d）

图 3-19　高铁换乘厅防火分隔设置示意图

5. 公交车候车厅与出租车候车厅防火分隔

公交车、出租车候车区与公路隧道之间采用防火墙、特级防火卷帘进行分隔，公交车与出租车候车厅设置防火分区，防火分区面积不大于 1 000 m²。各候车厅防火分隔设置如图 3-20 所示。

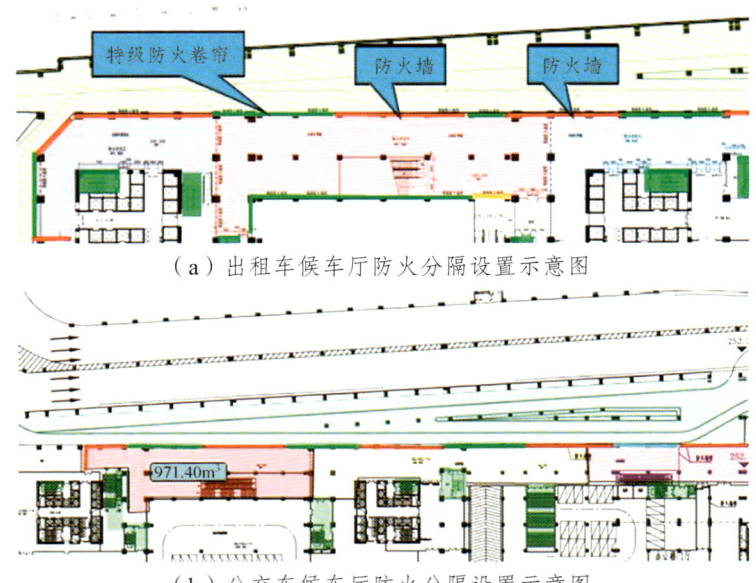

（a）出租车候车厅防火分隔设置示意图

（b）公交车候车厅防火分隔设置示意图

图 3-20　各候车厅防火分隔设置示意图

公交车候车厅与出租车候车厅内不应设置任何商业（包括零星商业）。公交车候车厅与出租车候车厅各防火分区应至少设置两个疏散出口，其中一个安全出口为独立楼梯间，通往相邻防火分区的疏散出口应采用甲级防火门。通往上层的楼梯可作为辅助疏散楼梯使用。

6. 停车库连接通道防火分隔

停车库连接通道的连接车道划分为独立防火分区，连接车道与停车库之间在设计时采用特级防火卷帘分隔，防火卷帘一侧设置前室，前室内设置正压送风系统，且连接通道内按长度不大于 120 m 的区间划分防烟分区。

由此可见，沙坪坝在防火分隔中既应用了防火墙、防火门、防火卷帘等传统的防火建筑构件来划分防火分区，又引进了防火玻璃这类新型防火构件。最初的防火玻璃只是用于防火门上的一种单片夹丝玻璃，面积一般不大于 $0.1\ m^2$，因此当时的防火玻璃用量很小。经过20多年的发展，它已更多的作为一种完整的防火构件，而在技术方面也有质的飞跃，已可满足不同的防火要求。

3.4　综合交通枢纽消防炮灭火系统与防火玻璃的应用

3.4.1　综合交通枢纽消防水炮灭火系统应用

1. 消防炮系统类别

消防炮系统按喷射介质不同可分为水炮系统、泡沫炮系统和干粉炮系统。

水炮系统为喷射水灭火剂的固定消防炮系统，主要由水源、消防泵组、管道、阀门、水炮、动力源和控制装置等组成。

泡沫炮系统为喷射泡沫灭火剂的固定消防炮系统，主要由水源、泡沫液罐、消防泵组、泡沫比例混合装置、管道、阀门、泡沫炮、动力源和控制装置等组成。

干粉炮系统为喷射干粉灭火剂的固定消防炮系统，主要由干粉罐、氮气瓶组、管道、阀门、干粉炮、动力源和控制装置等组成。

消防炮系统选用的灭火剂应和保护对象相适应，并应符合下列规定：

（1）泡沫炮系统适用于甲、乙、丙类液体、固体可燃物火灾场所。

（2）干粉炮系统适用于液化石油气、天然气等可燃气体火灾场所。

（3）水炮系统适用于一般固体可燃物火灾场所。

（4）水炮系统和泡沫炮系统不得用于扑救因遇水发生化学反应而引起的燃烧、爆炸等的火灾。

消防炮灭火系统选用的灭火剂应能扑灭被保护场所和被保护物可能会发生的

火灾。例如，对 A 类火灾，若配置干粉炮系统，只能选用磷酸铵盐等 A、B、C 类干粉灭火剂，这是因为磷酸铵盐等干粉灭火剂不仅能扑灭 B、C 类火灾，而且能有效地扑灭 A 类火灾。扑救 B、C 类火灾的干粉炮系统可选用碳酸氢钠等 B、C 类干粉灭火剂和磷酸铵盐干粉灭火剂，两者均可使用，但碳酸氢钠等干粉灭火剂只能用于扑救 B、C 类火灾，不能有效地扑灭 A 类火灾。

国内外扑救甲、乙、丙类液体火灾最常用的是泡沫炮系统，其灭火效果较佳，亦较为经济。泡沫炮系统也适用于扑救固体可燃物质火灾。泡沫灭火剂的选择在国家标准《泡沫灭火系统设计规范》（GB 50151—2010）中已有明确的规定。

扑救液化石油气和液化天然气的生产、储运、使用装置或场所的火灾，通常选用干粉炮系统，可迅速、有效地扑灭一般的气体火灾。在生产、储运、使用木材、纸张、棉花及其制品等一般固体可燃物质的场所，其可能发生的火灾基本属于 A 类火灾，通常选用水炮系统进行灭火。以水和泡沫作为灭火介质的消防设备，当被误用于扑救某些特种危险品或设备火灾时，有可能发生化学反应从而引起燃烧或爆炸。因此，在消防炮灭火系统选型时应加以注意。

从名称范围上看，消防炮分为固定消防炮和移动消防炮，固定消防炮应包括手动固定消防炮、远控固定消防炮和自动（智能）消防炮，但从性能及应用上看，由于存在着"手动""自动""主动"的不同功能，其适用范围也不同，所发挥的作用也不尽相同（替代室内消火栓灭火系统或自动喷水灭火系统），因此，在应用上也应有所区别，为了叙述方便，本文将具有自动探测并灭火的固定消防炮系统称为自动消防炮灭火系统。

自动消防炮灭火系统是指能够在无人工干预的情况下自动发现火灾并开展灭火作业的消防炮灭火系统。主要由红外传感技术、信号处理与通信技术，计算机技术等学科的先进技术相结合，完成从自探测火灾至判定火源、启动系统、射水灭火、持续喷水和停止射水等的全过程控制，隶属于主动喷水灭火系统，喷水流量范围为 5~40 L/s，射程在 30~70 m 的范围内。

2. 综合交通枢纽消防炮灭火系统的可行性分析

综合交通枢纽这类大空间场所的灭火系统设计是目前建筑消防领域的热点问题，由于受传统消火栓水枪作用距离或者消火栓位置的限制，使得消防水枪的射程达不到消防灭火的要求。这时，固定型消防水炮因其大流量与远射程成为大空间场所的主要灭火设备。其中，自动消防水炮利用火焰传感器对火焰特有的紫外波（波段为 180~260 nm）和红外波（波段为 4.35±0.15 um）进行运算放大、分析处理，从而实现红紫外（或双波段）复合火灾探测，因此稳定性、可靠性较高。自动型消防炮具有固定型消防炮的流量与射程，所以，完全能够发挥固定型消防炮在室内消防系统中的作用[9-18]。

（1）消防炮设计要求。

① 依据国家标准《固定消防炮灭火系统设计规范》（GB 50338—2003），凡室内空间大于 8 m 的大空间建筑物均应采用消防炮灭火装置。如：大型展览馆、会议厅、体育馆、影剧院、航空港、飞机库、大型厂房、炼油厂、易燃化学品厂等。

② 消防炮的位置、选型以及喷流强度的计算应按照国家标准《固定消防炮灭火系统设计规范》（GB 50338—2003）和《自动消防炮灭火系统技术规程》（CECS 245—2008）要求进行。

③ 根据被保护物的大小，确定并选择相应型号的消防炮。

④ 根据被选炮的射程和被保护面积，求得整体工程中所需消防炮的门数。并可大致得出消防炮的分布位置。原则上是使得任何一处着火点，都应处于 2 门炮的射程之内，其布置高度应保证消防炮的射流不受上部建筑构件的影响，其中工业建筑的用水量不应小于 60 L/s。

⑤ 消防炮的Ⅰ级、Ⅱ级、Ⅲ级探测，以及电气控制部件应采用防护等级不低于 IP65 的防护措施。

⑥ 蓄水池应满足 2 门炮同时开启 1 h 的水量（室外为 2 h）。

（2）消防炮灭火系统的可行性分析论证。

《自动消防炮灭火系统技术规程》（CECS 245—2008）规定自动消防水炮灭火系统可用于一般固体可燃物火灾扑救。

自动消防炮灭火系统的选用应符合下列要求：有人员活动的场所，应选用带有雾化功能的自动消防炮灭火系统；高架仓库和狭长场所宜选用轨道式自动消防炮灭火系统；有防爆要求的场所，应采用具有防爆功能的自动消防炮灭火系统；有隐蔽要求的场所，应选用隐蔽式自动消防炮灭火系统。

在大空间建筑物内使用自动消防炮灭火系统时，宜选用双波段探测器、火焰探测器、光截面探测器、红外光束感烟探测器等火灾探测器。自动消防炮灭火系统宜采用感烟和感焰的复合火灾探测器，也可采用同类型或不同类型火焰探测器组合进行探测。

在我国现有的大型建筑中，多采用具有自动探测灭火功能的消防炮系统，以下是几种常用的自动灭火系统的型号，由相关消防检测部门按照《自动跟踪定位射流灭火系统》（GB 25204—2010）关于几种常用的消防水炮型号的测试进行实验，主要实验数据见表 3-7。结合保护建筑的环境及经济考虑，沙坪坝项目中对候车厅、进站通道等高大空间设置了消防炮灭火系统，在其上空采用 ZDMS0.8/20S 型机电一体化高空水炮（保护半径 50 m，流速 20 L/s）。消防水炮采用壁装式，能 360°转向。ZDMS0.8/20S 型号的消防炮系统如图 3-21 所示。

表 3-7　几种常见的自动消防炮测试情况

型号规格	ZDMS0.80/30S	ZDMS0.8/20S	ZDMS0.6/10S	ZDMS0.6/5S
工作压力	0.8	0.8	0.6	0.6
流量	30	20	10	5
射流半径	62	56	34	34
最大保护半径	55	50	30	30
安装高度	8～15 m	8～15 m	6～15 m	6～15 m
定位时间	≤60 s（45 s）	≤60 s（45 s）	≤30 s（25 s）	≤30 s（25 s）

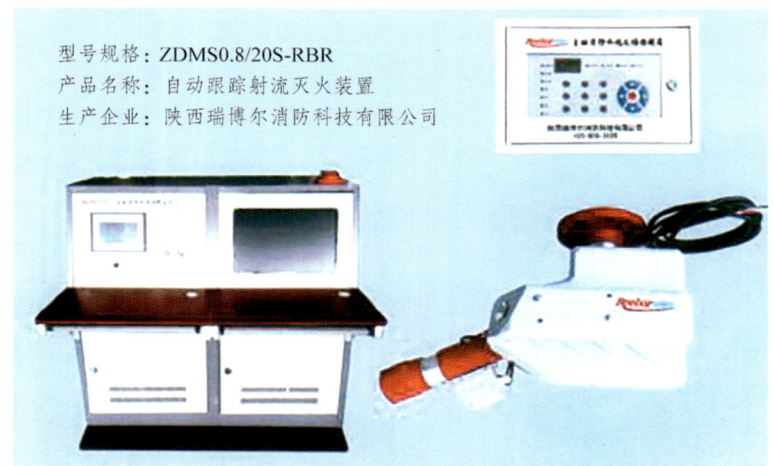

图 3-21　ZDMS0.8/20S

① 流量和射程。

由于消防炮的喷水流量大于室内消火栓的出水流量、射程能满足较远室内空间的要求，且《固定消防炮灭火系统设计规范》(GB 50338—2003)第 4.3.4 条 1 款和《自动消防炮灭火系统技术规程》(CECS 245—2008)第 5.5.4 条 1 款明确规定："扑救室内一般固体物质火灾的供给强度应符合国家有关标准的规定，其用水量应按两门水炮的水射流同时到达防护区任一部位的要求计算。民用建筑的用水量不应小于 40 L/s，工业建筑的用水量不应小于 60 L/s"。

同时《固定消防炮灭火系统设计规范》第 4.2.1 条和《自动消防炮灭火系统技术规程》(CECS 245—2008) 5.3.1 条也明确规定："室内消防炮的布置数量不应少于 2 门，其布置高度应保证消防炮的射流不受上部建筑构件的影响，并应能使两门水炮的水射流同时到达被保护区域的任一部位……"，满足室内消火栓灭火系统流量、保护半径及水枪支数的设置要求，能够达到扑灭火灾的目的。

《固定消防炮灭火系统设计规范》(GB 50338—2003)第 4.2.1 条条文说明："……在人群密集的室内公共场所,需保证至少要有两门水炮的水射流能同时到达室内大空间的任一部位,以达到完全保护该场所的消防实战需求。该布置原则与室内消火栓系统类同……"《自动消防炮灭火系统技术规程》(CECS 245—2008)第 5.3.1 条条文解释："……,一门壁装的消防炮的保护面积近 4 000 m²,一旦某一门消防炮失灵,在 4 000 m² 的面积内失去了自动灭火设备进行早期灭火的可能,火灾将会迅速蔓延而造成重大的损失……"。

② 连续供给时间。

《固定消防炮灭火系统设计规范》(GB 50338—2003)第 4.3.3 条 1 款规定："扑救室内火灾的灭火用水连续供给时间不应小于 1.0 h,其连续供给时间的要求少于'建规'中民用建筑火灾延续时间 2~3 h"。考虑原因如下:其一,《固定消防炮灭火系统设计规范》考虑到固定消防炮具有较大的喷射流量和压力,能够快速、有效地扑灭火灾;其二,由于喷射的流量较大,若按 2~3 h 考虑,所需水量较大,会给消防用水的贮存等带来困难。因此,在保证灭火效果的情况下,确定合理的延续时间值≥1.0 h。《自动消防炮灭火系统技术规程》中连续供给时间的要求引用自《固定消防炮灭火系统设计规范》的规定。

③ 与消火栓和自动喷水灭火系统的关系。

根据《建筑设计防火规范》(GB 50016—2014)第 8.3.5 条规定："根据本规范要求难以设置自动喷水灭火系统的展览厅、体育馆观众厅等人员密集场所和丙类生产车间、库房等高大空间场所,应设置其他自动灭火系统,并宜设置固定消防炮等灭火系统"。故采光顶和学术报告厅两处设置固定消防炮灭火系统。《建筑设计防火规范》已经明确了可用固定消防炮实现上述限定面积的高大空间场所内的自动喷水灭火的作用(小于限定面积时也可应用)。此规定为高大空间场所的自动喷水灭火系统设置提供了另一条方案,但是,这仅仅是用固定消防炮灭火系统来替代自动喷水灭火系统的概念。

手动、远控灭火方式属于手动喷水灭火系统类型,与自动喷水灭火系统还存在着一定差距。与自动喷水灭火系统相比,手动、远控灭火方式消防炮在性能上还有许多不足,因此,无法完全发挥能替代自动喷水灭火的功能和效果。自动喷水灭火系统为"自动"型灭火系统,依赖于火场热气流的驱动,自动的开启喷头和系统进行喷水灭火,具备了"自动"的功能和自动灭火的效果。而手动、远控的固定消防炮通常依赖于人力或通过报警发现火灾后,由人工手动或遥控消防炮灭火。与自动喷水灭火系统相比,手动、远控的固定消防炮灭火系统在系统启动时间和灭火控火效果上均有差异,不具备"自动"灭火的要素。因此,固定消防炮灭火系统不能完全等同于自动喷水灭火系统的功能。

《建筑设计防火规范》第 8.3.5 条条文说明:"单台消防炮的保护面积比单只喷头的保护面积大得多,其喷水强度也是喷头的几十倍。一只标准普通喷头的最大保护面积约为 20 m²;而小型消防炮按照最大射程 50 m 计算,其半圆形最大保护面积可达 3 900 m²,约为单只喷头的 200 倍。灭火效果与单位面积的喷水强度有密切关系,自动消防炮扑救方式为点式,其单位面积的喷水强度比喷头大得多,例如:单只喷头的最大洒水强度一般为 20L/(min·m²)。单台普通小型消防炮的流量为 1 200 L/min,水柱落点覆盖面积按 9 m² 计算,单位面积喷水强度可达到 1 200/9 = 133 L/(min·m²),是喷头的 67 倍。"

《建筑设计防火规范》允许用固定消防炮替代自动喷水灭火系统,但从性能和实际应用的效果上分析,固定消防炮尚有许多不足。因此,《建筑设计防火规范》所指的固定消防炮应明确为具有自动探测火灾并主动灭火的消防炮。其原因主要在于能否符合"自动"或"主动"灭火的要求。由于自动消防炮具备了"主动"灭火的功能,达到了"自动"喷水的目的,能够迅速、有效地扑灭早期火灾,满足高大空间自动喷水灭火的要求,弥补了自动喷水灭火系统的不足。

因此,从探测火灾、自动开启和能够迅速、可靠扑灭早期火灾的应用效果上来看,自动消防炮已完全满足自动喷水灭火系统的要求,可替代自动喷水灭火系统。当然从实际应用上来看,由于受系统与投资上的限制,自动消防炮一般用于替代建筑内高大空间内的自动喷水灭火系统和消火栓灭火系统。至于自动喷水和消火栓系统在应用上能够满足使用要求的,仍宜采用自动喷水灭火系统和消火栓灭火系统作为消防灭火的手段。

3. 沙坪坝固定消防炮灭火系统的优化要点

(1)固定消防炮有较大的喷水流量和射程,当高大空间场所的高度超过普通消防水枪反作用力所限制的充实水柱长度范围,或在平面场地上栓位布置受到限制、普通消防水枪无法满足要求时,可采用固定消防炮替代消防水枪从而保护到建筑空间的所有部位。

(2)一般情况下,室内消火栓系统和消防炮不会同时启动,消防炮用水量会大于等于多层或者高层建筑室内消火栓用水量。因此,室内消防用水量可以根据固定消防炮用水量来计算,且应符合《固定消防炮灭火系统设计规范》规定,不小于 40 L/s。如果同时设置固定消防炮与自动喷水灭火系统,那么宜叠加二者的用水量。考虑各系统火灾延续时间不同,各自的消防用水量应分别进行计算。设置固定消防炮的建筑中,当要求设置自动喷水灭火系统时,宜考虑叠加自动喷水灭火系统用水量。

(3)消防炮应设置在被保护场所常年主导风向的上风方向。

(4)当灭火对象高度较高、面积较大时,或在消防炮的射流受到较高大障碍物的阻挡时，应设置消防炮塔。

（5）在设置消防炮的场所，虽然有了消防炮的保护，但在消防灭火配置上尚应考虑该场所消防炮保护范围的空缺点，即消防炮水平和俯仰角回转死角以及喷射水柱受到遮挡的区域。这些空缺点和保护死角，仍应按相关规范规定布置室内消火栓灭火系统，并符合两股充分水柱到达的要求，确保对任何部位的保护。

（6）沙坪坝项目固定消防炮采用电控消防水炮，带红外线自动跟踪定位，并应具有对消防泵组、电控炮及相关设备进行远程控制的功能。采用联动控制方式，各联动控制单元应设有操作指示信号，系统具有接收消防报警的功能。当工作消防泵组发生故障停机时，备用消防泵组应自动投入运行。

3.4.2 综合交通枢纽防火玻璃应用

1. 防火玻璃类别

防火玻璃的类型和品种较多，为了达到防火玻璃性能的要求，防火玻璃的尺寸、厚度、外观质量、弯曲度、光学性能、耐热性能、耐辐射性能、力学性能、抗冲击性能等都必须符合国家标准《建筑用安全玻璃 第1部分：防火玻璃》（GB 15763.1—2009）中的统一规定。各种防火玻璃产品都必须经过国家指定的质量监督检验中心检测合格，获得产品合格证书后，方能进入市场进行销售及安装使用。根据《建筑用安全玻璃 第1部分：防火玻璃》（GB 15763.1—2009）的规定：

（1）建筑用防火玻璃可按照产品结构分类。

单片防火玻璃（DFB）：是由单层玻璃构成，并满足相应耐火等级要求的特种玻璃。在一定的时间内保持耐火完整性、阻断迎火面的明火及有毒、有害气体，但不具备隔温绝热的功效。

复合防火玻璃（FFB）：是由两层或两层以上玻璃复合而成或由单层玻璃和有机材料复合而成，并满足相应耐火等级要求的特种玻璃。复合防火玻璃是在两片玻璃之间凝聚一种透明而具有阻燃性能的凝胶，这种凝胶遇到高温时发生吸热分解反应，变为不透明，有阻隔火焰的作用。主要复合型防火玻璃有灌注型防火玻璃、夹丝防火玻璃、中空防火玻璃等。

（2）建筑用防火玻璃可按照耐火性能分类。

防火玻璃是一种在规定的耐火试验中能够保持其完整性和隔热性的特种玻璃，按防火玻璃的耐火性能不同分为A，B，C三类。

A类防火玻璃（又称为隔热型防火玻璃，欧标称为EI类防火玻璃）：是能同时满足耐火完整性、耐火隔热性要求的防火玻璃。包括复合型防火玻璃和灌注型防火玻璃两种。此类玻璃具有透光、防火（隔烟、隔火、遮挡热辐射）、隔声、抗冲击性能，适用于建筑装饰钢木防火门、防火窗、上亮、隔断墙、采光顶、挡烟垂壁、透视地板及其他需要既透明又防火的建筑组件中。其耐火等级分为四级，即Ⅰ级、Ⅱ级、Ⅲ级、Ⅳ级，对应的耐火时间分别为 90 min、60 min、45 min、30 min。

B 类防火玻璃（部分隔热型防火玻璃，欧标称为 EW 类防火玻璃）：是能同时满足耐火完整性、热辐射强度要求的防火玻璃。此类防火玻璃多为复合防火玻璃，具有透光、防火、隔烟的特点。为船用防火玻璃，包括舷窗防火玻璃和矩形窗防火玻璃，外表面玻璃板是钢化安全玻璃，内表面玻璃板材料类型可任意选择。其耐火等级分为四级，即Ⅰ级、Ⅱ级、Ⅲ级、Ⅳ级，对应的耐火时间分别为 90 min、60 min、45 min、30 min。

C 类防火玻璃（又称为非隔热型防火玻璃，欧标称为 E 类防火玻璃）：是只满足耐火完整性要求的单片防火玻璃。此类玻璃具有透光、防火、隔烟、强度高等特点。适用于无隔热要求的防火玻璃隔断墙、防火窗、室外幕墙等。其耐火等级可分为四级，即Ⅰ级、Ⅱ级、Ⅲ级、Ⅳ级，对应的耐火时间分别为 90 min、60 min、45 min、30 min。

以上三类防火玻璃按耐火极限分 5 个等级：0.50 h、1.00 h、1.50 h、2.00 h、3.00 h。

2. 综合交通枢纽防火玻璃分隔可行性分析

（1）防火玻璃的技术要求。

根据《建筑用安全玻璃 第 1 部分：防火玻璃》第 5 条要求，不同种类的防火玻璃的技术要求应符合表 3-8 相应条款的规定。

表 3-8 防火玻璃技术要求及试验方法条款

技术要求	种类		试验方法条款
	复合防火玻璃	单片防火玻璃	6.1
厚度及尺寸	5.2.1	5.2.2	6.2
外观质量	5.3.1	5.3.2	6.2
耐火种类及级别	—	—	6.3
弯曲度	5.5	5.5	6.4
透光度	5.6.1	5.6.2	6.5
耐热性	5.7	—	6.5
耐寒性	5.8	—	6.7
耐紫外线辐照性	5.9	9-282	6.8
抗冲击性	9-281	9-283	6.9
碎片状态	—	—	6.10

制造防火玻璃的原片玻璃可选用普通平板玻璃、浮法玻璃、钢化玻璃等材料，复合防火玻璃也可选用单片防火玻璃作原片。原片玻璃应分别符合《平板玻璃》（GB 11614—2009）、《建筑用安全玻璃 第2部分：钢化玻璃》（GB 15763.2—2005）等相应标准和本标准相应条款的规定。

① 尺寸、厚度及允许偏差。

尺寸用最小刻度为 1 m 的钢直尺或钢卷尺测量。厚度用符合《外径千分尺》（GB/T 1216—2018）规定的千分尺或与此同等精度的器具测量玻璃四边中点，测量结果以四点平均值表示，数值精确到 0.1 m，复合防火玻璃的尺寸和厚度允许偏差应符合表 3-9 的规定，单片防火玻璃尺寸和厚度允许偏差应符合表 3-10 的规定。

表 3-9　复合防火玻璃的尺寸和厚度允许偏差

玻璃的总厚度 d/mm	长度或宽度（L）允许偏差/mm		厚度允许偏差/mm
	$L \leqslant 1\,200$	$1\,200 < L \leqslant 2\,400$	
$5 \leqslant d < 11$	±2	±3	±1.0
$11 \leqslant d < 17$	±3	±4	±1.0
$17 \leqslant d \leqslant 24$	±4	±5	±1.3
$d > 24$	±5	±6	±1.5

注：当长度 L 大于 2 400 mm 时，尺寸允许偏差由供需双方商定。

表 3-10　单片防火玻璃的尺寸和厚度允许偏差表

玻璃厚度/mm	长度或宽度（L）允许偏差/mm			厚度允许偏差/mm
	$L \leqslant 1\,000$	$1\,000 < L \leqslant 2\,000$	$L > 2\,000$	
5～6	+1 −2	±3	±4	±0.2
8～10	+2 −3			±0.3
12				±0.4
15	±4	±4		±0.6
19	±5	±5	±6	±1.0

② 外观质量。

在良好的自然光及散射光照条件下，在距玻璃的正面 600 m 处进行目视检查。复合防火玻璃的外观质量应符合表 3-11 的规定，对周边 15 m 范围内的气泡、胶合层杂质不作规定，单片防火玻璃的外观质量应符合表 3-12 的规定。

表 3-11 复合防火玻璃的外观质量要求

缺陷名称	要 求
气泡	直径 300 mm 圆内允许长 0.5~1.0 mm 的气泡 1 个
胶合层杂质	直径 500 mm 圆内允许长 2.0 mm 以下的杂质 2 个
裂痕	不允许
爆边	每米边长允许有长度不超过 20 mm、自边部向玻璃表面延伸深度不超过厚度一半的爆边 4 个
叠差	由供需双方商定
磨伤	
胶脱	

表 3-12 单片防火玻璃的外观质量

缺陷名称	要 求
爆边	不允许存在
划伤	宽度≤0.1 mm，长度≤50 mm 的轻微划伤，每平方米内不超过 4 条
	0.5 mm>宽度>0.1 mm，长度≤50 mm 的轻微划伤，每平方米面积内不超过 1 条
结石、裂纹、缺角	不允许存在
波筋	不低于国标《平板玻璃》（GB 11614）建筑级的规定

③ 耐火性能。

将整块防火玻璃镶在固定框架内，按《镶玻璃构件耐火试验方法》GB/T 12513—2006 进行耐火性能试验，防火玻璃受火尺寸高不应小于 1 100 m，宽不应小于 600 m，试样应垂直安装。试验时所使用的固定框架和安装方式应与实际工程使用的结构相同，并以图纸或其他相当的方法记录固定框架的结构和安装方式。A 类防火玻璃的耐火性能应符合表 3-13 的规定，B 类防火玻璃的耐火性能应符合表 3-14 的规定，C 类防火玻璃的耐火性能应符合表 3-15 的规定。

表 3-13 A 类防火玻璃的耐火性能（耐火完整性、耐火隔热性）

耐火等级	Ⅰ级	Ⅱ级	Ⅲ级	Ⅳ级
耐火时间/min	≥90	≥60	≥45	≥30

表 3-14　B 类防火玻璃的耐火性能（耐火完整性、热辐射强度）

耐火等级	Ⅰ级	Ⅱ级	Ⅲ级	Ⅳ级
耐火时间/min	≥90	≥60	≥45	≥30

表 3-15　C 类防火玻璃的耐火性能（耐火完整性）

耐火等级	Ⅰ级	Ⅱ级	Ⅲ级	Ⅳ级
耐火时间/≥min	≥90	≥60	≥45	≥30

④ 弯曲度。

将玻璃垂直立放，水平放置直尺贴紧试样表面进行测量，弓形时以弧的高度与弦的长度之比的百分率表示；波形时，用波谷到波峰的高与波峰到波峰（或波谷到波谷）的距离之比的百分率表示。复合防火玻璃和单片防火玻璃的弯曲度，弓形和波形时均不应超过 0.3%。

⑤ 透光度。

《建筑玻璃　可见光透射比、太阳光直接透射比、太阳能总透射比、紫外线透射比及有关窗玻璃参数的测定》（GB/T 2680—1994）第 3.1 条规定的方法进行检验。复合防火玻璃的透光度应符合表 3-16 的规定，单片防火玻璃的透光度由供需双方商定。

表 3-16　复合防火玻璃的透光度

玻璃的总厚度 d/mm	透光度/%
5≤d<11	≥75
11≤d<17	≥70
17≤d≤24	≥65
d>24	≥60

⑥ 复合防火玻璃耐热性能。

准备 3 块尺寸为 300 m×300 m 的试样。试验前，试样应在常温下垂直放置 6 h 以上，检查外观质量并详细记录缺陷情况。将试样垂直放入恒温箱，保持 50 ℃±2 ℃ 的恒温 6 h 后取出。将取出的试样，在常温下垂直放置 6 h 以上，检查其外观质量和透光度。试验后 3 块试样的外观质量符合规定为合格，1 块试样符合时为不合格。当 2 块试样符合时，再追加试验 3 块新试样，3 块均符合规定时为合格。试验后试样的外观质量应符合 5.3.1 条、透光度应符合 5.6.1 条的规定。

⑦ 复合防火玻璃耐寒性能。

准备 3 块尺寸为 300 m×300 m 的试样。试验前，试样应在常温下垂直放置 6 h 以上，检查外观质量并详细记录缺陷情况。将试样放入低温箱中，保持 −20 ℃±

2 ℃ 的恒温 6 h 后取出。将取出的试样，在常温下垂直放置 6 h 以上，检查其外观质量和透光度。试验后 3 块试样的外观质量符合规定为合格，1 块试样符合时为不合格。当 2 块试样符合时，再追加试验 3 块新试样，3 块均符合规定时为合格。试验后试样的外观质量应符合 5.3.1 条、透光度应符合 5.6.1 条的规定。

⑧ 复合防火玻璃耐紫外线辐照性能。

当复合防火玻璃使用在有建筑采光要求的场合时，应考虑其耐紫外线辐照性能。

取 3 块试样按《汽车安全玻璃试验方式 第 3 部分：耐辐照、高温、潮湿、燃烧和耐模拟气候试验》（GB/T 5137.3—2020）第 5 条规定的方法进行试验，试验后 3 块试样均符合规定时为合格，1 块符合时为不合格。当 2 块试样符合时，再追加试验 3 块新试样，3 块均符合规定时为合格。按《汽车安全玻璃试验方式 第 3 部分：耐辐照、高温、潮湿、燃烧和耐模拟气候试验》进行试验后，试样均不应产生显著变色、气泡及浑浊现象，同时防火玻璃的透光度的相对减少率应不大于 1 000，如下式所示：

$$(a - b)/a \times 100\% \leqslant 10\%$$

式中　a——紫外线辐照前的透光度，
　　　b——紫外线辐照后的透光度。

⑨ 力学性能。

准备 6 块尺寸为 610 mm × 610 mm 的试样。试验前在 23 ℃ ± 5 ℃ 的室内垂直放置 4 h，取出后立即进行试验。

将试样放在试验用的框架上，当防火玻璃所用原片玻璃厚度不同时，应将薄的一面朝向冲击体。采用质量为（1 040 ± 10）g，表面光滑的钢球，放置在距离试样表面 1 000 m 高度的位置，从静止的状态不加外力自由下落在试样中心点 25 m 以内，观察对其的破坏，一块试样只能冲击一次。试验后，6 块试样中，5 块或 5 块以上符合时为合格，3 块或 3 块以下符合时为不合格。当 4 块试样符合时，再追加试验 6 块新试样，6 块均符合规定时为合格。复合防火玻璃进行试验，试验后玻璃状态应满足下述 a，b 中的任意一条。a. 璃没有破坏。b. 如果玻璃破坏，钢球不得穿透试样。

（2）防火玻璃的可行性理论分析。

综合当下市面上的防火玻璃，因其自身的结构造型，加上国家政策的积极推进，性价比逐步提升，所以在市场上有较好的应用和具备良好的发展前景，尤其是对于大型综合交通枢纽这类汇集大型商业中心、高级酒店、写字楼、公寓、住宅和公共空间等多种建筑功能、业态的综合体建筑体[19-27]，沙坪坝综合交通枢纽项目就在候车区等多处使用到了 C 类防火玻璃、A 类夹胶防火玻璃等。

① 自身的特性。

早期的防火玻璃均为各种复合型产品，由于受材料及构造的特性所限，大都具有透光率低、厚度和自重较大的缺点，尤其因为伴随着有机材料的老化，其耐久性较差，需定期进行更换。所以一般只用作加工防火门窗，只在少数特殊场合用于组成透光隔墙。近年来，国内许多厂家引进生产的单片艳钾高强防火玻璃，以其优异的综合性能和适中的价格迅速得到推广，为建筑设计提供了在保证防火安全的前提下丰富建筑创作的新手段，有利于营造更加轻盈、通透的建筑形象和视野开阔的空间效果，因而深受建筑师喜爱。

② 政策的推进。

我国近十多年来，全国各大城市先后出现了"争相建造高层民用住宅、超高公用建筑"热，安全防火也成为国人关注的重点。这一发展动态已引起建设部对高层建筑在安全玻璃及防火玻璃使用方面的高度重视。由于生产厂家的个别推销人员出于市场推广的目的，有时会有意或无意地夸大其性能和适用范围，造成个别建筑设计人员概念混淆、选用不当或设计不完善、表达不准确，不能达到预期目的。还有国内一些防火玻璃生产厂商利用防火玻璃国标修改前的漏洞，偷工减料、持证造假、以假充真，使假冒伪劣的防火玻璃产品充斥市场或者在消防工程招标过程中恶性竞争，不顾质量，低价竞销，将大批劣质防火玻璃产品投入工程建设中，造成工程质量存在隐患，严重危害公共安全。

防火玻璃修改标准的实施，提高了市场准入的门槛，从测试、审查和验收方面入手，遏制了劣质产品的泛滥，使生产厂商必须努力提高工艺技术水平和产品质量，从而使全社会防火玻璃消防工程的质量有所保障。在当前由公安部、质检总局、工商总局联合开展的全国消防产品专项整治行动中，实施防火玻璃修改标准，对于打击假冒伪劣的防火玻璃不法厂商，帮助督促具有合法资格的企业提高产品质量，整顿防火玻璃市场秩序，增强全社会的消防产品质量意识，提高社会公共安全保障水平，具有非常重要的作用。

③ 经济性。

发达国家防火玻璃产业发展得较为成熟，比较有名的产品供应商有英国皮尔金顿、比利时格拉威宝、法国圣戈班以及日本板硝子等。国外防火玻璃虽性能优良，但价格昂贵，因此只占有国内约20%的市场份额。广东金刚玻璃科技股份有限公司的高强度单片艳钾防火玻璃以优异的耐火性能、完善的防火钢框架系统配套能力及良好的品牌形象，占据国内一半以上的市场份额，北京格林京丰的隔热复合防火玻璃、上海绿苑的单片防火玻璃在国内也有较大范围的应用。

目前，开发商在防火产品方面的采购需求很多，尤其是与金刚玻璃等类似的。能充分满足项目在某些造型与防火方面双重需求的产品，但由于防火产品没有进入建筑设计院的相关图集，缺乏相关标准，导致开发商在采购时较困难，也比较谨慎。通常情况下，建筑外窗面积约为住宅总面积的 1/10，按此估算，一套建筑面积 100 m² 的住宅的门窗面积约为 10~15 m²，安装防火玻璃与安装其他玻璃相比，每户只需多支出 3000~5000 元，便能将建筑的安全性提高一个档次，可见优势明显。

④ 市场的导向。

我国作为全球高层建筑最多的国家，在新闻多次报道的火灾事件的影响及高层建筑物巨大的消费需求预期下，今后防火玻璃产品的市场需求将会呈现飞跃式的上升态势。北京鸟巢（国家体育场）、上海世博演艺中心、上海港客运中心、上海地铁 6 号线~11 号线、东京蚕蛹大厦、以色列议会大厦等多处标志性公共建筑，都采用了经过特殊处理的防火、防爆玻璃系统。目前我国上海已建成高 340 m、88 层的金茂大厦，高度雄踞全国之首。楼内采用了最优异的安全防火玻璃。据悉，迄今为止，全球至少有 6 座大城市计划在新世纪兴建高层摩天大厦。建筑界及玻璃界的专家指出，世界高层建筑及摩天大厦的兴建，将大大拉动国际防火玻璃的市场。

3. 沙坪坝防火玻璃应用的优化要点

（1）防火玻璃在设计、安装、使用与维护过程中同样应符合《建筑玻璃应用技术规程》（JGJ 113—2015）。

（2）选用防火玻璃不等于具备防撞保护措施。防火玻璃也是会被破坏的，因此并用了防火玻璃并不代表着"万事大吉"，防火玻璃被撞击后也会破碎，因此可以通过加护栏来进行防护，或贴一些醒目标志提醒人们"此处有玻璃存在"。

（3）在停车库这些容易发生撞击的地方，切勿为了美观与采光效果而盲目安装防火玻璃，还是谨慎地设置防火墙为好，否则得不偿失。玻璃的透明度高，透光性能好，诸如停车库这类地方又是车辆来往的高频区，司机若将玻璃安放区域当做出入口，会发生严重撞击事故，防火玻璃很容易被打破，破碎后的玻璃更易伤人，危害极大。

3.5　小　结

伴随全球化进程的不断加速，我国综合实力迅速得到提升，诸如大型综合交通枢纽这类超大型建筑层出不穷，这也促进了对消防系统需求的进一步增加。为应对城市发展过程中出现地下大型综合交通枢纽火灾突发事件和时代的要求。本书研究的工程项目的建筑整体耐火性能按照一类超高层建筑设置，各防火分隔还采用了背面温升耐火极限不低于 3.0 h 的特级防火卷帘，各防火分区的设置状况满足规范要求，在建筑结构的整体框架上有着严格的要求。本章以国内外大型地下综合交通枢纽防灭火及防火分隔技术为背景，总结了交通枢纽主要的防灭火及防火分隔技术，并基于沙坪坝大型综合交通枢纽的防灭火及防火分隔情况，探讨了大型综合交通枢纽防灭火的措施和技术，并对此类建筑中防火玻璃和消防水炮等关键技术的应用进行了进一步的分析论证，得出了以下几点结论。

（1）针对大型候车厅、进站通道等可燃物不是很集中的大空间，设置自动喷淋不能满足规范要求，采用的消防炮系统目前是合理的、先进的灭火系统，自动消防炮系统可实现大空间内自动探测报警与自动定位灭火，使灭火效率大大提高，在火灾早期阶段即可实现自动报警，并自动控制消防炮定点扑救，减少了对无火灾区域的影响，从而很大程度地减少了火灾造成的损失。同时消防炮系统兼顾了大型枢纽候车大厅等的整体美观及安装维护的方便性。

（2）随着防火玻璃技术的提高和超大型建筑的快速发展，更加安全的防火玻璃受到更广泛的关注，防火玻璃具有良好的透光性能和防火隔热性能，耐久性能和耐光性能好，具有一定的抗冲击强度，产品性能稳定，使用环境温度范围宽，可广泛用于防火门、窗和防火分区等部位。我国顺应世界科技发展的潮流，公安部和有关部门对防火玻璃测试和应用的标准进行了修改和实施，提高了防火玻璃市场准入的门槛，一系列举措必将推动防火玻璃的新发展。

通过对重庆沙坪坝综合交通枢纽防灭火及防火分隔技术的研究，得出了以下几点未来的攻关发展方向：

（1）消防炮灭火系统在这类高大空间场所的投入使用，大大提高了早期消防控火能力，均可准确定位起火部位，实施早期预警、早期灭火，控制初期火灾，减少火灾损失和人员伤亡。但由于受成本等因素的影响，自动消防炮仅仅应用于建筑物内大空间等自动喷水灭火系统无法覆盖的区域，其余位置仍以设置喷淋系统为主。两套系统都在安装时增加了业主的成本，使得自动消防炮的推广应用受到一定限制，有关部门应尽快出台相应规定，如在保护区域设置有自动消防水炮便可不必设置火灾自动报警系统等，最大限度减少消防重复投资，减少消防设施维护保养难度，对于提高消防系统可靠性等来说无疑是非常重要的。固定消防炮可替代室内消火栓系统对高大空间的灭火和保护。

（2）由于消防炮系统和防火玻璃目前还没有完备的规范可参照查询，需要研发厂家不断推陈出新，研发出更多实用可靠的产品做支撑。同时面对这个新课题，设计同行们也应加强交流，共同提高。

第 4 章

重庆沙坪坝综合交通枢纽火灾报警及联动

沙坪坝综合交通枢纽工程概况如章节 1.1 所示，此章不再赘述。

4.1 综合交通枢纽火灾自动报警及联动系统

4.1.1 综合交通枢纽火灾自动报警及联动系统组成

火灾自动报警系统的作用是探测火灾早期特征、发出火灾报警信号。是为人员疏散、防止火灾蔓延和启动自动灭火设备提供控制与指示的消防系统。火灾自动报警及联动系统是火灾探测报警与消防联动控制系统等的简称，是以实现火灾早期探测和报警、向各类消防设备发出控制信号并接受设备反馈信号，进而实现火灾预防和自动灭火功能的一种自动消防措施。

火灾自动报警系统一般设置在工业与民用建筑场所，与自动灭火系统、疏散诱导系统、防烟排烟系统以及防火分隔系统等其他消防分类设备仪器构成完整的建筑消防系统。火灾自动报警系统由火灾探测报警系统、消防联动控制系统、可燃气体探测报警系统及电气火灾监控系统组成。在火灾还处于阴燃阶段便能通过及时发现火情，来避免或减少火灾对生命、财产造成的损失。火灾自动报警系统组成示意图如图 4-1 所示。

火灾自动报警控制系统的工作原理是：通过设置在建筑物中各个防火分区的火灾感烟探测器、火灾感温探测器、手动按钮及其他报警触发装置等，把现场的火灾信号及时准确传送到消防控制系统中，并发出相应的声光报警信号，火灾自动报警系统根据预先设定的程序来启动消防灭火设备、应急广播设备、通知消防队等。为保护人们的生命和财产安全，在火灾自动报警系统的设计过程中，选择一套高质量的火灾自动报警产品对早期发现火情、及时灭火来说是至关重要的，尤其是通过安装布线、调试、验收、维护等实际问题，可避免或减少很多麻烦。

火灾自动报警、联动控制系统的基本组成包括火灾报警控制器、触发器件、电

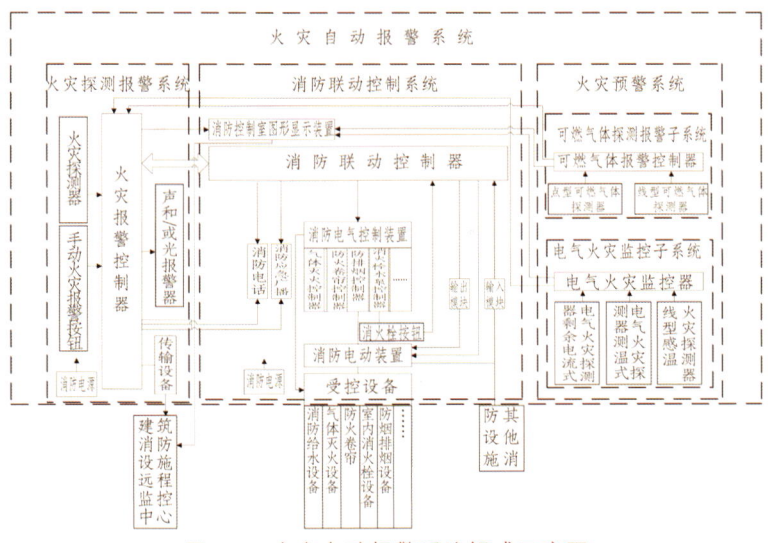

图 4-1 火灾自动报警系统组成示意图

源、声光报警装置等；复杂系统包括应急广播系统、消防通信指挥系统、区域报警显示系统、消防联动控制装置等。火灾自动报警系统主要涵盖了触发器件（探测器）、传输线路、火灾报警控制器及其他辅助装置等。其工作原理是依据消防安全保护区内环境条件的变化，及时探测火灾现场燃烧对应的物理量如光、温度、烟雾等的变化，利用火灾探测器将此类物理量转变成为电信号，输送至报警控制装置，引起相关报警系统的敏感原件响应从而产生报警动作如发光、声报警。同时，在出现火灾报警时，与火灾报警系统相联动的消防系统如灭火栓、消防电梯、卷帘、风机、消防泵等设施系统动作，启动消防装置，在火灾现场采取对应的消防控制措施。

1. 火灾探测报警系统

火灾探测报警系统由火灾报警控制器、触发器件和火灾警报装置等组成，能及时、准确地探测保护对象的初起火灾，并做出报警响应，告知建筑内的人员火灾的发生，从而使建筑中的人员有足够的时间在火灾发展到危害生命安全的程度前疏散至安全地带，是保障人员生命安全的最基本的建筑消防系统。火灾探测报警系统如图 4-2 所示。

火灾发生时，安装在保护区域现场的火灾探测器，将火灾产生的烟雾、热量和光辐射等火灾特征参数转变为电信号，经数据处理后，将火灾特征参数信息传输至火灾报警控制器，或直接由火灾探测器作出火灾报警判断，将报警信息传输到火灾报警控制器。

图 4-2　火灾探测报警系统示意图

火灾报警控制器在接收到探测器的火灾特征参数信息或报警信息后，经报警确认判断，显示报警探测器的部位，记录探测器火灾报警的时间。处于火灾现场的人员，在发现火灾后可立即触动安装在现场的手动报警按钮，手动报警按钮将报警信息传输到火灾报警控制器，火灾报警控制器在接收到手动火灾报警按钮的报警信息后，经报警确认判断，显示动作的手动报警按钮的部位，记录手动火灾报警按钮报警的时间。火灾报警控制器在确认火灾探测器和手动火灾报警按钮的报警信息后，驱动安装在被保护区域现场的火灾报警装置，发出火灾警报，向处于被保护区域内的人员警示火灾的发生。

火灾探测报警系统的工作原理如图 4-3 所示。

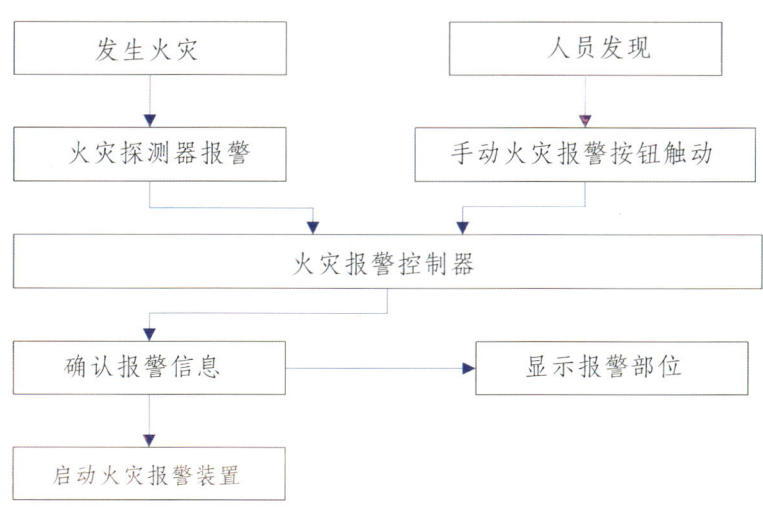

图 4-3　火灾探测报警系统的工作原理图

火灾探测器是火灾自动报警系统的基本组成部分之一，它至少含有一个能够连续或以一定频率周期监视与火灾有关的适宜的物理和/或化学现象的传感器，并且至少能够向控制和指示设备提供一个合适的信号，是否报火警或是否操纵自动消防设备，可由探测器或控制和指示设备做出判断。火灾探测器可按其探测的火灾特征参数、监视范围、复位功能、拆卸性能等进行分类。

（1）根据探测火灾特征参数分类。

火灾探测器根据其探测火灾特征参数的不同，可以分为感烟、感温、感光、气体、复合等五种基本类型。

① 感温火灾探测器。

响应异常温度、温升速率和温差变化等参数的探测器。

② 感烟火灾探测器。

响应悬浮在大气中的燃烧和/或热解产生的固体或液体微粒的探测器，进一步可分为离子感烟、光电感烟、红外光束、吸气型等类型。

③ 感光火灾探测器。

响应火焰发出的特定波段电磁辐射的探测器，又称火焰探测器，进一步可分为紫外、红外及复合式等类型。

④ 气体火灾探测器。

响应燃烧或热解产生的气体的火灾探测器。

⑤ 复合火灾探测器。

将多种探测原理集于一身的探测器，它进一步又可分为烟温复合、红外紫外复合等类型。

此外，还有一些特殊类型的火灾探测器，包括：使用摄像机、红外热成像器件等视频设备或将它们进行组合的方式获取现场的监控视频信息的用于火灾探测的图像型火灾探测器、探测泄漏电流大小的漏电流感应型火灾探测器、探测静电电位高低的静电感应型火灾探测器，还有在一些特殊场合使用的、要求探测极其灵敏、动作极为迅速，通过探测爆炸产生的参数变化（如压力的变化）信号来抑制、消灭爆炸事故发生的微压差型火灾探测器，利用超声原理探测火灾的超声波火灾探测器等。

（2）根据监视范围分类。

火灾探测器根据其监视范围的不同，分为点型火灾探测器和线型火灾探测器。

① 点型火灾探测器。

响应一个小型传感器附近的火灾特征参数的探测器。

② 线型火灾探测器。

响应某一连续路线附近的火灾特征参数的探测器。

此外，还有一种多点型火灾探测器：响应多个小型传感器（例如热电偶）附近的火灾特征参数的探测器。

（3）根据其是否具有复位（恢复）功能分类。

火灾探测器根据其是否具有复位功能，分为可复位探测器和不可复位探测器两种。

① 可复位探测器。

在响应后和在引起响应的条件终止时，不更换任何组件即可从报警状态恢复到监视状态的探测器。

② 不可复位探测器。

在响应后不能恢复到正常监视状态的探测器。

（4）根据其是否具有可拆卸性分类。

火灾探测器根据其维修和保养时是否具有可拆卸性，分为可拆卸探测器和不可拆卸探测器两种类型。

① 可拆卸探测器。

探测器设计成容易从正常运行位置上拆下来，以方便维修和保养。

② 不可拆卸探测器。

在维修和保养时，探测器被设计成不容易从正常运行位置上拆下来。

2. 消防联动控制系统

火灾发生时，火灾探测器和手动火灾报警按钮的报警信号等联动触发信号传输至消防联动控制器，消防联动控制器按照预设的逻辑关系对接收到的触发信号进行识别判断，在满足逻辑关系条件时，消防联动控制器按照预设的控制时序启动相应自动消防系统（设施），实现预设的消防功能；消防控制室的消防管理人员也可以通过操作消防联动控制器的手动控制盘直接启动相应的消防系统（设施），从而实现相应消防系统（设施）预设的消防功能。消防联动控制接收并显示消防系统（设施）动作的反馈信息。消防联动控制系统的工作原理如图 4-4 所示。

消防联动控制系统由消防联动控制器、消防控制室图形显示装置、消防电气控制装置（防火卷帘控制器、气体灭火控制器等）、消防电动装置、消防联动模块、消火栓按钮、消防应急广播设备、消防电话等设备和组件构成，在火灾发生时联动控制器按设定的控制逻辑准确发出联动控制信号给消防泵、喷淋泵、防火门、防火阀、防烟排烟阀和通风系统等消防设备，完成对灭火系统、疏散诱导系统、防烟排烟系统及防火卷帘等其他消防相关设备的控制功能，当消防设备动作后，将动作信号反馈给消防控制室并显示。

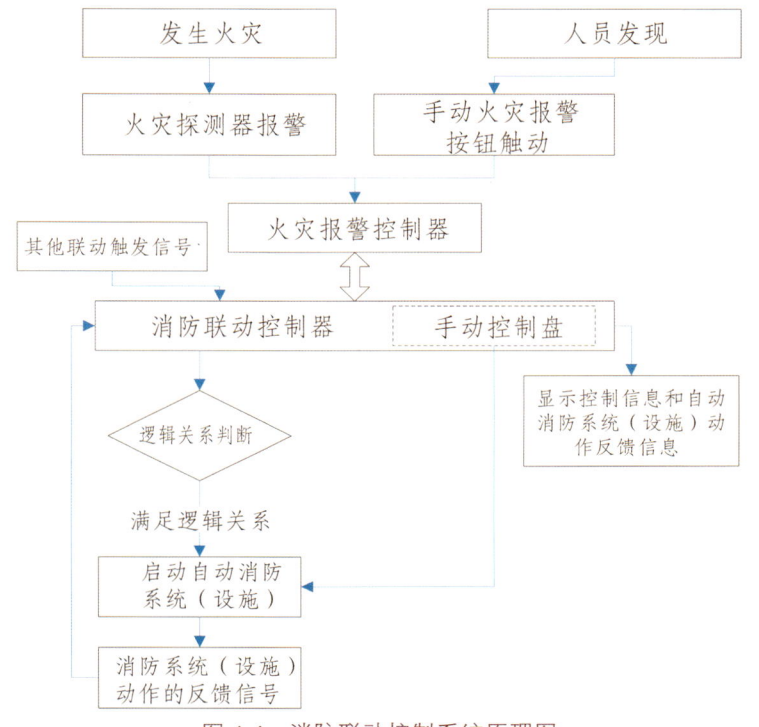

图 4-4 消防联动控制系统原理图

消防联动控制系统还监视建筑消防设施的运行状态，即接受来自消防联动现场设备以及火灾自动报警系统以外的其他系统的火灾信息或其他触发和输入信息，并通过传输设备将火灾报警控制器发出的火灾报警信号及其他有关信息传输到建筑消防设施及消防安全管理远程监控系统。消防联动控制系统由消防联动控制器、消防控制室图形显示装置、消防电气控制装置（防火卷帘控制器、气体灭火控制器等）、消防电动装置、消防联动模块、消火栓按钮、消防应急广播设备、消防电话等设备和组件组成。在火灾发生时，联动控制器按设定的控制逻辑准确发出联动控制信号给消防泵、喷淋泵、防火门、防火阀、防排烟阀和通风等消防设备，完成对灭火系统、疏散指示系统、防排烟系统及防火卷帘等其他消防有关设备的控制功能。当消防设备动作后将动作信号反馈给消防控制室并显示，实现对建筑消防设施的状态监视功能，即接受消防联动设备以及火灾自动报警系统以外的其他系统的火灾信息或具备其他信息的触发和输入功能设备的信息。

（1）消防联动控制器。

消防联动控制器是消防联动控制系统的核心组件。它通过接受火灾报警控制器发出的火灾报警信息，按预设逻辑对建筑中设置的自动消防系统（设施）进行联动控制。消防联动控制器可直接发出控制信号，通过驱动装置控制现场的受控设备。对于控制逻辑复杂且在消防联动控制器上不便实现直接控制的情况，可通过消防电气控制装置（如防火卷帘控制器、气体灭火控制器等）直介控制受控设备，同时接受自动消防系统（设施）动作的反馈信号。

（2）消防控制室图形显示装置。

消防控制室图形显示装置用于接收并显示保护区域内的火灾探测报警及联动控制系统、消火栓系统、自动灭火系统、防烟排烟系统、防火门及卷帘系统、电梯、消防电源、消防应急照明和疏散指示系统、消防通信等各类消防系统及系统中的各类消防设备（设施）运行的动态信息和消防管理信息，同时还具有信息传输和记录功能。

（3）消防电气控制装置。

消防电气控制装置的功能是用于控制各类消防电气设备，它一般通过手动或自动的工作方式来控制各类消防泵、防烟排烟风机、电动防火门、电动防火窗、防火卷帘、电动阀等各类电动消防设施的控制装置及双电源互换装置，并将相应设备的工作状态反馈给消防联动控制器进行显示。

（4）消防电动装置。

消防电动装置的功能是电动消防设施的电气驱动和释放，它是包括电动防火门窗、电动防火阀、电动防烟排烟阀、气体驱动器等在内的电动消防设施的电气驱动或释放装置。

（5）消防联动模块。

消防联动模块是用于消防联动控制器和其所连接的受控设备或部件之间信号传输的设备，包括输入模块、输出模块和输入输出模块。输入模块的功能是接收受控设备或部件的信号反馈并将信号输入消防联动控制器中显示，输出模块的功能是接收消防联动控制器的输出信号并发送到受控设备或部件，输入输出模块则同时具备输入模块和输出模块的功能。

（6）消火栓按钮。

消火栓按钮是手动启动消火栓系统的控制按钮。

（7）消防应急广播设备。

消防应急广播设备由控制和指示装置、声频功率放大器、传声器、扬声器、广播分配装置、电源装置等组成，是在火灾或意外事故发生时通过控制功率放大器和扬声器进行应急广播的设备，它的主要功能是向现场人员通报火灾的发生，指挥并引导现场人员疏散。

（8）消防电话。

消防电话是用于消防控制室与建筑物中各部位之间通话的电话系统。由消防电话总机、消防电话分机、消防电话插孔构成。消防电话是与普通电话分开的专用独立系统，一般采用集中式对讲电话，消防电话的总机设在消防控制室，分机分设在其他各个部位。其中消防电话总机是消防电话的重要组成部分，能够与消防电话分机进行全双工语音通信。消防电话分机设置在建筑物中各关键部位，能够与消防电话总机进行全双工语音通信；消防电话插孔安装在建筑物各处，插上电话手柄就可以和消防电话总机进行通信。

消防控制室既是建筑消防系统的信息中心、控制中心、日常运行管理中心和各自动消防系统运行状态监视中心，也是建筑发生火灾和进行日常火灾演练时的应急指挥中心，在消防联动控制系统中起着非常重要的作用。

消防控制室的建筑防火设计要点如下：设有消防联动功能的火灾自动报警系统和自动灭火系统或设有消防联动功能的火灾自动报警系统和机械防（排）烟设施的建筑，应设置消防控制室。消防控制室的设置应符合下列规定：单独建造的消防控制室，其耐火等级不应低于二级。附设在建筑内的消防控制室，宜设置在建筑内首层的靠外墙部位，亦可设置在建筑物的地下一层，但应采用耐火极限不低于 2.00 h 的隔墙和耐火极限不低于 1.50 h 的楼板，与其他部位隔开，并应设置直通室外的安全出口；消防控制室送、回风管的穿墙处应设防火阀。消防控制室内严禁有与消防设施无关的电气线路及管路穿过。不应设置在电磁场干扰较强及其他可能影响消防控制设备工作的设备用房附近。

消防控制室的功能要求如下：消防控制室内设置的消防设备应包括火灾报警控制器、消防联动控制器、消防控制室图形显示装置、消防专用电话总机、消防应急广播控制装置、消防应急照明和疏散指示系统控制装置、消防电源监控器等设备，或具有相应功能的组合设备。消防控制室应设有用于火灾报警的外线电话。消防控制室应有相应的竣工图样、各分系统控制逻辑关系说明、设备使用说明书、系统操作规程、应急预案、值班制度、维护保养制度及值班记录等文件资料。具有两个及两个以上消防控制室时，应确定主消防控制室和分消防控制室。主消防控制室的消防设备应对系统内共有的消防设备进行控制，并显示其状态信息。主消防控制室内的消防设备应能显示各分消防控制室内消防设备的状态信息，并可对消防控制室内的消防设备及其控制的消防系统和设备进行控制。各分消防控制室内的消防设备之间可以互相传输、显示状态信息，但不应互相控制。消防控制室内设置的消防设备应为符合国家市场准入制度的产品。消防控制室的设计、建设和运行应符合国家现行有关标准的规定。消防设备组成系统时，各设备之间应满足系统兼容性的要求。

对消防控制室资料的管理如下：消防控制室内应保存下列纸质和电子档案资料，建（构）筑物竣工后的总平面布局图、建筑消防设施平面布置图、建筑消防设施系统图及安全出口布置图、重点部位布置图等；消防安全管理规则制度、应急灭火预案、应急疏散预案等；消防安全组织结构图，包括消防安全责任人、管理人、专职、义务消防人员等内容；消防安全培训记录、灭火和应急疏散预案的演练记录；值班情况、消防安全检查情况及巡查情况的记录；消防设施一览表，包括消防设施的类型、数量、状态等内容；消防系统控制逻辑关系说明、设备使用说明书、系统操作规程、系统和设备维护保养制度等；设备运行状况、接报警记录、火灾处理情况、设备检修检测报告等资料，这些资料应能定期保存和归档。

  消防控制室管理及应急程序管理如下：消防控制管理应实行每日24 h专人值班制度，每班不应少于2人；火灾自动报警系统和灭火系统应处于正常工作状态；高危消防水箱、消防水池、气压水罐等消防储水设施应水量充足，消防泵出水管阀门、自动喷水灭火系统管道上的阀门常开；消防水泵、防排烟风机、防火卷帘等消防用电设备的配电柜开关处于自动（接通）位置；消防控制室的值班应急程序应满足接到火灾报警后，值班人员应立即以最快方式确认；在火灾确认后，立即将火灾报警联动控制开关转入自动状态（已处于自动状态的除外），同时拨打"119"报警；还应立即启动单位内部应急疏散和灭火预案，同时报告单位负责人。

  消防控制室的设备布置如下：消防控制室内设备面盘前的操作距离，单列布置时不应小于1.5 m，双列布置时不应小于2 m。在值班人员经常工作的一面，设备面盘至墙的距离不应小于3 m。设备面盘后的维修距离不宜小于1 m。设备面盘的排列长度大于4 m时，其两端应设置宽度不小于1 m的通道。在建筑其他弱电系统可用的消防控制室内，消防设备应集中设置，并应与其他设备之间有明显的间隔。

  消防控制室的控制和显示功能如下：消防控制室图形显示装置。消防控制室图形显示装置应能用同一界面显示建（构）筑物周边消防车道、消防登高车操作场地、消防水源位置，以及相邻建筑的防火间距、建筑面积、建筑高度、使用性质等情况。应能显示消防系统及设备的名称、位置和动态信息。当有火灾报警信号、监管报警信号、反馈信号、屏蔽信号、故障信号输入时，应有相应状态的专用总指示，在总平面布局图中应显示输入信号所在建（构）筑物的位置，在建筑平面图上应显示输入信号所在的位置和名称，并记录时间、信号类别和部位等信息。应在10 s内显示输入的火灾报警信号和反馈信号的状态信息，在100 s内显示其他输入信号的状态。应采用中文标注和中文界面，界面对角线长度不应小于430 mm；应能显示可燃气体探测报警系统和电气火灾监控系统的报警信息、故障信息和相关联动反馈消息。火灾报警控制器应能显示火灾探测器、火灾显示器、手动火灾报警按钮的正常工作状态、火灾报警状态、屏蔽状态及故障状态等相关信息；应能控制火灾声光警报器的启动和停止。

  消防联动控制器应能将消防系统及设备的状态信息传输到消防控制室图形显示装置，具体要求如下：

（1）自动喷水灭火系统的控制和显示应符合下列要求：应能显示喷淋泵电源的工作状态；应能显示喷淋泵（稳压或增压泵）的启、停状态和故障状态，并显示水流指示器、信号阀、报警阀、压力开关等设备的正常工作状态和动作状态；应能显示消防水箱（池）最低水位信息和管网最低压力报警信息；应能手动控制喷淋泵的启、停；并显示其手动启、停和自动启动的动作反馈信号。

（2）消火栓系统的控制和显示应符合下列要求：应能显示消防水泵电源的工作状态；应能显示消防水泵（稳压或增压泵）的启、停状态和故障状态；并显示消火栓按钮的正常工作状态和动作状态；应能手动控制系统的启、停，并显示延时状态信号、紧急停止信号和管网压力信号。

（3）水喷雾、细水雾灭火系统的控制和显示应符合下列要求：水喷雾灭火系统、采用水泵供水的细水雾灭火系统应符合自动喷水灭火系统的要求；采用压力容器供水的细水雾灭火系统应符合气体灭火系统的要求。

（4）泡沫灭火系统的控制和显示应符合下列要求：应能显示消防水泵、泡沫液泵电源的工作状态；应能显示消防水泵、泡沫液泵的启、停状态和故障状态；并显示消防水池（箱）最低水位和泡沫液罐最低液位信息；应能手动控制消防水泵和泡沫液泵的启、停，并显示其动作反馈信号。

（5）干粉灭火系统的控制和显示应符合下列要求：应能显示系统手动、自动工作状态及故障状态；应能显示系统的驱动装置的正常工作状态和动作状态，并能显示防护区域中的防火门窗、防火阀、通风空调等设备的正常工作状态和动作状态；应能手动控制系统的启动和停止，并显示延时状态信号、紧急停止信号和管网压力信号。

（6）防烟排烟系统及通风空调系统的控制和显示应符合下列要求：应能显示防排烟系统风机电源的工作状态；应能显示防烟排烟系统的手动、自动工作状态及防烟排烟系统风机的正常工作状态和动作状态；应能控制防烟排烟系统及通风空调系统的风机和电动排烟防火阀、电控挡烟垂壁、电动防火阀、常闭送风口、排烟阀（口）、电动排烟窗的动作，并显示其反馈信号。

（7）防火门及防火卷帘系统的控制和显示应符合下列要求：应能显示防火门控制器、防火卷帘控制器的工作状态和故障状态等动态信息；应能显示防火卷帘、常开防火门、人员密集场所中因管理需要平时常闭的疏散门及具有信号反馈功能的防火门的工作状态；应能关闭防火卷帘和常开防火门，并显示其反馈信号。

（8）电梯的控制和显示应符合下列要求：应能控制所有电梯全部回降首层，非消防电梯应开门停用，消防电梯应开门待用，并显示反馈信号及消防电梯运行时所在楼层；应能显示消防电梯的故障状态和停用状态。

（9）消防电话总机应符合下列要求：应能与各消防电话分机通话，并具有插入通话功能；应能接受来自消防电话插孔的呼叫，并能通话；应有消防电话通话录音功能；应能显示各消防电话的故障状态，并能将故障状态信息传输给消防控制室图形显示器。

（10）消防应急广播控制装置应符合下列要求：应能显示处于应急广播状态的广播分区、预设广播信息；应能分别通过手动和按照预设控制逻辑自动控制选择广播分区、启动或停止应急广播，并在扬声器进行应急广播时自动对广播内容进行录音；应能显示应急广播的故障状态，并能将故障状态信息传输给消防控制室图形显示装置。

（11）消防电源控制器应符合下列要求：应能显示消防用电设备的供电电源和备用电源的工作状态和欠压报警信息；应能将消防用电设备的供电电源和备用电源的工作状态和欠压报警信息传输给消防控制室图形显示装置。

消防控制室图形显示装置的信息记录要求如下：消防控制室图形显示装置应能记录建筑消防设施运行状态信息，记录容量不应少于 10 000 条，记录备份后可被覆盖。应具有产品维护和保养的内容和时间、系统程序的进入和退出时间、操作人员姓名或代码等内容的记录，存储记录容量不应少于 10 000 条，记录备份后方可被覆盖。应记录消防安全管理信息及系统内各个消防设备（设施）的制造商、产品有效期，记录容量不应少于 10 000 条，记录备份后方可被覆盖。应能对历史记录打印归档或刻录存盘归档。

信息传输要求如下：消防控制室图形显示装置应能在接收火灾报警信号或联动信号后的 10 s 内将相应信息按规定的通信协议格式传送给监控中心，应能在接收到建筑消防设施运行状态信息后 100 s 内将相应信息按规定的通信协议格式传送给监控中心。当具有自动向监控中心传输消防安全管理信息功能时，消防控制室图形显示装置应能在发出传输信息指令后 100 s 内将相应信息按规定的通信协议格式传送给监控中心。消防控制室图形显示装置应能接收监控中心的查询指令并按规定的通信协议格式将信息传送给监控中心。

消防控制室图形显示装置应有信息传输指示灯，在处理和传输信息时，该指示灯应闪亮，在得到监控中心正确接收的确认后，该指示灯应常亮并保持直至该状态复位。当信息传送失败时应有声、光指示。火灾报警信息应优先于其他信息的传输。信息传输不应受保护区域内消防系统及设备任何操作的影响。

3. 火灾预警系统

（1）可燃气体探测报警系统。

可燃气体探测报警系统由可燃气体报警控制器、可燃气体探测器和火灾声警报器组成，能够在保护区域内泄露可燃气体的浓度低于爆炸下限的条件下提前报警,从而预防由于可燃气体泄露引发的火灾和爆炸事故的发生。可燃气体探测报警系统是火灾自动报警系统的独立子系统,属于火灾预警系统。可燃气体探测报警系统适用于使用、生产或聚集可燃气体或可燃液体蒸汽场所可燃气体浓度探测,在泄露或聚集可燃气体浓度达到爆炸下限前发出报警信号,提醒专业人员排除火灾、爆炸隐患,实现火灾的早期预防以避免火灾、爆炸事故的发生。可燃气体探测报警系统构成如图 4-5 所示。

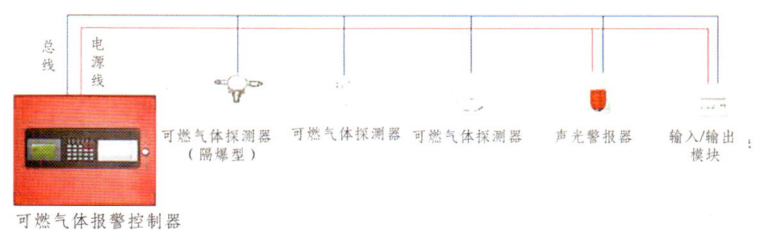

图 4-5 可燃气体探测报警系统构成示意图

现有的可燃气体探测器主要有 7 个品种。即:测量范围为 0~100% LEL 的点型可燃气体探测器;测量范围为 0~100% LEL 的独立式可燃气体探测器;测量范围为 0~100% LEL 的便携式可燃气体探测器;测量人工煤气的点型可燃气体探测器;测量人工煤气的独立式可燃气体探测器;测量人工煤气的便携式可燃气体探测器;线型可燃气体探测器。上述 7 种可燃气体探测器可按不同特征进行分类,具体分类方式如下:

按防爆要求分类:① 防爆型可燃气体探测器;② 非防爆型可燃气体探测器。

按使用方式分类:① 固定式可燃气体探测器;② 便携式可燃气体探测器。

按探测可燃气体的分布特点分类:① 点型可燃气体探测器;② 线型可燃气体探测器。

按探测气体特征分类:① 探测爆炸气体的可燃气体探测器;② 探测有毒气体的可燃气体探测器。

可燃气体报警控制器按系统连线方式分类为:① 多线制可燃气体报警控制器:即采用多线制方式与可燃气体报警控制器连接。② 总线制可燃气体报警控制器:即采用总线(一般为 2~4 根)方式与可燃气体探测器连接。

火灾预警系统工作原理为:发生可燃气体泄露时,安装在保护区域现场的可燃气体探测器,将泄露可燃气体的浓度参数转变为电信号,经数据处理后,将可燃气体浓度参数信息传输至可燃气体报警控制器,或直接由可燃气体探测器做出泄露可燃气体浓度超限报警判断,将报警信息传输到可燃气体报警控制器。可燃气体报警控制器在接收到探测器的可燃气体浓度参数信息或报警信息后,经报警确认判断,显示泄露的部位并发出泄露可燃气体浓度信息,记录探测器报警的时间,同时驱动安装在保护区域现场的声光警报装置,发出声光警报,警示人员采取相应的处置措施;必要时可以控制并关断燃气的阀门,防止燃气的进一步泄漏。

火灾预警系统设计要点为:可燃气体探测器报警系统是一个独立的子系统,属于火灾预警系统,应独立组成。可燃气体探测器应接入可燃气体报警控制器,不应直接接入火灾报警控制器的探测器回路。探测气体密度小于空气密度的可燃气体探测器应设置在被保护空间的顶部,探测气体密度大于空气密度的可燃气体探测器应设置在被保护空间的下部,探测气体密度与空气密度相当时,可燃气体探测器可设置在被保护空间的中间部位或顶部。可燃气体探测器宜设置在可能产生可燃气体的部位附近。点型可燃气体探测器的保护半径,应符合现行国家标准《石油化工可燃和有毒气体检测报警设计标准》(GB/T 50493—2019)的有关规定。线型可燃气体探测器的保护区域长度不宜大于 60 m。当有消防控制室时,可燃气体报警控制器可设置在保护区域附近;当无消防控制室时,可燃气体报警控制器应设置在有人员值守的场所。可燃气体报警控制器的设置应符合火灾报警控制器的安装设置要求。

(2)电气火灾监控系统。

电气火灾监控系统由电气火灾监控器、电气火灾监控探测器组成,能在发生电气故障,产生一定电气火灾隐患的条件下发出报警,提醒专业人员排除电气火灾隐患,实现电气火灾的早期预防,避免电气火灾的发生。电气火灾监控系统是火灾自动报警系统的独立子系统,属于火灾预警系统。电气火灾监控系统的构成如图4-6所示。

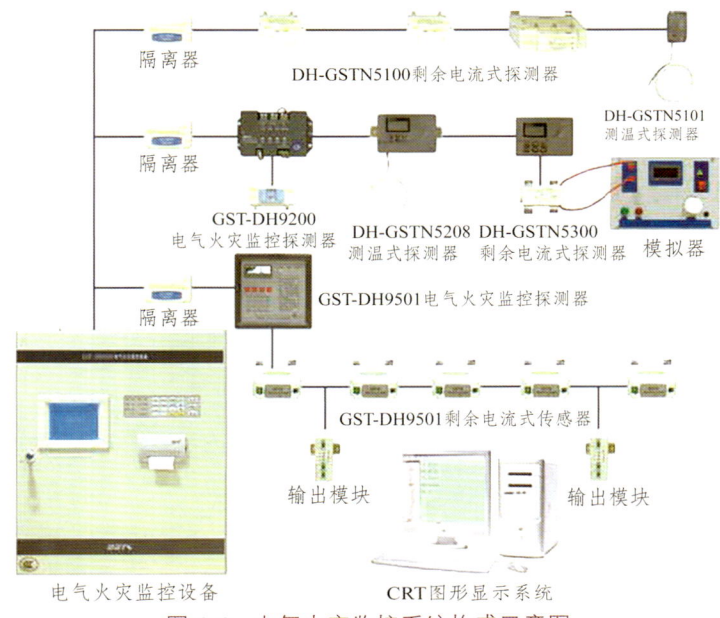

图 4-6 电气火灾监控系统构成示意图

电气火灾监控器用于为所连接的电气火灾监控探测器供电,能接收来自电气火灾监控探测器的报警信号,发出声、光报警信号和控制信号,指示报警部位,记录并保存报警信息的装置。电气火灾监控探测器是能够对保护线路中的剩余电流、温度等电气故障参数响应,自动产生报警信号并向电气火灾监控器传输报警信号的器件。电气火灾监控系统组成如图4-7所示。

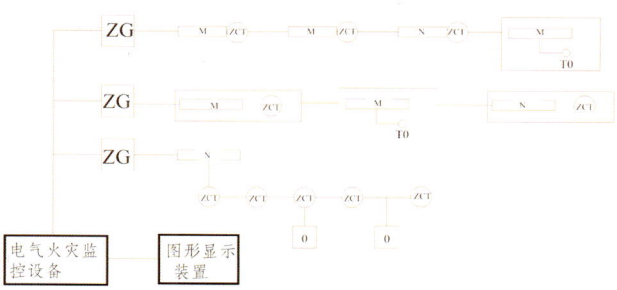

图例说明:

图4-7 电气火灾监控系统组成示意图

电气火灾探测器可按工作方式或者工作原理进行分类,具体分类方式如下:

按工作方式分类:① 独立式电气火灾监控探测器,即可以自成系统,不需要配接电气火灾监控设备;② 非独立式电气火灾监控探测器,即自身不具有报警功能,需要配接电气火灾监控设备组成系统。

按工作原理分类:① 剩余电流保护式电气火灾监控探测器,即被保护线路的相线直接或通过非预期负载对大地接通,而产生近似正弦波形且其有效值呈缓慢变化的剩余电流,当该电流大于预定数值时即自动报警的电气火灾监控探测器。② 测温式(过热保护式)电气火灾监控探测器,即当被保护线路的温度高于预定数值时,自动报警的电气火灾监控探测器。③故障电弧式电气火灾监控探测器,即当被保护线路上发生故障电弧时,发出报警信号的电气火灾监控探测器。

按系统连线方式分类为:① 多线制电气火灾监控设备,即采用多线制方式与电气火灾监控探测器连接。② 总线制电气火灾监控设备,即采用总线(一般为2~4根)方式与电气火灾监控探测器连接。

系统工作原理如下:电气火灾监控系统工作原理为发生电气故障时,电气火灾监控探测器将保护线路中的剩余电流、温度等电气故障参数信息转变为电信号,经数据处理后，探测器作出报警判断，将报警信息传输到电气火灾监控器。电气火灾监控器在接收到探测器的报警信息后，经报警确认判断，显示电气故障报警探测器的部位信息，记录探测器报警的时间，同时驱动安装在保护区域现场的声光警报装置，发出声光警报，警示人员采取相应的处置措施，排除电气故障、消除电气火灾隐患，防止电气火灾的发生。电气火灾监控系统原理如图4-8所示。

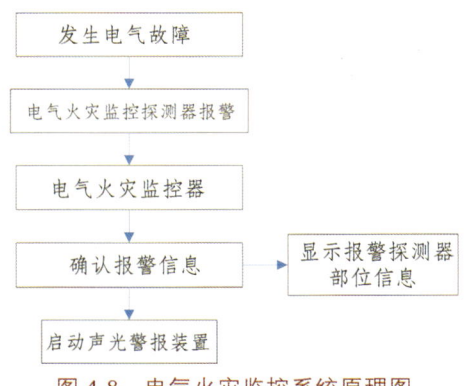

图 4-8　电气火灾监控系统原理图

电气火灾监控系统具体设计如下：电气火灾监控系统是一个独立的子系统，属于火灾预警系统，应独立组成。电器火灾监控探测器应接入电气火灾监控器，不应直接接入火灾报警控制器的探测器回路。当电气火灾监控系统接入火灾自动报警系统中时，应由电气火灾监控器将报警信号传输至消防控制室的图形显示装置或集中火灾报警控制器上，但其显示应与火灾报警信息有区别。在无消防控制室且电气火灾监控探测器设置数量不超过 8 h，可采用独立式电气火灾监控探测器。

① 剩余电流式电气火灾监控探测器的设置。

剩余电流式电气火灾监控探测器应以设置在低压配电系统首端为基本原则，宜设置在第一级配电柜（箱）的出线端。在供电线路泄漏电流大于 5 300 mA 时，宜在其下一级配电柜（箱）上设置。剩余电流式电气火灾监控探测器不宜设置在 IT 系统的配电线路和消防配电线路中。选择剩余电流式电气火灾监控探测器时，应考虑供电系统自然漏流的影响，并选择参数合适的探测器，探测器报警值宜为 300～500 mA。具有探测线路故障电弧功能的电气火灾监控探测器，其保护线路的长度不宜大于 100 m。

② 测温式电气火灾监控探测器的设置。

测温式电气火灾监控探测器应设置在电缆接头、端子、重点发热部件等部位。保护对象为 1 000 V 及以上的供电线路，测温式电气火灾监控探测器宜选择光栅光纤测温式或红外测温式电气火灾监控探测器，光栅光纤测温式电气火灾监控探测器应直接设置在保护对象的表面。

③ 独立式电气火灾监控探测器的设置。

独立式电气火灾监控探测器的设置应符合电气火灾监控探测器的设置要求。设有火灾自动报警系统时，独立式电气火灾监控探测器的报警信息和故障信息应在消防控制室图形显示装置或集中火灾报警控制器上显示，但该类信息与火灾报警信息的显示应有区别。未设火灾自动报警系统时，独立式电气火灾监控探测器应将报警信号传至有人员值班的场所。

④ 电气火灾监控器的设置。

设有消防控制室时，电气火灾监控器应设置在消防控制室内或保护区域附近，设置在保护区域附近时，应将报警信息和故障信息传入消防控制室。未设消防控制室时，电气火灾监控器应设置在有人员值班的场所。

4.1.2　系统检测与维护

火灾自动报警系统竣工后，建设单位应负责组织施工、设计、监理等单位进行检测。检测不合格不得投入使用。

1. 检测资料查验

系统检测时，施工单位应提供以下资料：竣工检测申请报告、设计变更通知书、竣工图、工程质量事故处理报告、施工现场质量管理检查记录、火灾自动报警系统施工过程质量管理检查记录、火灾自动报警系统内各设备的检验报告、合格证及相关材料。

2. 系统检测内容

要按照检测数量要求对系统内的所有装置进行检测，检测内容和数量要符合下列要求，同时按照判定标准和要求对检测结果进行判定。

系统检测内容如下：系统检测内容包括下列装置的安装位置、施工质量和功能，其功能应满足设计文件的相关要求。

① 火灾报警系统装置：包括各种火灾探测器、手动火灾报警按钮、火灾报警控制器和区域显示器等。

② 消防联动控制系统：包括消防联动控制器、气体（泡沫）灭火控制器、防火卷帘控制器、防火门监控器、消防电气控制装置、消防设备应急电源、消防应急广播控制设备、消防专用电话、传输设备（火灾报警传输设备或用户信息传输装置）、消防控制室图形显示装置、模块、消防电动控制装置、消防设备应急电源、消防应急广播控制设备、消防专用电话、传输设备（火灾报警传输设备或用户信息传输装

置)、消防控制室图形显示装置、模块、消防电动装置、消火栓按钮等设备。

③ 自动灭火系统控制装置：包括自动喷水、气体、干粉、泡沫等固体灭火系统的控制装置，消火栓系统的控制装置，通风空调、防烟排烟及电动防火阀等控制装置，防火门监控器、防火卷帘控制器，消防电梯和非消防电梯的回降控制装置，火灾警报装置，消防应急照明和疏散指示控制装置，切断非消防电源的控制装置，电动阀控制装置，消防联网通信，系统内的其他消防控制装置，可燃气体报警探测系统装置(包括可燃气体探测器和可燃气体报警控制器等)，电气火灾监控系统装置(包括电气火灾监控探测器和电气火灾监控设备等)。

系统检测数量的要求如下：

① 各类消防用电设备主用、备用电源的自动转换装置，应进行3次转换试验，每次试验结果应均为正常。

② 火灾报警控制器(包括可燃气体报警控制器和电气火灾监控设备)和消防联动控制器应按实际安装数量全部进行功能检验。消防联动控制系统中其他各种用电设备、区域显示器应按下列要求进行功能检验：实际安装数量在5台以下者，全部检验；实际安装数量在6~10台者，抽验5台；实际安装数量超过10台者，按实际安装数量30%~50%的比例抽验，但抽验总数不应少于5台。各装置的安装位置、型号、数量、类别及安装质量应符合设计要求。

③ 火灾探测器(包括可燃气体探测器和电气火灾监控探测器)和手动火灾报警按钮，应按下列要求进行模拟火灾响应(可燃气体报警、电气故障报警)和故障信号检验：实际安装数量在100只以下者，抽验20只(每个回路都应抽验)。实际安装数量超过100只，每个回路按实际安装数量10%~20%的比例抽验，但抽验总数不应少于20只。被检查的火灾探测器的类别、型号、适用场所、安装高度、保护半径、保护面积和探测器的间距等均应符合设计要求。

④ 室内消火栓的功能检测应在出水压力符合现行国家有关建筑设计防火规范的条件下，抽验下列控制功能：在消防控制室内操作启、停泵1~3次，在消火栓处操作消火栓启动按钮，按实际安装数量5%~10%的比例抽验。

⑤ 自动喷水灭火系统。应符合现行国家标准《自动喷水灭火系统设计规范》(GB 50084—2017)的条件下，抽验下列控制功能：在消防控制室内操作启、停泵1~3次；在消火栓出操作消火栓启动按钮，按实际安装数量30%~50%的比例抽验；压力开关、电动阀、电磁阀等按实际安装数量全部进行检验。

⑥ 气体、泡沫、干粉等灭火系统，应在符合国家现行有关系统设计规范的条件下按实际安装数量的20%~30%的比例抽验下列控制功能：自动、手动启动和紧急切断试验1~3次，与固定灭火设备联动控制的其他设备动作(包括关闭防火门窗、停止空调风机、关闭防火阀等)试验1~3次。

⑦ 电动防火门、防火卷帘，5 樘以下的应全部检验，超过 5 樘的应按实际安装数量的 20%的比例抽验，但抽验总数不应小于 5 樘，并抽验联动控制功能。

⑧ 防烟排烟风机应全部检验，通风空调和防排烟设备的阀门，应按实际安装数量的 10%～20%的比例抽验，并抽验联动功能，且应符合下列要求：报警联动启动、消防控制室直接启停、现场手动启动联动防烟排烟风机 1～3 次；报警联动停止、消防控制室远程停通风空调送风 1～3 次；报警联动开启、消防控制室开启、现场手动开启防排烟阀门 1～3 次。

⑨ 电梯应进行 1～2 次联动返回首层且信号均为正常，从而检验其控制功能。

⑩ 消防应急广播设备，应按实际安装数量的 10%～20%的比例进行下列功能检验：对所有广播分区进行选区广播，对共有扬声器进行强行切换，对扩音机进行全负荷实验。消防专用电话的检验，应符合下列要求：消防控制室与所设的消防专用电话分机进行 1～3 次通话试验；电话插孔按实际安装数量 10%～20%的比例进行通话试验；消防控制室的外线电话与另一部外线电话进行 1～3 次模拟报警电话通话试验。消防应急照明和疏散指示系统控制装置应进行 1～3 次使系统转入应急状态检验，系统中各消防应急照明灯具均应能转入应急状态。

本节各检验项目中，当有不合格情况出现时，应修复或更换，并进行复验。复验时，对有抽验比例要求的，应加倍检验。

系统工程质量检测判断标准具体如下：系统内的设备即配件规格型号与设计不符、无国家相关证书和检验报告，系统内的任一控制器和火灾探测器无法发出报警信号，无法实现要求的联动功能，定为 A 类不合格。检测前提供资料不符合相关要求的定为 B 类不合格。其余的不合格项均为 C 类不合格。系统检测合格判定标准应为：A 类不合格数量为 0，B 类不合格数量不大于 2 且 B 类不合格和 C 类不合格数量总合小于等于检查项的 5%为合格，否则为不合格。

3. 系统现场功能性检测

系统功能性的现场检测包括布线检查、设备设计符合性检查、设备安装检查、设备功能检查等，具体要求如下。

（1）系统布线检查。

在进行系统现场功能性检测前应按国家标准《建筑电气工程施工质量验收规范》(GB 50303—2015)的规定和布线要求，采用尺量、观察等方法对现场布线进行全数检验。

（2）系统设备设计符合性检查。

按照设计文件的要求，核对各系统设备的规格、型号、容量、数量。

（3）系统设备安装检查。

按照各系统设备检测数量要求抽取相应的系统设备，并按照本章各系统设备安装的相关要求，采用对照图样、尺量、观察等方法对系统设备的安装进行检查。

（4）系统设备功能检查。

按照各系统设备检测数量要求抽取相应的系统设备，并按照本章各系统设备调试的相关要求，采用对照设计文件、仪表测量、观察等方法对系统设备的功能进行检查。

4. 系统维护管理

火灾自动报警系统的管理、操作和维护人员应持证上岗。

（1）对系统应具备的文件资料的要求如下：火灾自动报警系统投入使用时，使用单位应建立下列技术档案，并应有电子备份档案。

① 系统竣工图及设备的技术资料。
② 公安消防机构出具的有关法律文书。
③ 系统的操作规程及维护保养管理制度。
④ 系统操作员名册及相应的工作职责。
⑤ 值班记录和使用图表。

（2）系统使用与检查要求如下：火灾自动报警系统应保持联系、正常运行，不得随意中断。每日均应对火灾报警控制器的功能进行检查。

① 系统季度检查要求。

每季度应检查和试验火灾自动报警系统的功能，并按要求填写相应的记录，具体内容如下：采用专用检测仪器分期分批试验探测器的动作及确认的显示，试验火灾警报装置的声光显示，试验水流指示器、压力开关等的报警功能、信号显示，对在用电源和备用电源进行1~3次自动切换试验。

自动或手动检查下列消防控制设备的控制功能：室内消火栓、自动喷水、泡沫、气体、干粉等灭火系统的控制设备。抽验电动防火门、卷帘防火门，数量不少于总数的25%。选层试验消防应急广播设备，并试验公共广播强制转入火灾应急广播的功能，抽检数量不少于总数的25%。检查火灾应急照明与疏散指示标志的控制装置，送风机、排烟机和自动挡烟垂壁的控制设备，检查消防电梯迫降功能。应抽取不小于总数的25%的消防电话和电话插孔在消防控制室进行对讲通话试验。

② 系统年度检查要求。

每年应检查和试验火灾自动报警系统下列功能，并按要求填写相应的记录：应用专用检测仪器对所安装的全部探测器和手动报警装置试验至少1次。自动和手动打开排烟阀，关闭电动防火阀和空调系统。对全部电动防火门、防火卷帘的试验至少一次。强制切断非消防电源功能试验。对其他有关的消防控制装置进行功能试验。

（3）年度检查和维修。

具有报脏功能的探测器，在报脏时应及时清洗保养。没有报脏功能的探测器，应按产品说明书的要求进行清洗保养。产品说明书没有明确要求的，应每2年清洗或标定一次。可燃气体探测器的气敏元件工作时间达到生产企业规定的寿命年限后应及时更换。不同类型的探测器应有10%且不少于50只的备品。火灾报警系统内的产品寿命应符合国家有关标准要求，达到寿命极限的产品应及时更换。

5. 系统常见故障及处理方法

火灾自动报警系统常见故障有：火灾探测器、通信、主电、备电等的故障。故障发生时，可先按消音键中止故障报警声，然后进行排除。如果是探测器、模块或火灾显示盘等外控设备发生故障可暂时将其屏蔽隔离，待修复后再取消屏蔽隔离，恢复系统正常。

（1）常见故障及处理方法如下。

① 火灾探测器常见故障。

故障现象：火灾报警控制器发出故障报警，故障指示灯亮、打印机打印探测器故障类型、时间、部位等。

故障原因：探测器与底座脱落、接触不良，报警总线开路或接地性能不良造成短路，探测器本身损坏，探测器接口板故障。

排除方法：重新拧紧探测器或增大底座与探测器卡簧的接触面积，重新压接总线，使之与底座有良好接触。查出有故障的总线位置，予以更换。更换探测器，维修或更换接口板。

② 主电源常见故障。

故障现象：火灾报警控制器发出故障报警，主电源故障灯亮，打印机打印出主电故障、时间的信息。

故障原因：市电停电，电源线接触不良，主电熔断丝熔断等。

排除方法：连续供停电8h时应关机，主电正常后再开机。重新接主电源线，或使用烙铁焊接牢固，更换熔丝或熔丝管。

③ 备用电源故障。

故障现象：火灾报警控制器发出故障报警、备用电源故障灯亮，打印机打印备电故障、时间。

故障原因：备用电源损坏或电压不足，备用电池接线接触不良，熔断丝熔断等。

排除方法：开机充电 24 h 后，备电仍报故障，则更换备用蓄电池。用烙铁焊接备电的连接线，使备电与主机良好接触。更换熔丝或熔丝管。

（2）通信常见故障。

故障现象：火灾报警控制器发出故障报警，通信故障灯亮，打印机打印出通信故障、时间的信息。

故障原因：区域报警控制器或火灾显示器盘损坏或未通电、开机，通信接口板损坏，通信线路短路、开路或接地性能不良造成短路。

排除方法：更换设备，使设备供电正常，开启报警控制器。检查区域报警控制器与集中报警控制器的通信线路，若存在开路、短路、接地接触不良等故障，则更换线路。检查区域报警控制器与集中报警控制器的通信板，若存在故障，则维修或更换通信板。若因为探测器或模块等设备造成通信故障的，则更换或维修相应设备。

（3）重大故障。

① 强电串入火灾自动报警及联动控制系统。

故障原因：主要是弱电控制模块与被控设备的启动控制柜的接口处，如卷帘、水泵、排烟风机、防火阀等处发生强电的串入。

排除方法：控制模块与受控设备间增设电气隔离模块。

② 短路或接地故障引起的控制器损坏。

故障原因：传输总线与大地、水管、空气管等发生电气连接，从而造成控制器接口板的损坏。

排除方法：按要求做好线路连接和绝缘处理，使设备尽量与水管、空调管隔开，保证设备和线路的绝缘电阻满足设计要求。

（4）火灾自动报警系统误报原因。

① 产品质量。

产品技术指标达不到要求，稳定性较差，由使用环境中非火灾因素如温度、湿度、灰尘、风速等引起的灵敏度漂移得不到补偿或补偿能力低，对各种干扰及线路分析参数的影响无法实现自动处理而误报。

② 设备选择和布置不当。

探测器选择不合理：灵敏度高的火灾探测器能在很低的烟雾浓度下报警，相反灵敏度低的探测器只能在高浓度烟雾环境中报警，如在会议室、地下车库等易集烟的环境选用高灵敏度的感烟探测器，在锅炉房高温度环境中则选用定位探测器。

使用场所性质变化后未及时更换相适应的探测器，例如将办公室、商场等改作厨房、洗沐房、会议室时，原有的感烟火灾探测器会受新场所产生油烟、香烟烟雾、水蒸气、灰尘、杀虫剂以及醇类、酮类、醚类等腐蚀性气体这些非火灾报警因素影响而误报警。

③ 环境因素。

电磁环境干扰主要表现为：空中电磁波干扰、电源及其他输入输出线上的窄脉冲群、人体静电干扰。气体可影响烟气的流动线路，对离子感烟探测影响比较大，对光电感烟探测器也有一定影响。感温探测器布置距高温光源过近、感烟探测器距空调送风口过近、感温探测器安装在易产生水蒸汽的场所或车库等。光电感烟探测器安装在可能产生黑烟和大量粉尘、可能产生蒸汽和油雾灯的场所。

④ 其他原因。

其他原因包括系统接地被忽略或达不到标准要求、线路绝缘达不到要求、线路接头压接不良或布线不合理、系统开通前对防尘、防潮、防腐措施处理不当。元件老化，一般火灾探测器使用寿命约为12年，要求每3年全面清洗一次灰尘和昆虫（据有关统计，60%的误报是受灰尘影响）探测器损坏。

4.2　重庆沙坪坝综合交通枢纽火灾自动报警及联动系统选型

4.2.1　火灾探测报警系统

沙坪坝综合交通枢纽工程火灾探测报警系统按照《火灾自动报警系统设计规范》（GB 50116—2013）并结合工程特点进行选型分析。

其中站房候车大厅建筑高度 17.99 m，应按照《火灾自动报警系统设计规范》（GB 50116—2013）中 12.4 中的相关标准进行设计，具体内容如下：

12.4　高度大于 12 m 的空间场所

12.4.1　高度大于 12 m 的空间场所宜同时选择两种及以上火灾参数的火灾探测器

12.4.2　火灾初期产生大量烟的场所，应选择线型光束感烟火灾探测器、管路吸气式感烟火灾探测器或图像型感烟火灾探测器。

12.4.3　线型光束感烟火灾探测器的设置应符合下列要求：1. 探测器应设置在建筑顶部。2. 探测器宜采用分层组网的探测方式。3. 建筑高度不超过 16 m 时，宜在 6~7 m 增设一层探测器。4. 建筑高度超过 16 m 但不超过 26 m 时，宜在 6~7 m 和 11~12 m 处各增设一层探测器。5. 由开窗或通风空调形成的对流层为 7~13 m 时，可将增设的一层探测器设置在对流层下面 1m 处。6. 分层设置的探测器保护面积可按常规计算，并宜与下层探测器交错布置。

12.4.4　管路吸气式感烟火灾探测器的设置应符合下列要求：1. 探测器的采

样管宜采用水平和垂直结合的布管方式，并应保证至少有两个采样孔在高度 16 m 以下，并宜有 2 个采样孔设置在开窗或通风空调对流层下面 1 m 处。2. 可在回风口处设置起辅助报警作用的采样孔。

12.4.5 火灾初期产生少量烟并产生明显火焰的场所，应选择 1 级灵敏度的点型红外火焰探测器或图像型火焰探测器，并应降低探测器设置高度。

12.4.6 电气线路应设置电气火灾监控探测器，照明线路上应设置具有探测故障电弧功能的电气火灾监控探测器。

触发器件的选择与设置如下：

根据《火灾自动报警系统设计规范》（GB 50116—2013）中 5.2.2 条的相关内容，工程宜选择点型感烟火灾探测器。且宜选择点型感烟火灾探测器的地点应满足《火灾自动报警系统设计规范》（GB 50116—2013）中 5.2.4 的相关规定。

5.2.2 下列场所宜选择点型感烟火灾探测器：

1. 饭店、旅馆、教学楼、办公楼的厅堂、卧室、办公室、商场、列车载客车厢等。

2. 计算机房、通信机房、电影或电视放映室等。

3. 楼梯、走道、电梯机房、车库等。

4. 书库、档案库等。

5.2.4 符合下列条件之一的场所，不宜选择点型光电感烟火灾探测器：

1. 有大量粉尘、水雾滞留。

2. 可能产生蒸气和油雾。

3. 高海拔地区。

4. 在正常情况下有烟滞留。

根据《火灾自动报警系统设计规范》（GB 50116—2013）中 5.2.5 条沙坪坝综合交通枢纽宜选择点型感温火灾探测器，且应根据使用场所的典型应用温度和最高应用温度选择适当类别的感温火灾探测器。具体位置在后文中列出。

5.2.5 符合下列条件之一的场所，宜选择点型感温火灾探测器。且应根据使用场所的典型应用温度和最高应用温度选择适当类别的感温火灾探测器：

1. 相对湿度经常大于 95%。

2. 可能发生无烟火灾。

3. 有大量粉尘。

4. 吸烟室等在正常情况下有烟或蒸气滞留的场所。

5. 厨房，锅炉房、发电机房、烘干车间等不宜安装感烟火灾探测器的场所。

6. 需要联动熄灭"安全出P"标志灯的安全出U内侧。

7. 其他无人滞留且不适合安装感烟火灾探测器，但发生火灾时需要及时报警的场所。

根据《火灾自动报警系统设计规范》（GB 50116—2013）中 5.2.5 条侯车厅及候车厅夹层防火分区八、防火分区九、防火分区十、防火分区十一和变电所应设置点型感温探测器。

5.2.5 符合下列条件之一的场所，宜选择点型感温火灾探测器，且应根据使用场所的典型应用温度和最高应用温度选择适当类别的感温火灾探测器：

1. 相对湿度经常大于 95%。
2. 可能发生无烟火灾。
3. 有大量粉尘。
4. 吸烟室等在正常情况下有烟或蒸气滞留的场所。
5. 厨房，锅炉房、发电机房、烘干车间等不宜安装感烟火灾探 测器的场所。
6. 需要联动熄灭"安全出口"标志灯的安全出 U 内侧。
7. 其他无人滞留且不适合安装感烟火灾探测器，但发生火灾时需要及时报警的场所。

根据《火灾自动报警系统设计规范》（GB 50116—2013）中 12.4 条规定，站房层候车大厅层需要设置适用于大空间的火灾探测器，在后文中会有详细说明。

候车厅防火分区如图 4-9 所示。候车厅夹层防火分区如图 4-10 所示。

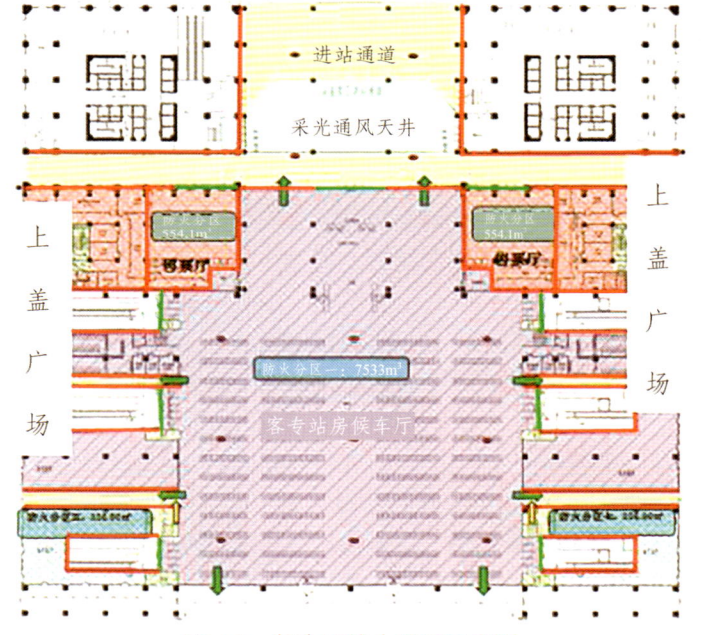

图 4-9 候车厅防火分区示意图

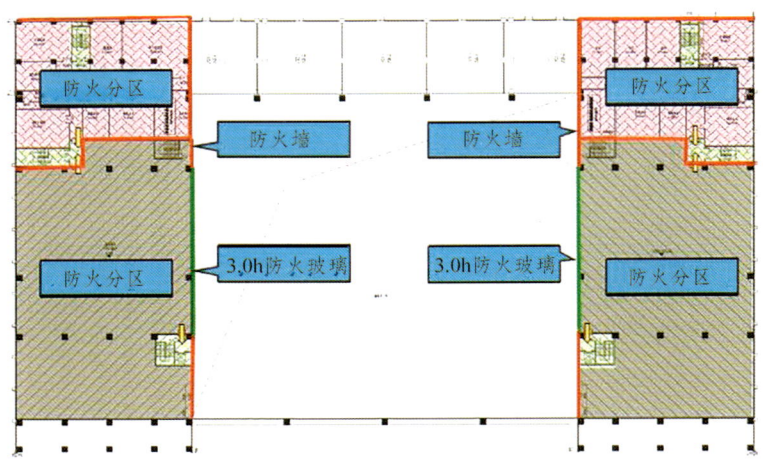

图 4-10 候车厅夹层防火分区示意图

（1）点型感烟、感温火灾探测器的保护面积和半径。

点型感烟火灾探测器和 A1、A2、B 型感温火灾探测器的保护面积和保护半径，应按表 4-1 进行确定；C、D、E、F、G 型感温探火灾测器的保护面积和保护半径，应根据生产企业设计说明书确定，但不应超过表 4-1 的规定。

表 4-1 点型火灾探测器的保护面积和保护半径

火灾探测器的种类	地面面积 S/m^2	房间高度 h/m	一只探测器的保护面积 A 和保护半径 R					
			屋顶坡度 θ					
			$\theta \leqslant 15°$		$15° < \theta \leqslant 30°$		$\theta > 30°$	
			A/m^2	R/m	A/m^2	R/m	A/m^2	R/m
感烟火灾探测器	$S \leqslant 80$	$h \leqslant 12$	80	6.7	80	7.2	80	8.0
	$S > 80$	$6 < h \leqslant 12$	80	6.7	100	8.0	120	9.9
		$h \leqslant 6$	60	5.8	80	7.2	100	9.0
感温火灾探测器	$S \leqslant 30$	$h \leqslant 8$	30	4.4	30	4.9	30	5.5
	$S > 30$	$h \leqslant 8$	20	3.6	30	4.9	40	6.3

（2）点型感烟感温火灾探测器的安装间距要求。

感烟火灾探测器、感温火灾探测器的安装间距，应根据探测器的保护面积 A 和保护半径 R 确定，并不应超过图 4-11 探测器安装间距的极限曲线 $D1 \sim D11$ 的范围。

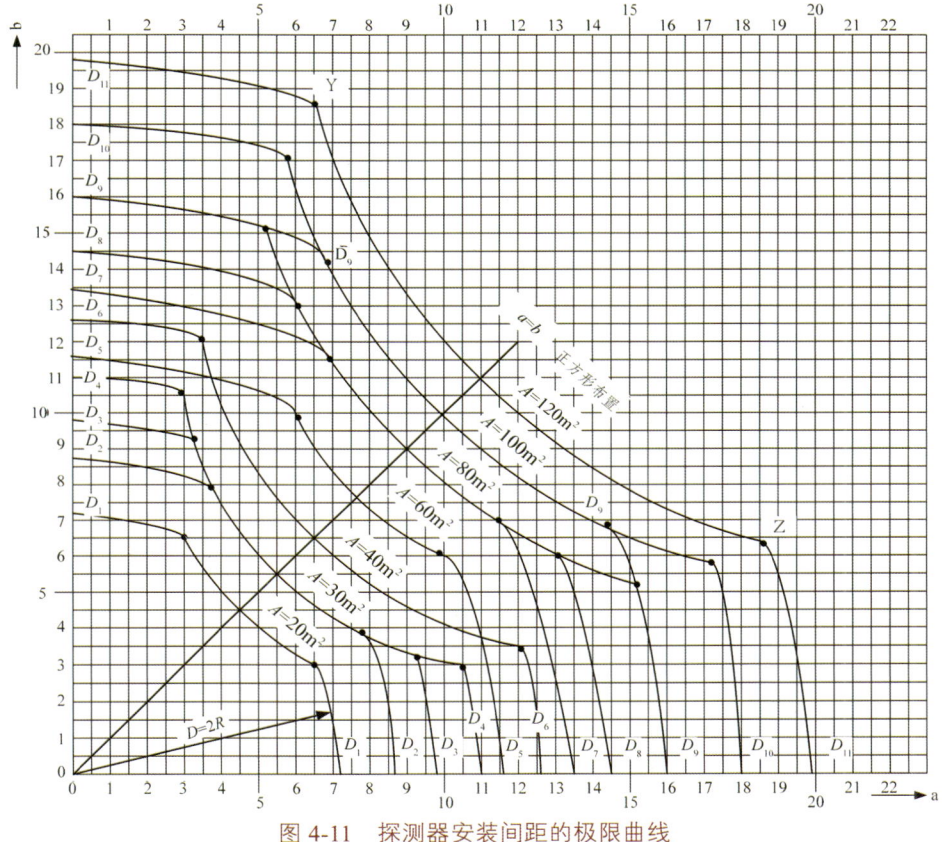

图 4-11 探测器安装间距的极限曲线

A 表示探测器的保护面积（m^2）；a、b 表示探测器的安装间距（m）；$D1 \sim D11$ 表示在不同保护面积 A 和保护半径下确定探测器安装间距 a、b 的极限曲线；Y、Z 表示极限曲线的端点（在 Y 和 Z 两点间的曲线范围内，保护面积可得到充分利用）。在宽度小于 3 m 的内走道顶棚上设置点型探测器时，宜居中布置。感温火灾探测器的安装间距不应超过 10 m；感烟火灾探测器的安装间距不应超过 15 m；探测器至端墙的距离，不应大于探测器安装间距的 1/2。点型探测器至墙壁、梁边的水平距离，不应小于 0.5 m。点型探测器周围 0.5 m 内不应有遮挡物。点型探测器至空调送风口边的水平距离不应小于 1.5 m，并宜接近回风口安装。探测器至多孔送风顶棚孔口的水平距离不应小于 0.5 m。当屋顶有热屏障时，点型感烟火灾探测器下表面至顶棚或屋顶的距离，应符合表 4-2 的规定。

表 4-2　点型感烟火灾探测器下表面至顶棚或屋顶的距离

探测器的安装高度 h/m	点型感烟火灾探测器下表面至顶棚或屋顶的距离 d/mm					
	顶棚或屋顶坡度 θ					
	$\theta \leqslant 15°$		$15° < \theta \leqslant 30°$		$\theta > 30°$	
$h \leqslant 6$	30	200	200	300	300	500
$6 < h \leqslant 8$	70	250	250	400	400	600
$8 < h \leqslant 10$	100	300	300	500	500	700
$10 < h \leqslant 12$	150	350	350	600	600	800

（3）点型感烟、感温火灾探测器的设置数量。

按照《火灾自动报警系统设计规范》（GB 50116—2013）中 6.2.2.4 的相关规定，具体规定如下：探测区域的每个房间应至少设置一只火灾探测器。一个探测区域内所需设置的探测器数量，不应小于式（4-1）的计算结果：

$$N = \frac{S}{K \cdot A} \qquad (4-1)$$

式中　N——探测器数量（只），N 应取整数；

　　　S——该探测区域面积（m²）；

　　　A——探测器的保护面积（m²）；

　　　K——修正系数，容纳人数超过 10000 人的公共场所宜取 0.7～0.8；容纳人数为 2 000～10 000 人的公共场所宜取 0.8～0.9，容纳人数为 500～2 000 人的公共场所宜取 0.9～1.0，其他场所可取 1.0。

以站房探测器数量为例进行计算说明（见图 4-10 和 4-11）。站房共分为 11 个防火分区，防火分区面积分别为：防火分区一：7 167.39 m²；防火分区二：433.60 m²；防火分区三：433.60 m²；防火分区四：985.50 m²；防火分区五：59.30 m²；防火分区六：114.31 m²；防火分区七：236.87 m²；防火分区八：811.41 m²；防火分区九：1 731.06 m²；防火分区十：811.41 m²；防火分区十一：1 731.06 m²。管道井及电缆隧道分别单独划分探测区域。

在有梁的顶棚上设置点型感烟火灾探测器、感温火灾探测器时，应符合下列规定：① 当梁突出顶棚的高度小于 200 mm 时，可不计梁对探测器保护面积的影响；② 当梁突出顶棚的高度为 200～600 mm 时，应按图 4-12 和表 4-3 的要求确定梁对探测器保护面积的影响和一只探测器能够保护的梁间区域的数量；③ 当梁突出顶棚的高度超过 600 mm 时，被梁隔断的每个梁间区域应至少设置一只探测器;④ 当被梁隔断的区域面积超过一只探测器的保护面积时,被隔断的区域应按第①条规定计算探测器的设置数量;⑤ 当梁间净距小于 1 m 时,可不计梁对探测器保护面积的影响。

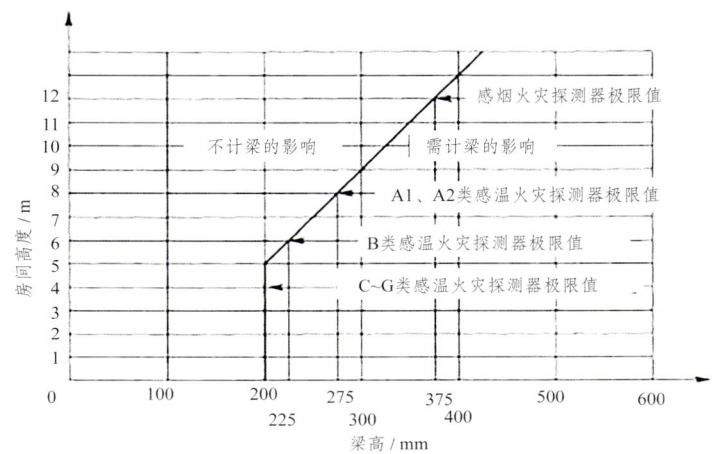

图 4-12　不同高度的房间梁对探测器设置的影响

锯齿型屋顶和坡度大于 15°的人字型屋顶,应在每个屋脊处设置一排点型探测器,探测器下表面至屋顶最高处的距离,应符合表 4-3 的规定。房间被书架、设备或隔断等分隔,其顶部至顶棚或梁的距离小于房间净高的 5%时,每个被隔开的部分应至少安装一只点型探测器。

表 4-3　按梁间区域面积确定一只探测器保护的梁间区域的个数

探测器的保护面积 A/m²	梁隔断的梁间区域面积 Q/m²	一只探测器保护的梁间区域的个数
感温探测器	$Q>12$	1
	$8<Q\leq 12$	2
20	$6<Q\leq 8$	3
	$4<Q\leq 6$	4
	$Q\leq 4$	5
	$Q>18$	1
	$12<Q\leq 18$	2
30	$9<Q\leq 12$	3
	$6<Q\leq 9$	4
	$Q\leq 6$	5

续表

探测器的保护面积 A/m^2		梁隔断的梁间区域面积 Q/m^2	一只探测器保护的梁间区域的个数
感烟探测器	60	$Q>36$	1
		$24<Q\leqslant 36$	2
		$18<Q\leqslant 24$	3
		$12<Q\leqslant 18$	4
		$Q\leqslant 12$	5
	80	$Q>48$	1
		$32<Q\leqslant 48$	2
		$24<Q\leqslant 32$	3
		$16<Q\leqslant 24$	4
		$Q\leqslant 16$	5

（4）线型光束感烟火灾探测器的设置。

线型光束感烟火灾探测器的设置要点如下：探测器的光束轴线至顶棚的垂直距离宜为 0.3~1.0 m，距地高度不宜超过 20 m；相邻两组探测器的水平距离不应大于 14 m，探测器至侧墙的水平距离不应大于 7 m，且不应小于 0.5 m，探测器的发射器和接收器之间的距离不宜超过 100 m；探测器应设置在固定结构上；探测器的设置应保证其接收端避开日光和人工光源的直接照射；选择反射式探测器时，应保证在反射板与探测器之间任何部位进行模拟试验时，探测器均能正确响应。

（5）管路采样式吸气感烟火灾探测器的设置。

管路采样式吸气感烟火灾探测器的设置要求如下：非高灵敏型探测器的采样管网安装高度不应超过 16 m。高灵敏型探测器的采样管网安装高度可超过 16 m。采样管网安装高度超过 16 m 时，灵敏度可调的探测器应设置为高灵敏度，且应减小采样管长度和采样孔数量；探测器的每个采样孔的保护面积、保护半径，应符合点型感烟火灾探测器的保护面积、保护半径的要求。一个探测单元的采样管总长不宜超过 200 m，单管长度不宜超过 100 m，同一根采样管不应穿越防火分区。采样孔总数不宜超过 100 个，单管上的采样孔数量不宜超过 25 个。当采样管道采用毛细管布置方式时，毛细管长度不宜超过 4 m。吸气管路和采样孔应有明显的火灾探测器标识。在设置过梁、空间支架的建筑中，采样管路应固定在过梁、空间支架上。当采样管道布置形式为垂直采样时，每 2 ℃温差间隔或 3 m 距离间隔（取最小者）应设置一个采样孔，采样孔不应背对气流方向。采样管网应按确认的设计软件或方法进行设计。探测器的火灾报警信号、故障信号等信息应传给火灾报警控制器，涉及消防联动控制时，探测器的火灾报警信号还应传给消防联动控制器。

（6）感烟火灾探测器在格栅吊顶场所的设置。

感烟火灾探测器在格栅吊顶场所的设置应符合下列规定：镂空面积与总面积的比例不大于15%时，探测器应设置在吊顶下方；镂空面积与总面积的比例大于30%时，探测器应设置在吊顶上方；镂空面积与总面积的比例为 15%~30%时，探测器的设置部位应根据实际试验结果确定；探测器设置在吊顶上方且火警确认灯无法观察到时，应在吊顶下方设置火警确认灯；地铁站台等有活塞风影响的场所，镂空面积与总面积的比例为 30%~70%时，探测器宜同时设置在吊顶上方和下方。

（7）手动火灾报警按钮的设置。

手动火灾报警按钮的设置要求具体如下：手动火灾报警按钮的安装间距要求为每个防火分区应至少设置一只手动火灾报警按钮。从一个防火分区内的任何位置到最邻近的手动火灾报警按钮的步行距离不应大于 30 m。手动火灾报警按钮的设置部位要求为：① 手动火灾报警按钮宜设置在疏散通道或出入口处。列车上设置的手动火灾报警按钮，应设置在每节车厢的出入口和中间部位。② 手动火灾报警按钮应设置在明显和便于操作的部位。当安装在墙上时，其底边距地高度宜为1.3~1.5 m，且应有明显的标志。

综上所述，沙坪坝综合交通枢纽的火灾探测报警系统需结合不同位置的相关工况按照相关规范进行选型与设计。涉及站房（候车厅）的大空间火灾探测器详情在本章后续内容中有提及。

火灾警报装置的选择与设置如下：

火灾警报装置按照《火灾自动报警系统设计规范》（GB 50116—2013）中6.5~6.7 条的规定布置。

6.5　火灾警报器的设置

6.5.1　火灾光警报器应设置在每个楼层的楼梯口、消防电梯前室、建筑内部拐角等处的明显部位，且不宜与安全出口指示标志灯具设置在同一面墙上。

6.5.2　每个报警区域内应均匀设置火灾警报器，其声压级不应小于 60 dB；在环境噪声大于 60 dB 的场所，其声压级应高于背景噪声 15 dB。

6.5.3　当火灾警报器采用壁挂方式安装时，其底边距地面的高度应大于 2.2 m。

6.6　消防应急广播的设置

6.6.1　消防应急广播扬声器的设置，应符合下列规定：

1. 民用建筑内扬声器应设置在走道和大厅等公共场所。每个扬声器的额定功率不应小于 3 W，其数量应能保证从一个防火分区内的任何部位到最近一个扬声器的直线距离不大于 25 m，走道末端距最近的扬声器距离不应大于 12.5 m。

2. 在环境噪声大于 60 dB 的场所设置的扬声器，在其播放范围内最远点的播放声压级应高于背景噪声 15 dB。

3. 客房设置专用扬声器时，其功率不宜小于 1 W。

6.6.2　壁挂扬声器的底边距地面高度应大于 2.2 m。

根据以上规定，火灾紧急广播喇叭箱，功率不小于 3 W，为 120 V 定压输出，一旦火灾，消防中心自动逻辑输出至各防火区域的紧急疏散广播。

变配电房、消防水泵房、防排烟风机房、消防电梯机房等处设消防专用对讲电话分机，车库、商场、办公、酒店、公寓等有手动报警按钮的位置设消防专用对讲插孔，消防中心设置专用"119"电话，直通当地消防部门。

消防电梯内正常通信电话与消防火警电话合用，正常状态下作消防电梯内故障通信用，火灾时自动切换成火警电话直通消防中心。紧急状态下可与消防中心直接通话，消防中心可通过该电话指挥人员灭火、疏散。

超高层的各避难层内设独立的火灾应急广播系统，能接收消防控制中心的有线和无线两种播音信号。

超高层的各避难层与消防控制中心之间设置独立的有线和无线呼救通信。

综上所述，沙坪坝综合交通枢纽的火灾警报装置需结合不同位置的相关工况按照相关规范进行选型与设计。

（8）电源的设计要求。

火灾自动报警系统属于消防用电设备，其主电源应当采用消防用电设备，按照《火灾自动报警系统设计规范》（GB 50116—2013）中 10 条规定进行布置。沙坪坝综合交通枢纽火灾自动报警系统的主电源设置符合规范要求。

（9）大空间火灾探测器。

大空间设计中遇见最多的问题就是大空间部位火灾报警设备的选择问题。火车站设计中采用高大空间的售票厅、候车厅等已经成了一种必然的设计趋势，其高度少则十几米，高的甚至几十米，且水平距离一般均为几十米甚至上百米，极大地考验了报警系统的性能。其次，在大空间中还存在另一个特殊问题，就是烟雾的分层问题。当火灾发生时，较低位置的火灾产生的烟雾和气溶胶会产生一定的热能将它们提升到能够安装感烟或光束探测器的位置。热烟在上升过程中会与上部空气混合并消散、冷却。烟雾会在某一点失去热能不再上升，并水平扩散，最终像较小的颗粒物质那样开始下降。这就是通常所说的热对流或同温层现象。这一现象发生的确切高度取决于许多因素。例如在夏季很热的时候，该空间高处的温度很高，同温层就会较低。夜间或冬季，同温层会较高或不存在。通风气流，不论是固定的或是有压力的，都会有影响，所以给报警器的设置高度带来了很多问题。火灾具有危害性强、涉及面广、快速蔓延的特性，严重威胁着人民生命、财产安全。然而随着社会经济技术的发展，建筑具有高大空间场所变得日趋普遍。由于高大空间的建筑结构特殊、防火分区大，在火灾早期烟雾会发生弥散、沉降、分层等特殊现象，导致烟气层高度不均匀、烟气控制采集较为复杂，不利于探测器的及时响应，因此高大空间的火灾报警探测器的设置问题需重点关注。

针对高大空间的特殊性，结合国家规范，对常见的高大空间火灾报警探测器产品进行特性介绍和响应性能比较分析，提出较为合理的设计应用方案。

① 大空间火灾探测相关设计规范条文及分析。

《火灾自动报警系统设计规范》（GB 50116—2013）12.4.1 条提出，高度大于 12 m 的空间场所宜同时选择 2 种及以上火灾参数的火灾探测器。

12.4.2 火灾初期产生大量烟的场所，应选择线型光束感烟火灾探测器、管路吸气式感烟火灾探测器或图像型感烟火灾探测器。

12.4.5 火灾初期产生少量烟并产生明显火焰的场所，应选择 1 级灵敏度的点型红外火焰探测器或图像型火焰探测器，并应降低探测器设置高度。

《民用建筑电气设计标准》（GB 51348—2019）13.5.2 条中规定：大型库房、大厅、室内广场等高大空间建筑，宜选用火焰探测器、红外光束感烟探测器、图像型火灾探测器、吸气式探测器或其组合。

《自动喷水灭火系统设计规范》（GB 50084—2017）7.2.2 条中规定：火灾探测器的选择应满足以下要求：宜采用能提供火灾现场实时图像信号的火焰探测器。

通过对以上条文进行分析，得出以下结论：

a. 适合大空间场所的火灾探测器共有 5 种：线型光束感烟火灾探测器、管路吸气式感烟火灾探测器、图像型感烟火灾探测器、点型红外火焰探测器和图像型火焰探测器。

b. 大空间场所应选择 2 种及以上火灾参数的火灾探测器。

c. 大空间场所应根据火灾初期产生烟量的多少、火焰的明暗选择适合的火灾探器。

d. 与自动喷水灭火系统配套的火灾探测器应选择图像型的火焰探测器。

② 大空间火灾探测器特性分析。

对线型光束感烟火灾探测器的特性分析结果如下：

线型光束感烟探测器，采用烟减光法原理，探测源为红外线，利用红外线通过烟雾光束减少来判定火灾。线型光束感烟探测器由红外发光器和收光器配对组成。红外光束感烟探测器分为对射型和反射型两种光截面感烟火灾探测器。其特点是，每个发射器投射的光束都含有 1 个与成像器同步的独特序列的紫外（UV）和红外（IR）脉冲。此系统采用双波段探测雾颗粒，能够区别不同的烟雾颗粒尺寸。波段较短的 UV 能与小烟雾颗粒和大烟雾颗粒发生作用，而波长较长的 IR 则仅与大烟雾颗粒发生作用。因此，通过测量双波段路径损失，探测器能够提供可重复烟雾遮挡测量，同时不受灰尘颗粒或其他固体侵入颗粒的影响。烟雾颗粒是小颗粒，紫外（UV）和红外（IR）信号感受的程度是不一样的，即 UV>>IR 时，系统可判断出是火警信号。而固体物、水雾、粉尘等干扰物是大颗粒，紫外（UV）和红外（IR）信号感受的程度是一样的，即 UV = IR 时，系统可判断出是故障信号而不是火警信号。

由于火灾产生的烟雾很难达到空间顶部，因而不适合安装点型感烟探测器进行火灾检测和报警。由于点型感烟探测器和感温火灾探测器均为接触性被动式报警装置，依赖于烟气或热量的快速传递，不适合安装在此类建筑中。无遮挡大空间或有特殊要求的场所宜选择红外光束感烟探测器。线型红外光束感烟探测器多用于高大空间，在一个长达百米的路径上可代替若干个点型感烟探测器，具有保护面积大、安装位置高等优点，适宜保护较大的室内、外场所，尤其适宜保护难以使用点型探测器甚至根本不可能使用点型探测器的场所。线型红外光束感烟探测器分为对射式和反射式两种，对射式将发射器和接收器分为两个独立的部分分别装于相对的两处。反射式将发射器和接收器集于一体，在探测器对面位置安装特制的反射镜片，使照射在镜面上的光束能够平行反射到接收器。线型光束感烟火灾探测器如图 4-13 所示。

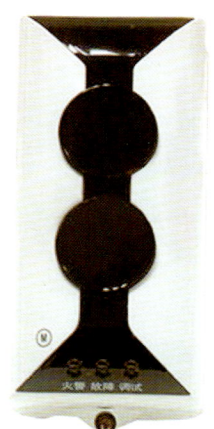

图 4-13　线型光束感烟火灾探测器

对管路吸气式感烟火灾探测器的特性分析结果如下：管路吸气式感烟火灾探测器是具有报警功能及继电器输出的空气管路采样式感烟火灾探测器，主要用于需要高灵敏度烟雾探测的场所及高洁净、高大空间、高温、高湿或具有强电磁辐射等环境。此探测器通过吸气泵/风扇主动抽取保护区内的空气至激光腔内，激光照射空气的烟雾粒子发生散射光，散射光经接收器接收并将光信号转换成电信号，经信号处理转换为烟雾浓度信号与设定的报警阈值对比，在符合条件的时候发出报警信号。管路吸气式感烟火灾探测器如图 4-14 所示。

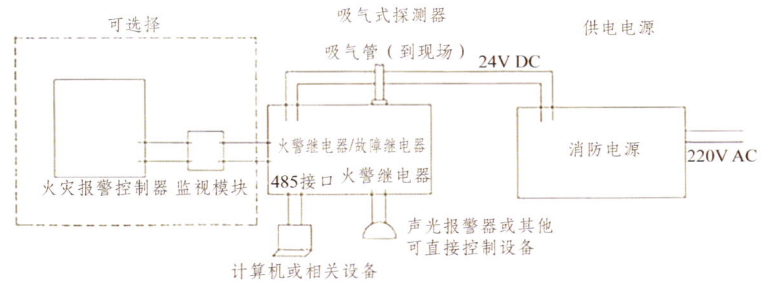

图 4-14 管路吸气式感烟火灾探测器

图像型感烟火灾探测器特性分析如下：线型光束图像感烟火灾探测器，又称光截面图像感烟火灾探测器，是利用红外摄影像机对红外光源形成多光束红外光截面图像，测量红外光截面穿过烟雾发生的散射、反射及吸收情况来判定火灾。线型光束图像感烟火灾探测器由发射器和接收器组成。图像型感烟火灾探测器如图 4-15 所示。

 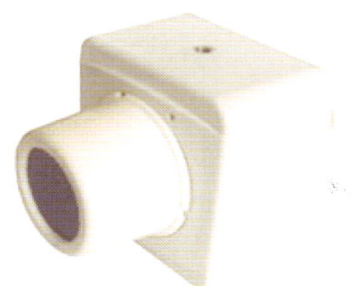

图 4-15 图像型感烟火灾探测器

对点型红外火焰探测器特性的分析结果如下：点型红外火焰探测器是 1 种复合红外火焰探测器，它可以通过探测火焰在红外光区波段的光信号来判断是否发生火灾。此探测器适用于探测含碳材料产生的明火燃烧，应用于火灾初期以火焰为主的高大空间场所，户内、外均可使用，对于太阳光、人工光源、热辐射等干扰不会发生误报警，工作稳定可靠。点型红外火焰探测器分为单波段、双波段和三波段 3 种。点型红外火焰探测器如图 4-16 所示。

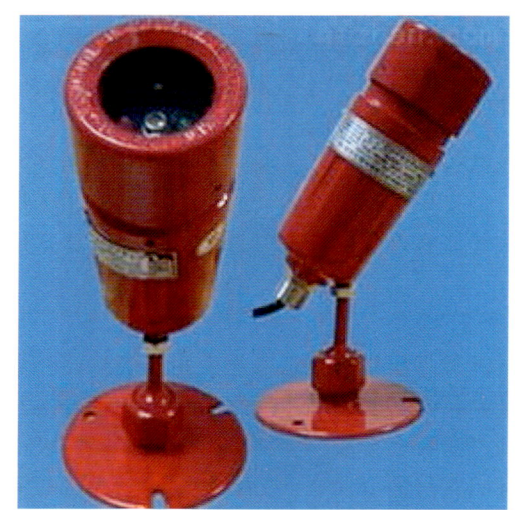

图 4-16　点型红外火焰探测器

对图像型火焰探测器的特性分析结果如下：图像型火灾探测器，又称双波段图像型火灾探测器，由红外 CCD 摄像机和彩色 CCD 摄像机组成，通过以上两种摄像机形成红外视频图像和彩色视频图像，图像经过主机进行分析、识别，如果其颜色和运动模式、闪烁频率、灰度变化等参数符合烟雾或火焰的特征，则判别为火警并发出火灾报警信号。图像型火焰探测器如图 4-17 所示。

图 4-17　图像型火焰探测器

通过以上火灾探测器的分析，我们可得出以下结论：① 线型光束感烟火灾探测器、管路吸气式感烟火灾探测器、图像型感烟火灾探测器均是通过红外线或紫外线穿过烟雾粒子所发生的物理变化来判断是否发生火灾。② 点型红外火焰探测器通过火焰在红外光区波段的光信号来判断是否发生火灾。③ 图像型火焰探测器利用现场采集的火焰图像与火焰模型对比来判断是否发生火灾。

③ 超大空间场所不同探测器响应性能分析。

通过查阅相关文献资料可知线型光束感烟探测器具有保护范围大，环境条件要求低的特点，主要是利用烟雾粒子对光线传播会发生遮挡的原理制成。对于阴燃火，线型光束感烟探测器由低到高依次响应，但受安装位置和高度的影响，部分探测器存在延误报警的情况，并且由于烟气羽流的随机扩散，低位及高位的探测器响应顺序存在无规律性；对于有焰有烟火，由于烟气中心温度较高，烟气迅速上升至顶棚再逐渐沉降，因此线型光束感烟探测器的响应顺序变为由高到低，同时因为烟气上升过程中扩散半径较小，距离火源较远的探测器会出现漏报的情况；对于有焰无烟火，线型光束感烟探测器受烟气浓度及安装位置影响可能无响应。当大空间内存在对流层时，烟气受对流层影响无法迅速到达顶棚，会在对流层下方加速横向扩散，因此安装在对流层下 1 m 附近的探测器会最先响应，响应时间也相应比没有对流层影响时要短，而顶棚区域的探测器则会因此出现漏报的情况。

线型光束图像感烟火灾探测器，又称光截面图像感烟火灾探测器，适用于大空间和其他特殊空间场所。可对被保护空间实施任意曲面式覆盖，具有分辨发射光源与干扰光源的能力。在大空间部位一般采用双层布置，在较低和较高位置分别布置两层探测器，这样可以很好地防止出现烟气的分层现象，但缺点仍然是比较容易被遮挡，可是实际使用中又不可避免的经常因为后期装修需要而造成遮挡，使其总不能达到令人满意的效果。

吸气式感烟火灾探测器采用主动探测烟雾的方式，具有探测灵敏度高，维护成本低，受气流、热障效应等环境因素影响小的特点。吸气式感烟火灾探测器采取水平布管及垂直布管相结合的方式。实验结果显示，采样管垂直布置的吸气式感烟火灾探测器报警反应时间更短，受火源位置、规模的影响更小，尤其在探测小规模阴燃火方面，会显著优于水平布管系统，后者存在报警时间滞后甚至漏报的情况。而对于烟气浓度较大的火源，水平及垂直布管系统均能迅速反应，其中水平布管系统反应速度更快。在不同通风条件下，水平布管系统受对流层影响较大，烟气无法顺利到达顶棚区域，会在对流层下面横向扩散，而垂直布管系统受通风条件影响较小，对于阴燃火、有焰有烟火等有烟雾产生的火源，吸气式感烟探测器均能有效报警。

火焰探测器又称为感光式火灾探测器，它是探测火焰燃烧光照强度和火焰的闪烁频率的一种火灾探测器。当有明火出现时,火焰探测器相较其他探测器先响应,低处探测器较高处探测器先响应,但当火源为阴燃火时,火焰探测器无法响应。

表 4-4 大空间火灾探测技术对比

探测器	机理	主要设计参数	限制因素
线型红外光束感烟探测器	感烟	设置高度、设置间距、设置层数	室内气流运动、热障、遮挡物、震动
吸气式感烟探测器	感烟	布管形式、采样孔大小、间距、传输时间、平衡度	高速气流运动
火焰探测器	光信号	设置倾斜角、设置间距	光源、遮挡物
图像型探测器	感烟或感火焰	焦距、设置位置	光源、遮挡物

④ 大空间火灾探测器的选型。

图像型感烟火灾探测器适用于火灾早期出现大量烟的情况,但是由于其探测原理的影响,对于早期阴燃火的探测效果并不理想。

图像型火焰探测器适用于火灾初期产生明显火焰的场所,不适用于对早期阴燃火的探测。火焰探测器主要用于探测碳氢化合物类燃料燃烧时产生的火焰,较适合于在机库、工厂车间、中庭等大体积建筑空间以及化工厂、石油探井、海上石油钻井平台和炼油厂等露天环境中使用,其对阴燃火的探测效果也不理想。线型红外光束感烟探测器适于在大空间建筑内进行火灾探测,但是,当建筑物内存在大量遮挡物时,将影响其探测效果。吸气式感烟火灾探测器采用主动式探测,能对火灾进行极早期火灾探测,适合在大空间建筑内进行火灾探测。

研究结合大空间内多种火灾探测器响应实验对沙坪坝综合交通枢纽超大空间场所火灾探测器的选型进行研究,结论如下:

a. 综合项目成本和论文资料查阅,建议重庆沙坪坝综合交通枢纽大空间场所设计以光截面图像感烟火灾探测器为主,以吸气式感烟探测器垂直布管为辅进行设计。当大空间场所采用透光较多的玻璃材质顶棚时,应考虑环境因素对红外光束感烟探测器的干扰,适时采用吸气式感烟探测器水平布管。

b. 单一线型光束感烟探测器受烟气浓度、起火位置、大空间结构等因素影响较大,容易出现延误报警甚至漏报的情况,而吸气式感烟探测器在有烟雾的情况下均能可靠报警,同时对于与大空间相联通的相邻楼层能进行辅助检测,因此从可靠性考虑吸气式感烟探测器不可由红外光束感烟探测器替代。

c. 建筑高度不超过 16 m 时，宜在 6~7 m 增设一层探测器。建筑高度超过 16 m 但不超过 26 m 时，宜在 6~7 m 和 11~12 m 处各增设一层探测器。由开窗或通风空调形成的对流层为 7~13 m 时，可将增设的一层探测器设置在对流层下面 1 m 处。

d. 由于沙坪坝地下交通枢纽是大型枢纽，各系统设备、线路安装量十分庞大，面对每日高达万人的客流量，火灾报警和联动系统的设计及维护对于保障过往乘客生命安全及国家财产来说更具重要性，需要在火灾早期探测，建议增设火焰探测器，其对明火反应迅速，能及时发出动作信号。火焰探测器安装高度不宜过高，以保证其使用时的灵敏度。

综上所述，设计单位的方案中采用的 LD3000EN/A 点型光电感烟火灾探测器和点型感温探测器 LD3300EN（加上消防水炮自带的图像型火焰探测器）在《火灾自动报警系统设计规范》（GB 50116—2013）中部分区域不适用。本报告综合《火灾自动报警系统设计规范》（GB 50116—2013）、相关领域文献资料和工程成本提出了以线型光束感烟探测器为主，吸气式感烟探测器垂直布管为辅的设计方案。

通过此次研究，我们发现以下几个值得研究和深入探讨学习的方面。

a. 能否认为线型光束感烟火灾探测器、管路吸气式感烟火灾探测器和图像型感烟火灾探测器的火灾参数相同呢？高大空间场所是否应选择线型光束感烟火灾探测器、管路吸气式感烟火灾探测器、图像型感烟火灾探测器三者之一与点型红外火焰探测器或图像型火焰探测器相结合的方式才能满足《火灾自动报警系统设计规范》（GB 50116—2013）第 12.4.1 条"两种及以上火灾参数"的规定呢？高大空间场所消防水炮自带的图像型火焰探测器是不是归属于两种及以上火灾参数的火灾探测器的其中的一种才更合理呢？以上疑问的关键问题在于"火灾参数"该如何定义，这些从现有的规范和相关文献中均未给出明确的答案，目前认为"火灾参数"为火灾的温度参数、火灾时烟气参数、火灾时火焰参数等，但还需在以后的工作学习中进行进一步的学习和理解。

b. 缺乏超大空间场所火灾探测器综合布置图集且许多设计院在超大空间场所仅选用单一火灾探测器探测，容易造成报警延误甚至漏报。《火灾自动报警系统设计规范》（GB 50116—2013）的 12.4.1 条提到"高度大于 12 m 的空间场所宜同时选择两种及以上火灾参数的火灾探测器"，而《火灾自动报警系统设计规范》图示（14X505—1）中仅单独列举了"线型光束感烟火灾探测器安装于高度大于 12 m 的空间场所示意图"以及"吸气式感烟火灾探测器安装于高度大于 12 m 的空间场所示意图"，若分别按照图示布置两种以上火灾参数的火灾探测器，将造成极大的浪费。另外在设计中，有相当比例的设计院在超大空间场所仅采用了线型光束感烟探测器这一种火灾探测器,但由于火灾成因各异,单一线型光束感烟探测器在烟雾浓度和安装位置的影响下会存在部分不报警的现象,这严重影响了早期火情的发现。

c. 现有规范及图集中对火灾探测器设置存在不合理的地方,同时现场施工为达到规范要求采用偷工减料的做法,为火灾的发生埋下了隐患。《火灾自动报警系统设计规范》(GB 50116—2013)12.4.3 条中,要求线型光束感烟探测器在"建筑高度超过 16 m,但不超过 24 m 时,宜在 6~7 m 和 11~12 m 处各增设一层探测器",但在建筑实际的运营中,若单纯根据图示在 6~7 m 增设一层线型光束感烟火灾探测器,极容易因为商家布置广告条幅等装饰物品对线型光束感烟探测器的光路产生遮挡,造成误报。另外在 6.2.15 条中,要求"探测器的设置应保证其接收端避开日光和人工光源的直接照射",但在实际使用中,线型光束感烟火灾探测器很难避免日光或人工光源的干扰。根据以往工程的反馈,许多安装在顶棚,采用玻璃采光板的中庭内的火灾探测器处于屏蔽或瘫痪状态。除此之外,为了降低探测器的误报率,许多施工单位采取降低探测器灵敏度或让探测器工作在过饱和状态的做法,使探测器在工作中可能发生火灾漏报事故,存在极大的消防安全隐患。

4.2.2 消防联动控制系统

火灾自动报警系统按照《火灾自动报警系统设计规范》(GB 50116—2013)中 3.2.1 条的相关规定应采用控制中心报警系统,具体规定如下:仅需要报警,不需要联动自动消防设备的保护对象宜采用区域报警系统;不仅需要报警,同时需要联动自动消防设备,且只设置一台具有集中控制功能的火灾报警控制器和消防联动控制器的保护对象,应采用集中报警系统,并应设置一个消防控制室;设置两个及以上消防控制室的保护对象,或已设置两个及以上集中报警系统的保护对象,应采用控制中心报警系统。

控制中心报警系统由火灾探测器、手动火灾报警按钮、火灾声光警报器、消防应急广播、消防专用电话、消防控制室图形显示装置、火灾报警控制器、消防联动控制器等组成,且包含两个及两个以上集中报警系统。

控制中心报警系统的设计,应符合下列规定:有两个及两个以上消防控制室时,应确定其中一个为主消防控制室;主消防控制室应能显示所有火灾报警信号和联动控制状态信号,并应能控制重要的消防设备,各分消防控制室内的消防设备之间可以互相传输并显示状态信息,但不应互相控制;系统设置的消防控制室图形显示装置应具有传输表 4-5 所规定的有关信息的功能。

表 4-5 火灾报警、建筑消防设施运行状态信息

设施名称		内容
火灾探测报警系统		火灾报警信息、可燃气体探测报警信息、电气火灾监控报警信息、屏蔽信息、故障信息
消防联动控制系统	消防联动控制器	动作状态、屏蔽信息、故障信息
	消火栓系统	消防水泵电源的工作状态，消防水泵的启、停状态和故障状态，消防水箱（池）水位、管网压力报警信息及消火栓按钮的报警信息
	自动喷水灭火系统、水喷雾（细水雾）灭火系统（泵供水方式）	喷淋泵电源工作状态，喷淋泵的启、停状态和故障状态，水流指示器、信号阀、报警阀、压力开关的正常工作状态和动作状态
	气体灭火系统、细水雾灭火系统（压力容器供水方式）	系统的手动、自动工作状态及故障状态，阀驱动装置的正常工作状态和动作状态，防护区域中的防火门（窗）、防火阀、通风空调等设备的正常工作状态和动作状态，系统的启、停信息，紧急停止信号和管网压力信号
	泡沫灭火系统	消防水泵、泡沫液泵电源的工作状态，系统的手动、自动工作状态及故障状态，消防水泵、泡沫液泵的正常工作状态和动作状态
	干粉灭火系统	系统的手动、自动工作状态及故障状态，阀驱动装置的正常工作状态和动作状态，系统的启、停信息，紧急停止信号和管网压力信号
	防烟排烟系统	系统的手动、自动工作状态，防烟排烟风机电源的工作状态，风机、电动防火阀、电动排烟防火阀、常闭送风口、排烟阀（口）、电动排烟窗、电动挡烟垂壁的正常工作状态和动作状态
	防火门及卷帘系统	防火卷帘控制器、防火门监控器的工作状态和故障状态。卷帘门的工作状态，具有反馈信号的各类防火门、疏散门的工作状态和故障状态等动态信息
消防联动控制系统	消防电梯	消防电梯的停用和故障状态
	消防应急广播	消防应急广播的启动、停止和故障状态
	消防应急照明和疏散指示系统	消防应急照明和疏散指示系统的故障状态和应急工作状态信息
	消防电源	系统内各消防用电设备的供电电源和备用电源工作状态和欠压报警信息

1. 一般规定

消防联动控制系统一般规定如下。

（1）控制器应能按设定的控制逻辑向各相关的受控设备发出联动控制信号，并接受相关设备的联动反馈信号。

（2）控制器的电压控制输出应采用直流 24 V，其电源容量应满足受控消防设备同时启动且维持工作的控制容量要求。

（3）接口的特性参数应与消防联动控制器发出的联动控制信号相匹配。

（4）防烟和排烟风机的控制设备，除应采用联动控制方式外，还应在消防控制室设置手动直接控制装置。

（5）大的消防设备宜分时启动。

（6）动报警系统联动控制的消防设备，其联动触发信号应采用两个独立的报警触发装置报警信号的"与"逻辑组合。

2. 自动喷水灭火系统的联动控制设计

湿式系统和干式系统的联动控制设计，应符合下列规定：① 联动控制方式，应由湿式报警阀压力开关的动作信号作为触发信号，直接控制启动喷淋消防泵，联动控制不应受消防联动控制器是处于自动还是手动状态的影响。② 手动控制方式，应将喷淋消防泵控制箱（柜）的启动、停止按钮用专用线路直接连接至设置在消防控制室内的消防联动控制器的手动控制盘，直接手动控制喷淋消防泵的启动、停止。③ 水流指示器、信号阀、压力开关、喷淋消防泵的启动和停止的动作信号应反馈至消防联动控制器。

预作用系统的联动控制设计，应符合下列规定：① 联动控制方式，应由同一报警区域内两只及以上独立的感烟火灾探测器或一只感烟火灾探测器与一只手动火灾报警按钮的报警信号，作为预作用阀组开启的联动触发信号。由消防联动控制器控制预作用阀组的开启，使系统转变为湿式系统，当系统设有快速排气装置时，应联动控制排气阀前的电动阀的开启。湿式系统的联动控制设计应符合《火灾自动报警系统设计规范》第 3.2.2.1 条的规定。② 手动控制方式，应将喷淋消防泵控制箱（柜）的启动和停止按钮、预作用阀组和快速排气阀入口前的电动阀的启动和停止按钮，用专用线路直接连接至设置在消防控制室内的消防联动控制器的手动控制盘，直接手动控制喷淋消防泵的启动、停止及预作用阀组和电动阀的开启。③水流指示器、信号阀、压力开关、喷淋消防泵的启动和停止的动作信号，有压气体管道气压状态信号和快速排气阀入口前电动阀的动作信号应反馈至消防联动控制器。

雨淋系统的联动控制设计，应符合下列规定：① 联动控制方式，应由同一报警区域内两只及以上独立的感温火灾探测器或一只感温火灾探测器与一只手动火灾报警按钮的报警信号，作为雨淋阀组开启的联动触发信号。应由消防联动控制器控制雨淋阀组的开启。② 手动控制方式，应将雨淋消防泵控制箱（柜）的启动和停止按钮、雨淋阀组的启动和停止按钮，用专用线路直接连接至设置在消防控制室内的消防联动控制器的手动控制盘，直接手动控制雨淋消防泵的启动、停止及雨淋阀组的开启。③ 水流指示器，压力开关，雨淋阀组、雨淋消防泵的启动和停止的动作信号应反馈至消防联动控制器。

自动控制的水幕系统的联动控制设计，应符合下列规定：① 联动控制方式，当手动控制的水幕系统用于防火卷帘的保护时，应由防火卷帘下落到楼板面的动作信号与本报警区域内任一火灾探测器或手动火灾报警按钮的报警信号作为水幕阀组启动的联动触发信号，并应由消防联动控制器联动控制水幕系统相关控制阀组的启动；仅用水幕系统作为防火分隔时，应由该报警区域内两只独立的感温火灾探测器的火灾报警信号作为水幕阀组启动的联动触发信号，并应由消防联动控制器联动控制水幕系统相关控制阀组的启动。②手动控制方式，应将水幕系统相关控制阀组和消防泵控制箱（柜）的启动、停止按钮用专用线路直接连接至设置在消防控制室内的消防联动控制器的手动控制盘，并应直接手动控制消防泵的启动、停止及水幕系统相关控制阀组的开启。③压力开关、水幕系统相关控制阀组和消防泵的启动、停止的动作信号，应反馈至消防联动控制器。

3. 消火栓系统的联动控制设计

消火栓系统的联动控制设计要求如下。

（1）联动控制方式，应由消火栓系统出水干管上设置的低压压力开关、高位消防水箱出水管上设置的流量开关或报警阀压力开关等信号作为触发信号，直接控制启动消火栓泵，联动控制不应受消防联动控制器处于自动或手动状态影响。当设置消火栓按钮时，消火栓按钮的动作信号应作为报警信号及启动消火栓泵的联动触发信号，由消防联动控制器联动控制消火栓泵的启动。

（2）手动控制方式，应将消火栓泵控制箱（柜）的启动、停止按钮用专用线路直接连接至设置在消防控制室内的消防联动控制器的手动控制盘，并应直接手动控制消火栓泵的启动、停止。

（3）消火栓泵的动作信号应反馈至消防联动控制器。

4. 气体灭火系统、泡沫灭火系统的联动控制设计

气体灭火系统、泡沫灭火系统的联动控制设计要点具体如下：气体灭火系统、泡沫灭火系统应分别由专用的气体灭火控制器、泡沫灭火控制器控制。

气体灭火控制器、泡沫灭火控制器直接连接火灾探测器时，气体灭火系统、泡沫灭火系统的自动控制方式应符合下列规定：① 应由同一防护区域内两只独立的火灾探测器的报警信号、一只火灾探测器与一只手动火灾报警按钮的报警信号或防护区外的紧急启动信号，作为系统的联动触发信号，探测器的组合宜采用感烟火灾探测器和感温火灾探测器，各类探测器应按《火灾自动报警系统设计规范》（GB 50116—2013）第 6.2 节的规定分别计算保护面积。② 气体灭火控制器、泡沫灭火控制器在接收到满足联动逻辑关系的首个联动触发信号后，应启动设置在该防护区内的火灾声光警报器，且联动触发信号应为任一防护区域内设置的感烟火灾探测器、其他类型火灾探测器或手动火灾报警按钮的首次报警信号。在接收到第二个联动触发信号后，应发出联动控制信号，且联动触发信号应为同一防护区域内与首次报警的火灾探测器或手动火灾报警按钮相邻的感温火灾探测器、火焰探测器或手动火灾报警按钮的报警信号。③ 联动控制信号应包括下列内容：关闭防护区域的送（排）风机及送（排）风阀门；停止通风和空气调节系统及关闭设置在该防护区域的电动防火阀；联动控制防护区域开口封闭装置的启动，包括关闭防护区域的门、窗；启动气体灭火装置、泡沫灭火装置，气体灭火控制器、泡沫灭火控制器，可设定不大于 30 s 的延迟喷射时间。④ 平时无人工作的防护区，可设置为无延迟的喷射，应在接收到满足联动逻辑关系的首个联动触发信号后按第③条规定执行除启动气体灭火装置、泡沫灭火装置外的联动控制；在接收到第二个联动触发信号后，应启动气体灭火装置、泡沫灭火装置。⑤ 气体灭火防护区出口外上方应设置表示气体喷洒的火灾声光警报器，指示气体释放的声信号应与该保护对象中设置的火灾声警报器的声信号有明显区别。启动气体灭火装置、泡沫灭火装置的同时，应启动设置在防护区入口处表示气体喷洒的火灾声光警报器；组合分配系统应首先开启相应防护区域的选择阀，然后启动气体灭火装置、泡沫灭火装置。

气体灭火控制器、泡沫灭火控制器不直接连接火灾探测器时，气体灭火系统、泡沫灭火系统的自动控制方式应符合下列规定：① 气体灭火系统、泡沫灭火系统的联动触发信号应由火灾报警控制器或消防联动控制器发出。② 气体灭火系统、泡沫灭火系统的联动触发信号和联动控制均应符合本规范第 3.2.4.2 条的规定。

气体灭火系统、泡沫灭火系统的手动控制方式应符合下列规定：① 在防护区疏散出口的门外应设置气体灭火装置、泡沫灭火装置的手动启动和停止按钮，手动启动按钮按下时，气体灭火控制器、泡沫灭火控制器应执行符合规范 4.4.2 条第 3 款和第 5 款规定的联动操作。手动停止按钮按下时，气体灭火控制器、泡沫灭火控制器应停止正在执行的联动操作。② 气体灭火控制器、泡沫灭火控制器上应设置对应于不同防护区的手动启动和停止按钮，手动启动按钮按下时，气体灭火控制器、泡沫灭火控制器应执行符合本规范第 3.2.4.2 条第 3 款和第 5 款规定的联动操作。手动停止按钮按下时，气体灭火控制器、泡沫灭火控制器应停止正在执行的联动操作。

气体灭火装置、泡沫灭火装置启动及喷放各阶段的联动控制及系统的反馈信号，应反馈至消防联动控制器。系统的联动反馈信号应包括下列内容：① 气体灭火控制器、泡沫灭火控制器直接连接的火灾探测的报警信号。② 选择阀的动作信号。③ 压力开关的动作信号。

在防护区域内设有手动与自动控制转换装置的系统，其手动或自动控制方式的工作状态应在防护区内、外的手动和自动控制状态显示装置上显示，该状态信号应反馈至消防联动控制器。

5. 防烟排烟系统的联动控制设计

防烟系统的联动控制方式应符合下列规定：① 应由加压送风口所在防火分区内的两只独立的火灾探测器或一只火灾探测器与一只手动火灾报警按钮的报警信号，作为送风口开启和加压送风机启动的联动触发信号，并应由消防联动控制器联动控制相关楼层前室等需要加压送风场所的加压送风口开启和加压送风机启动。② 应由同一防烟分区内且位于电动挡烟垂壁附近的两只独立的感烟火灾探测器的报警信号，作为电动挡烟垂壁降落的联动触发信号，并应由消防联动控制器联动控制电动挡烟垂壁的降落。

排烟系统的联动控制方式应符合下列规定：① 应由同一防烟分区内的两只独立的火灾探测器的报警信号，作为排烟口、排烟窗或排烟阀开启的联动触发信号，并应由消防联动控制器联动控制排烟口、排烟窗或排烟阀的开启，同时停止该防烟分区的空气调节系统。② 应将排烟口、排烟窗或排烟阀开启的动作信号，作为排烟风机启动的联动触发信号，并应由消防联动控制器联动控制排烟风机的启动。

防烟系统、排烟系统的手动控制方式应能在消防控制室内的消防联动控制器上手动控制送风口、电动挡烟垂壁、排烟口、排烟窗、排烟阀的开启或关闭及防烟风机、排烟风机等设备的启动、停止按钮应采用专用线路直接连接至设置在消防控制室内的消防联动控制器的手动控制盘，并应直接手动控制防烟、排烟风机的启动、停止。

送风口、排烟口、排烟窗或排烟阀开启和关闭的动作信号，防烟、排烟风机启动和停止及电动防火阀关闭的动作信号，均应反馈至消防联动控制器。

排烟风机入口处的总管上设置的 280℃ 排烟防火阀在关闭后应直接联动控制风机停止，排烟防火阀及风机的动作信号应反馈至消防联动控制器。

6. 防火门及防火卷帘系统的联动控制设计

防火门系统的联动控制设计，应符合下列规定：① 应由常开防火门所在防火分区内的两只独立的火灾探测器或一只火灾探测器与一只手动火灾报警按钮的报警信号，作为常开防火门关闭的联动触发信号，联动触发信号应由火灾报警控制器或消防联动控制器发出，并应由消防联动控制器或防火门监控器联动控制防火门关闭。② 疏散通道上各防火门的开启、关闭及故障状态信号应反馈至防火门监控器。

防火卷帘的联动控制设计，应符合下列规定：防火卷帘的升降应由防火卷帘控制器控制。防火卷帘下降至距楼板面 1.8 m 处、下降到楼板面的动作信号和防火卷帘控制器直接连接的感烟、感温火灾探测器的报警信号，应反馈至消防联动控制器。

疏散通道上设置的防火卷帘的联动控制设计，应符合下列规定：① 联动控制方式：防火分区内任意两只独立的感烟火灾探测器或任意一只专门用于联动防火卷帘的感烟火灾探测器的报警信号应联动控制防火卷帘下降至距楼板面 1.8 m 处；任一只专门用于联动防火卷帘的感温火灾探测器的报警信号应联动控制防火卷帘下降到楼板面；在卷帘的任一侧距卷帘纵深 0.5 ~ 5 m 内应设置不少于 2 只专门用于联动防火卷帘的感温火灾探测器。② 手动控制方式：应由防火卷帘两侧设置的手动控制按钮控制防火卷帘的升降。

非疏散通道上设置的防火卷帘的联动控制设计，应符合下列规定：① 联动控制方式：应由防火卷帘所在防火分区内任意两只独立的火灾探测器的报警信号，作为防火卷帘下降的联动触发信号，并应联动控制防火卷帘直接下降到楼板面。② 手动控制方式：应由防火卷帘两侧设置的手动控制按钮控制防火卷帘的升降，并应能在消防控制室内的消防联动控制器上手动控制防火卷帘的降落。

7. 电梯的联动控制设计

消防联动控制器应具有发出联动控制信号强制所有电梯停于首层或电梯转换层的功能。电梯运行状态信息和停于首层或转换层的反馈信号，应传送给消防控制室显示，轿厢内应设置能直接与消防控制室通话的专用电话。

8. 火灾警报和消防应急广播系统的联动控制设计

火灾警报和消防应急广播系统的联动控制设计要点如下：火灾自动报警系统应设置火灾声光警报器，并应在确认火灾后启动建筑内的所有火灾声光警报器。未设置消防联动控制器的火灾自动报警系统，火灾声光警报器应由火灾报警控制器控制。设置了消防联动控制器的火灾自动报警系统，火灾声光警报器应由火灾报警控制器或消防联动控制器控制。公共场所宜设置具有同一种火灾变调声的火灾声警报器。具有多个报警区域的保护对象,宜选用带有语音提示的火灾声警报器。学校、工厂等各类日常使用电铃的场所,不应使用警铃作为火灾声警报器。火灾声警报器设置带有语音提示功能时,应同时设置语音同步器。同一建筑内设置多个火灾声警报器时,火灾自动报警系统应能同时启动和停止所有火灾声警报器工作。火灾声警报器单次发出的火灾警报时间宜为 8~20 s,同时,设有消防应急广播时,火灾声警报应与消防应急广播交替循环播放。集中报警系统和控制中心报警系统应设置消防应急广播。消防应急广播系统的联动控制信号应由消防联动控制器发出。当确认火灾发生后,应同时向全楼进行广播。消防应急广播的单次语音播放时间宜为 10~30 s,应与火灾声警报器分时交替工作,可采取 1 次火灾声警报器播放、1 次或 2 次消防应急广播播放的交替工作方式循环播放。在消防控制室应能手动或按预设控制逻辑联动控制选择广播分区、启动或停止应急广播系统,并应能监听消防应急广播。在通过传声器进行应急广播时,应自动对广播内容进行录音。消防控制室内应能显示消防应急广播的广播分区的工作状态。消防应急广播与普通广播或背景音乐广播合用时,应具有强制切入消防应急广播的功能。

9. 消防应急照明和疏散指示系统的联动控制设计

消防应急照明和疏散指示系统的联动控制设计,应符合下列规定:① 集中控制型消防应急照明和疏散指示系统,应由火灾报警控制器或消防联动控制器启动应急照明控制器实现。② 集中电源非集中控制型消防应急照明和疏散指示系统,应由消防联动控制器联动应急照明集中电源和应急照明分配电装置实现。③ 自带电源非集中控制型消防应急照明和疏散指示系统,应由消防联动控制器联动消防应急照明配电箱实现。

确认火灾后,由发生火灾的报警区域开始,依次启动全楼疏散通道的消防应急照明和疏散指示系统,系统全部投入应急状态的启动时间不应大于 5 s。

10. 相关联动控制设计

消防联动控制器应具有切断火灾区域及相关区域的非消防电源的功能,当需要切断正常照明时,宜在自动喷淋系统、消火栓系统动作前切断。消防联动控制器应具有自动打开涉及疏散的电动栅杆等的功能,宜通过开启相关区域安全技术防范系统的摄像机来监视火灾现场。消防联动控制器应具有打开疏散通道上由门禁系统控制的门和庭院电动大门的功能,并应具有打开停车场出入口挡杆的功能。

综上所述,沙坪坝综合交通枢纽的消防联动控制系统需结合不同位置的相关工况按照相关规范进行选型与设计。

4.2.3 火灾预警系统

火灾预警系统由可燃气体探测预报子系统和电气火灾监控子系统组成。

1. 可燃气体探测预报系统

沙坪坝综合交通枢纽可燃气体探测预报系统设计根据现行国家标准《火灾自动报警系统设计规范》(GB 50116—2013)中可燃气体探测预报警系统条款及工程特点设计。由于沙坪坝综合交通枢纽拥有 22 m 的高大空间,普通的探测器不容易侦测,维护工作较难,配合自动灭火系统以避免出现不必要的释放场所,在满足规范的前提下采用极早期空气采样火灾探测报警系统。病人、老人、婴儿或者是其他行动不方便的人,需要有更多的时间来逃离火场。而且若发生火灾,有限的出入口再加上慌乱的人群,可能会使伤亡更加惨重。传统探测器容易误报,会使昂贵的自动灭火系统产生不必要的释放,极早期火灾探测器报警系统可靠的侦测效果可避免这种情形的发生。

极早期空气采样火灾预警系统从原理上分为光电式和云雾室型,这是一种通过在防护空间布置空气采样管网,并在采样管网上打采样孔,通过采样孔把保护区的空气吸入探测器进行分析从而进行火灾探测的早期预警探测器。极早期烟雾探测报警系统(Very Early Smoke Detection-VEWSD)是近年来发展起来的一种火灾预警新技术,以其高灵敏度、低误报率、隐蔽安装等特性得到安全领域的广泛认可。

极早期火灾探测器报警系统又叫吸气式感烟火灾探测器、空气采样感烟探测器,这种探测器采用主动吸气的方式,相较于传统火灾报警技术产生了质的飞跃。探测器由抽气泵、过滤器、激光腔、控制电路等组成。探测器使用吸气泵/风扇通过预先布置好的采样孔和采样管道抽取保护区内的空气,并将空气样本送入激光腔,在激光腔内利用激光照射空气样本,其中烟雾粒子所造成的散射光被阵列式接收器接收,接收器将光信号转换成电信号后送到控制器的控制电路,信号经处理后转换为烟雾浓度以及设定的报警阈值,产生一个适宜的输出信号,并在符合条件的时候发出报警信号。吸气式感烟火灾探测器可分为单管型、双管型、四管型(多管型),应根据环境要求不同选用不同规格的空气采样火灾探测器,吸气式感烟火灾探测器有四个工作阶段,分别是警告、行动、火警1、火警2。

2. 电气火灾监控系统

沙坪坝综合交通枢纽电气火灾监控系统的运行符合现行国家标准《火灾自动报警系统设计规范》(GB 50116—2013)中电气火灾监控系统的相关条文规定。重庆沙坪坝综合交通枢纽应设置消防控制室,所以根据《火灾自动报警系统设计规范》(GB 50116—2013)9.1.3 条的规定,应采用非独立式电气火灾监控探测器。

9.1.3 电气火灾监控系统应根据建筑物的性质及电气火灾危险性设置并应根据电气线路敷设和用电设备的具体情况,确定电气火灾监控探测器的形式与安装位置。在无消防控制室且电气火灾监控探测器设置数量不超过 8 只时,可采用独立式电气火灾监控探测器。

电气火灾监控器应设置在消防控制室内或保护区域附近;设置在保护区域附近时,应将报警信息和故障信息传入消防控制室。

剩余电流式电气火灾监控探测器的设置要求如下:剩余电流式电气火灾监控探测器应以设置在低压配电系统首端为基本原则,宜设置在第一级配电柜(箱)的出线端。在供电线路泄漏电流大于 5 300 mA 时,宜在其下一级配电柜(箱)上设置。剩余电流式电气火灾监控探测器不宜设置在 IT 系统的配电线路和消防配电线路中。选择剩余电流式电气火灾监控探测器时,应考虑供电系统自然漏流的影响,并选择参数合适的探测器;探测器报警值宜为 300~500 mA。具有探测线路故障电弧功能的电气火灾监控探测器,其保护线路的长度不宜大于 100 m。

测温式电气火灾监控探测器的设置要求如下:测温式电气火灾监控探测器应设置在电缆接头、端子、重点发热部件等部位。保护对象为 1 000 V 及以下的配电线路测温式电气火灾监控探测器应采用接触式设置。保护对象为 1 000 V 以上的供电线路,测温式电气火灾监控探测器宜选择光栅光纤测温式或红外测温式电气火灾监控探测器,光栅光纤测温式电气火灾监控探测器应直接设置在保护对象的表面。

综上所述,沙坪坝综合交通枢纽的火灾预警系统需结合不同位置的相关工况按照相关规范进行选型设计。通过重庆沙坪坝综合交通枢纽火灾自动报警及联动系统选型分析与论证,结合沙坪坝综合交通枢纽具体部位相关工况按照相关法规进行设计与施工,能够保证其安全性和可靠性。在候车厅的大空间火灾探测器的选型中,通过查阅 12 本相关规范图集、23 篇国内外相关专业论文和实验、6 篇相关硕博论文,建议以光截面图像感烟火灾探测器为主,吸气式感烟探测器垂直布管为辅进行设计。本报告中未提及的部分需严格按照相关专业规范进行设计。

4.3 沙坪坝综合交通枢纽火灾自动报警及联动系统优化方案

4.3.1 设计原则

具体的设计原则如下：沙坪坝综合交通枢纽火灾自动报警及联动系统设计贯彻执行国家"预防为主，防消结合"的消防工作方针。火灾自动报警系统为控制中心报警系统。火灾自动报警系统设备设于站房一层左侧综合监控室内。火灾自动报警系统和建筑设备自动化系统按各自工艺监控要求设计，分别直接控制。火灾时，火灾自动报警系统具有优先控制权。火灾自动报警系统电源由综合监控室消防双电源切换箱接引。同时配置不间断电源，后备时间为 3 h。火灾自动报警系统电缆桥架与电力电缆桥架分别布置在竖井两侧。火灾自动报警系统用的导线、电缆与电力、照明用的电缆在同一竖井内设置时，宜分别布置在竖井的两侧。消防控制室设等电位联结端子箱。机房交流功能接地、保护接地、直流功能接地、防雷接地等各种接地宜公用接地网，其接地电阻不大于 1 Ω。火灾自动报警系统联动控制的消防设备，联动触发信号应采用感温探测器和感烟探测器的报警信号的"与"逻辑组合，联动控制方式和流程需符合最新规范要求。

4.3.2 火灾探测报警系统

沙坪坝工程采用点式感烟、感温探测器、吸气式感烟探测器、光截面图像感烟火灾探测器（候车大厅）配合联动型火灾探测报警控制器，实现自动报警、消防联动等功能。

火灾自动报警系统联动控制的消防设备，联动触发信号应采用感温探测器和感烟探测器的报警信号的"与"逻辑组合，联动控制方式和流程需符合最新规范要求。火灾自动报警系统由火灾探测报警系统、消防联动控制系统、火灾预警系统三个部分组成。

1. 火灾报警系统的设置

火灾报警系统的设置具体如下：商业裙房、成渝客专站房分别设置消防控制室，并与整个项目控制中心联网。整个工程全面设置火灾自动报警及联动控制系统。办公及酒店为超高层建筑，按特级保护对象设防，站房、公寓、商业裙房及其他建筑均按一级保护对象设防。系统为智能化总线报警系统。统一由若干光电感烟探测器、温度探测器、手动报警开关、水流指示器、信号阀、湿式报警阀、报警模块、控制模块和消防中心控制器，组成消防报警及联动系统。现场设备均由消防中心计算机监控，一旦发生火灾，防烟风机、排烟风机、消防水泵、喷淋泵除自动控制外，在消防中心设手动直接控制装置，消火栓启动按钮应直接启动消火栓泵，压力开关应直接启动喷淋泵。① 切断正常照明电源。② 开启消防泵、喷淋泵、送风机、排烟机、排烟阀、紧急广播系统。③ 防火卷帘两侧采用烟、温探测器，当火灾发生时，第一报警信号为烟信号，通过消防中心确认，自动使防火卷帘下降至距地 1.8 m，第二信号为温信号自动或手动，使防火卷帘下降到底，信号返回消防中心，防火分区处防火卷帘则需一步控制到底。防火卷帘动作由计算机软件和现场编程实现。

2. 消防控制室及消防电源设置

具体消防控制室及消防电源设置的如下：① 高铁站房消防控制室与综合监控室合建，位于一层，商业裙房消防控制室位于一层，本工程弱电系统电源、消防用电设备（消防控制室、消防电梯、消防水泵、排烟风机等）、安全防范系统、应急照明及疏散指示标志、生活泵、潜水泵等为一级负荷，建筑内 10 kV 开闭所由供电部门提供独立的两路 10 kV 市电电源供电，单母线分段运行，当一路电源故障时，另一路电源经联络开关手动接入，另在合适位置设置高效可靠的柴油发电机作为系统的第三电源，在市政电网故障后 15 s 内自动启动供电，并分别按 8 h 用油量设置储油间，确保消防用电的可靠性。② 各变电所内的变压器为干式变压器，补偿电容器采用干式电容器，消防用电回路的配电线路：火灾自动报警系统保护对象为特级的建筑物（酒店、办公）采用矿物绝缘电缆，火灾自动报警系统保护对象为一级的建筑物（站房、公寓、商业裙房及其他建筑）采用低烟无卤耐火电缆，弱电线路采用高温线缆。③ 所有消防用电设备的双电源供电回路在用电设备末端自动切换。④ 应急照明采用集中 EPS 供电，消防控制中心（室）、电信机房、变电所、消防水泵房、消防风机房等重要机房设置带蓄电池的应急照明灯、安全出口标志灯和疏散指示灯，应急时间不小于 180 min。建筑内楼梯间、内走道、车库各出入口、通道、商场、餐饮、电梯厅、成渝客专换乘通道、安全出口、大厅、楼梯间等处设置带蓄电池的应急照明灯、安全出口标志灯和疏散指示灯，各应急灯具应设置玻璃保护罩，应急时间不小于 90 min，且不小于灯具本身标称的应急工作时间。⑤ 商业场所在疏散走道和主要疏散路线的地面或靠近地面的墙上设置光致发光疏散标志，在消防设施（设备房控制箱）及可能影响人员安全疏散的障碍物上，设置光致发光疏散标志。

3. 火灾紧急广播和火警电话系统

具体的火灾紧急广播和火警电话系统设计如下：①火灾紧急广播喇叭箱，功率不小于 3 W，为 120 V 定压输出，一旦发生火灾，消防中心自动逻辑输出至各防火区域的紧急疏散广播。② 变配电房、消防水泵房、防排烟风机房、消防电梯机房等处设消防专用对讲电话分机，车库、商场、办公、酒店、公寓等有手动报警按钮的位置设消防专用对讲插孔，消防中心设置专用"119"电话，直通当地消防部门。③ 消防电梯内正常通信电话与消防火警电话合用，正常状态下作消防电梯内故障通信用，火灾时自动切换成火警电话直通消防中心。紧急状态下可与消防中心直接通话，消防中心可通过该电话指挥人员灭火、疏散。④ 超高层的各避难层内设独立的火灾应急广播系统，能接收消防控制中心的有线和无线两种播音信号。⑤ 超高层的各避难层与消防控制中心之间设置独立的有线和无线呼救通信。

4. 管路采样式吸气感烟火灾探测器

管路采样式吸气感烟火灾探测器的具体设计如下：

（1）非高灵敏型探测器的采样管网安装高度不超过 16 m，高灵敏型探测的采样管网安装高度可超过 16 m。采样管网安度超过 16 m 时，灵敏度可调的探测器应设置为高灵敏度，且应减小采样管长度和采样孔数量。

（2）探测器的每个采样孔的保护面积、保护半径等应符合感烟火灾探测器的保护面积、保护半径的要求。

（3）一个探测单元的采样管总长不宜超过 200 m，单管长度不宜超过 100 m，同一根采样管不应穿越防火分区。采样孔总数不宜超过 100 个，单管上的采样孔数量不宜超过 25 个。

（4）当采样管道采用毛细管布置方式时，毛细管长度不宜超过 4 m。

（5）吸气管路和采样孔应有明显的火灾探测器标识。

（6）有过梁、空间支架的建筑中，采样管路应固定在过梁、空间支架上。

（7）当采样管道布置形式为垂直采样时，每 2 ℃ 温差间隔或 3 m 间隔（取最小者）应设置一个采样孔，采样孔不应背对气流方向。

（8）采样管网应按经过确认的设计软件或方法进行设计。

（9）探测器的火灾报警信号、故障信号等信息应传给火灾报警控制器，涉及消防联动控制时，探测器的火灾报警信号还应传给消防联动控制器。

4.3.3　消防联动控制系统

沙坪坝工程消防联动控制系统的具体设计如下：

消防水泵，防排烟风机，正压送风机除采用总线模块控制外，还应在消防控制室设置手动直接控制装置。回路划分如下：设计报警总线设有 133 个回路：车库负一层 22 个回路，负二层 21 个回路，负三层 20 个回路，负四层 19 个回路，负五层 18 个回路，负六层 16 个回路，负七层 11 个回路，负八层 4 个回路，办公楼 B 栋地下部分 2 个回路。多线联动控制设有 349 个回路：车库负一层 113 个回路，负二层 64 个回路，负三层 44 个回路，负四层 46 个回路，负五层 27 个回路，负六层 26 个回路，负七层 21 个回路，办公楼 B 栋地下部分 5 个回路。消防电话分机、电话插孔采用总线制。

回路总线：WDZBN-RYS-2×1.5。多线电话线：WDZBN-RYS-2×1.5。消防广播线：WDZBN-BYR-2×1.5。电源线：WDZBN-BYR-4×2.5（平面）/WDZBN-BYR-4×4（干线）。其余采用：WDZBN-BYR-2×1.5。

消防主机参数如下：火灾报警控制器（JB-QG-LD128E（Q）Ⅱ）：单机容量为 4～16 回路，有 300～3 200 个地址点，可带手动控制盘 32 块，每个回路能带 200 个地址。本工程设置 6 台。电源盘（LD5803E）：带蓄电池，当市电停电时 LD5803E 入柜联动电源自动切换到联动备用电源，为消防报警系统提供工作电压。联动控制盘（LD9201EN）：每台最多控制 64 路总线或多线输出设备，本工程共设置 6 台。

本节未提及事宜按照《火灾自动报警系统设计规范》（GB 50116—2013）的相关规定处理。

火灾自动报警系统在消防控制室对防救灾设备进行自动控制和灾情监视报警。运用火灾自动报警、联动控制、消防通信等设备，独立组织指挥管辖范围内的防救灾工作。自动打印，记录灾害事件，确保站房管辖范围内的灾害能及时被发现，使值班人员及时了解灾情，采取有效措施。

监视功能：监视站房管辖范围内灾情，采集火灾信息。显示火灾报警点，防救灾设施运行状态及所在平面位置。显示消火栓及消火栓给水泵的运行状态。显示站房防排烟系统的工作状态。显示气体灭火区域的报警、故障、手/自动位置等。

联动控制功能：根据火灾发生位置，按预先编制控制程序发布救灾指令，启动消火栓系统、自动开启检票口闸机、停止扶手电梯、联动电动排烟窗进行相应动作。自动切断相应区域照明、空调、通风等非消防电源，自动点亮应急照明灯。

消火栓系统：联动控制方式中，系统内出水干管上的低压压力开关，高位消防水箱出水管上设置的流量开关，或报警阀压力开关的相应反应作为直接控制启动消火栓泵的触发信号，直接控制启动消火栓泵，联动控制不受消防联动控制器处于自动或手动状态的影响。本工程消火栓按钮的动作信号作为报警信号但不作为启动消火栓泵的联动触发信号。

消防控制室直接控制台设有室内消火栓给水加压泵、送风机的手动控制线，可直接手动起停消防设备。火灾报警及联动控制器可经通信接口实现与智能疏散指示系统、机电设备监控系统、通风窗监控系统的通信。信息机房与消控室之间设通信数据线，发生火灾时火灾报警设备第一次报警给信息设备指令信号打开闸机，并且扶梯停止运作；当收到第二次报警信号时，切断非消防电源并且打开电动排烟窗。

气体灭火功能：平时由火灾探测器监视防护区的状态，在发生火灾时能自动报警，并通过控制系统按预先设定的方式关闭电动阀，自动启动灭火装置向防护区释放灭火剂，及时控制或扑灭防护区内的火灾，以保证车站的正常运营；气灭装置动作完成后，可自动开启电动阀及通风机，对已喷洒区域进行通风。本系统设置独立的气体灭火现场一体机，就近从本房间电力预留双路 220 V 配电箱取电，超细干粉灭火系统由给排水专业设置，采用现场模块自动控制或手动启动的方式，并将状态信号接入本系统消防控制主机。

1. 消防控制室及消防电源设置

沙坪坝工程消防控制室及消防电源设置的具体内容如下：

（1）高铁站房消防控制室与综合监控室合建，位于一层，商业裙房消防控制室位于一层，本工程弱电系统电源、消防用电设备（消防控制室、消防电梯、消防水泵、排烟风机等）、安全防范系统、应急照明及疏散指示标志、生活泵、潜水泵等为一级负荷，建筑内 10 kV 开闭所由供电部门提供独立的两路 10 kV 市电电源供电，单母线分段运行，当一路电源故障时，另一路电源经联络开关手动接入。另在合适位置设置高效可靠的柴油发电机作为系统的第三电源，当市政电网故障后 15 s 内自动启动供电，并分别按 8 h 用油量设置储油间，确保消防用电的可靠性。

（2）变电所内的变压器为干式变压器，补偿电容器采用干式电容器，消防用电回路的配电线路：火灾自动报警系统保护对象为特级的建筑物（酒店、办公）采用矿物绝缘电缆，火灾自动报警系统保护对象为一级的建筑物（站房、公寓、商业裙房及其他建筑）时采用低烟无卤耐火电缆，弱电线路采用高温线缆。

（3）所有消防用电设备的双电源供电回路在用电设备末端自动切换。

（4）应急照明采用集中 EPS 供电，消防控制中心（室）、电信机房、变电所、消防水泵房、消防风机房等重要机房设置带蓄电池的应急照明灯、安全出口标志灯和疏散指示灯，应急时间不小于 180 min。建筑内楼梯间、内走道、车库各出入口、通道、商场、餐饮、电梯厅、成渝客专换乘通道、安全出口、大厅、楼梯间等处设置带蓄电池的应急照明灯、安全出口标志灯和疏散指示灯,各应急灯具应设置玻璃保护罩,应急时间不小于 90 min,且不小于灯具本身标称的应急工作时间。

(5)商业场所在疏散走道和主要疏散路线的地面或靠近地面的墙上设置光致发光疏散标志,在消防设施(设备房控制箱)及可能影响人员安全疏散的障碍物上,设置光致发光疏散标志。

2. 消防设备接地

沙坪坝工程接地采用联合接地方式,在各消防控制中心(室)及建筑底部设置等电位接地箱,总接地电阻不大于 1 Ω。消防控制中心设备工作接地采用 25 mm² 铜芯软线引至地网接地箱,室内接至接地箱,设备之间用 4 mm² 铜芯软线可靠连接至接地箱。消防控制中心(室)采用抗静电地板,作防静电隔离处理。

3. 防火门监控系统

沙坪坝工程防火门监控系统设计具体如下:防火门监控系统对防火门的开启、关闭及故障状态等动态信息进行监控,对防火门处于非正常打开的状态或非正常关闭的状态给出报警提示,使其恢复到正常工作状态,确保各种防火门状态正常。能保持防火门常开,也可现场手动推动防火门,实现手动关闭和复位防火门,当火灾发生时接收火灾报警信号,自动控制顺序关闭常开防火门。防火门监控器应通过《防火门监控器》(GB 29364—2012)的检测,必须具备国家消防电子产品质量监督检验中心出具的型式检验报告。ZXMK 防火门监控器独立安装在消防控制室,用于接收各种防火门探测器或控制器反馈的开启、关闭及故障状态信号,显示并控制防火门打开、关闭状态。ZXMK 监控器专用于防火门监控系统并独立安装,不能兼用作其他功能的消防系统,不与其他消防系统共用设备。ZXMK 监控器应能记录与其连接的防火门状态信息(包括防火门地址,开、闭和故障状态及相应的时间等),记录容量不应少于 100 000 条,并具有将上述信息上传的功能。由 ZXMK 监控器或 ZXMF 区域分机提供防火门开启以及关闭所需的电源,并应配有可靠工作 3 h 的备用电源。能通过 ZXMF 分机扩展管理 4 096 台 ZXC 防火门探测器和 ZXB 防火门控制器。ZXMK 监控器通信采用 CAN 总线,WDZN-RVSP-2×1.5 mm² 并联连接能管理 32 台 ZXMF 分机,可靠通信距离 2 000 m。ZXMK 监控器(ZXMF 分机),采用 WDZN-RVSP-2×1.5 mm²(通信+电源)并联连接能管理 128 台 ZXC 探测器,可靠通信距离 1 000 m。采用 WDZN-RVSP-2×1.5 mm²(通信)+WDZN-BYJ-2×2.5 m²(电源)SC20 同管敷设并联连接能管理 20 台 ZXB

控制器，可靠供电距离 200 m。ZXMF 分机安装于竖井内，ZXC 探测器及 ZXB 控制器采用直流 24 V 供电，由 ZXMK 监控器（ZXMF 分机）集中供给。防火门监控系统的施工，按照批准的工程设计文件和施工技术方案进行，不得随意变更，确需变更设计时，应由设计单位负责更改并经图审机构审核。防火门监控系统对各种防火门的开启、关闭及故障状态进行监控，当火灾发生时，接收消防联动控制器火警信号，受控断电后自行关闭常开防火门，同时反馈信号至 HB-DCJK 防火门监控器；防火门监控系统能保持防火门常开，也可现场手动推动防火门，实现手动关闭和复位防火门，防火门关闭后成为手动推开后自行关闭的手动推开式活动式防火门。常闭防火门非正常打开时可发出中文语音提示："请保持防火门关闭"，并可手动消音。防火门监控器应符合国家标准《防火门监控器》（GB 29364—2012）的规定，必须具备国家消防电子产品质量监督检验中心出具的产品型式检验报告。防火门监控器应设置在消防控制室内，未设置消防控制室时，应设置在有人值班的场所。用于显示并控制防火门开启、关闭状态，对防火门处于非正常打开的状态或非正常关闭的状态给出报警提示，使其恢复到正常工作状态，确保防火门功能完好，并上传防火门状态信息至消防联动控制器。防火门监控器专用于防火门。防火门监控器可记录 100000 条以上的相关故障状态信息。可直接管理 64 台防火门门磁开关及防火门电动闭门器,也可通过防火门监控分机管理 64 台防火门门磁开关及防火门电动闭门器，防火门监控器可搭载 32 台防火门监控分机，防火门监控器至防火门监控分机之间的通信采用 CAN 总线，通信线 NH-RVS2×1.5 mm^2 并联连接，可靠通信距离 2 000 m。监控系统并独立安装，不能兼用其他功能的消防系统。系统的施工，按照批准的工程设计文件和施工技术方案进行，不得随意变更，确需变更设计时，应由设计单位负责更改并经图审机构审核。

4. 自动喷水-泡沫联用系统

沙坪坝工程自动喷水-泡沫联用系统的具体设计如下：当闭式喷头玻璃球因火灾而破裂喷水，管网中的水流向该喷头，水流指示器动作，湿式报警阀开启，同时一部分水经延时器驱动水力警铃报警，压力开关动作，启动消防泵。水流指示器动作的同时将水流信号传输到灭火控制阀组，延时后，控制器向电磁阀发出开启指令，打开电磁阀，泻压控制阀因隔膜室泻压而开启，释放泡沫液储罐内处于受压状态的泡沫灭火剂，泡沫灭火剂经管道流向比例混合器，形成一定比例的泡沫混合液流向喷头，通过已爆破的喷头实施灭火。详见图集《自动喷水与水喷雾灭火设施安装》图示（04S206）和图 4-18 所示的自动喷水-泡沫联用系统原理图。

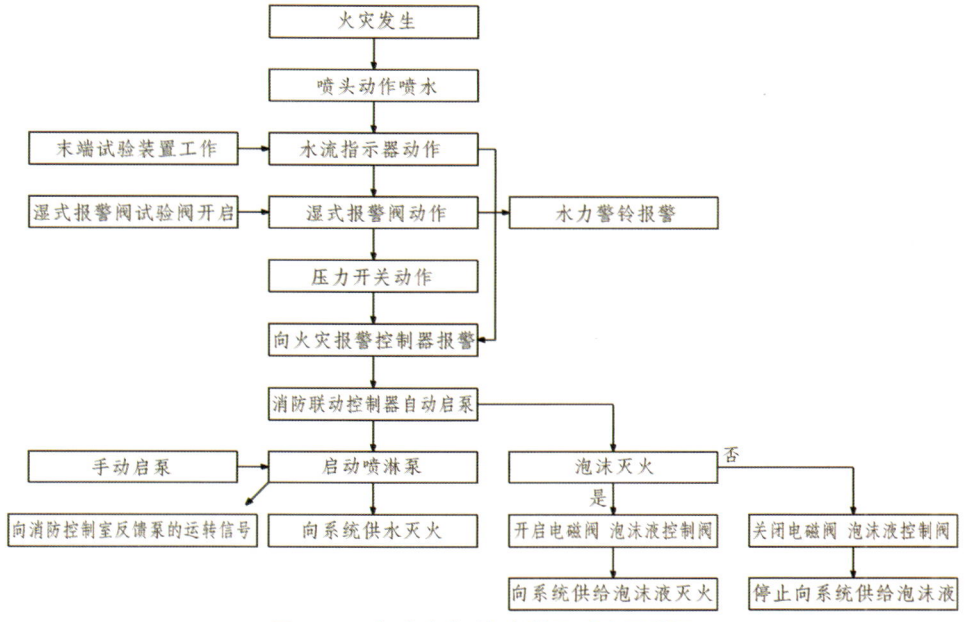

图 4-18 自动喷水-泡沫联用系统原理图

4.3.4 火灾预警系统

1. 可燃气体探测预报系统

沙坪坝工程可燃气体探测预报系统的具体设计如下：可燃气体探测预报子系统采用极早期空气采样火灾探测报警系统。其他未提及事宜应根据国标《火灾自动报警系统设计规范》(GB 50116—2013) 的相关内容执行。空气采样主机能够就地显示报警、故障等信号，采样主机的安装高度为离地 1.5 m，便于今后维护。主机采用单区型和双区型，分别对应 1 根采样主管和 2 根采样主管，每根主管总长 220 m，2 根总长为 440 m，采样孔最多 80 个。管网可进行分支连接，每根主管最多可分支接 8 根采样管。采样孔的开孔尺寸必须与相关技术人员交底后确定，采样管末端堵头无需打孔。空气采样主机须和任意厂家消防控制主机配接且兼容，每台空气采样探测器可直接通过输入模块把现场采集信息传输到消防报警控制主机上进行监管，为达到监控的目的，可在消防控制主机上通过输入输出模块直接对仓库现场空气采样探测器实现远程复位的功能。所有的配接工作可直接接入空气采样探测器的自带继电器信号端上，实现完整无缝连接。项目站房内空气采样结合国家设计规范采用手杖式探测管进行探测分析。手杖式探测管可通过 25 mm 的主管接入变径 20 mm 的三通，再用 20 mm 的采样管打弯形成的支管接入三通形成手杖一体式探测管。手杖式探测管距屋顶 200 mm 固定安装，严格采用支架固定，支架管卡间距为 1 200 ~ 1 500 mm 之间。采样孔周围 500 mm 内不得有遮挡物，影响最佳的探测效果。采样管弯头处采用弹簧弯制成大弧度弯头（弯头半径大于 100 mm）。空气采样主机所需电源由独立 UPS 专用电源系统提供直流 24 V 供电，实现不间断运行探测业务。主电断电情况下 UPS 专用电源自带的铅蓄电池能持续 4 h 的探测运行。prosens 报警、故障、远程复位等信号。通过系统模块接入火灾报警系统或直接接入声光报警器。符合中国消防检测中心检测、3C 认证，满足 FM，VDS 国际认证。严格遵守国家设计规范及产品检验报告。采样管选用 DN25 的 ABS 管或 U-PVC。为方便清洗管道，管道上安装外置过滤器和三通阀门等。空气采样主机的环境温度范围为：−20 ~ 60 ℃（可以更适合应用于低温物品或冷链物流的仓库）。灵敏度范围：0.15% ~ 10% obs/m。

2. 电气火灾监控子系统

漏电火灾报警系统的具体设计如下：为防范电气火灾，本工程设置防火剩余电流动作报警系统。在工程的每个防火分区的普通照明总配电箱装设剩余电流式电气火灾监控探测器，剩余动作电流为 300 ~ 500 mA 可调。该系统采用智能总线式传输通信。报警主机设于消防控制室。在楼层电表箱电源进线处设置带剩余电流保护的断路器，剩余动作电流为 500 mA。

大空间消防电气系统具体设计如下：系统采用 ZDMS0.6/5S-ZSS25 智能灭火装置，装置 24 h 全天候工作，当设备监测到火灾后打开相应的电磁阀，启动水泵进行灭火，并反馈信号到联动柜。ZDMS0.6/5S-ZSS25 各技术参数如下：工作电压：AC 220 V；启动时间：≤25 s；射水流量：5 L/s；标准工作压力：0.6 MPa；最大保护半径：20 m；系 ZDMS0.6/5S-ZSS25 装置采用 AC 220 V 电源，接地线采用 ZR-BV1 × 4.0 mm^2，系统通信总线采用 ZR-RVS2 × 1.5 mm^2，启泵线采用（ZR-RVS2*1.5 mm^2）× 3。（具体详见电气系统图）。系统中联动柜与水泵控制柜间电线的型号采用（ZR-RVS2*1.5 mm^2）× 3，共 6 根，2 根启泵线，4 根信号回答线。系统电线采用金属电线管、槽敷设，不同系统、不同电压的电线不得共用同一电线管。系统接地采用单独接地，其接地电阻不应大于 4 Ω。系统电磁阀的功耗是按一次最大同时打开 9 个电磁阀的标准设计的，现设计采用 AC 220 V、50 W 的电磁阀（1.6 MPa）。系统可与任何火灾报警控制器通过地址编码模块进行联接，如同一场所中已设有其他系统的火灾报警控制器，只要向本系统提供地址编码就能进行连接。系统中提供 UPS 后备电源（1 000 V·A，延时 1 h）。系统的现场控制箱安装于各区的最底层楼面处，其中心线距楼面高度为 1.5 m，且周围应无明显的障碍物，以便于现场控制。系统所选用的地址编码模块与火灾报警控制器应为同一厂家的产品。系统所选用的智能灭火系统是由智能灭火装置中的红外探测组件直接通过电气启动水泵进行喷水灭火的，并非喷淋系统所采用的通过湿式报警阀来进行启动水泵，故当多系统共用一台水泵时应在喷淋系统湿式报警阀前安装本系统的管道。系统中电磁阀的安装位置宜靠近 ZDMS0.6/5S-ZSS25 灭火装置安装。

4.3.5 接地保护

  沙坪坝工程接地保护的具体设计如下：① 工程采用共用接地装置，强电接地采用 TN-S 系统。接地电阻值不大于 1 Ω，接地体做法详见电图纸。② 在各弱电机房和消防控制室，监控中心内设专用接地端子板通过弱电专用接地干线 WDZ-BYJ-2×25-PC32 与接地体焊接连通，接地端子板在各弱电机房和消防控制室，监控中心防静电架空地板下明设，具体做法详见图集《接地装置安装》（03D501-4）第 43 页。各机房内电子设备均应用专用接地线（BV-1X6-PC20）与接地端子板连接。③ 公司在各弱电机房和消防控制室，监控中心内供给各电子设备的电源线均带接地（PE）线各电子设备金属外壳和金属支架均用该接地线与电气保护接地干线连接做保护接地。④ 本工程要求作总等电位联结。在弱电机房内设等电位联结网络，具体做法详见图集《等电位联结安装》（02D501-2）。各弱电系统进出该建筑的金属管道均要求与总等电位联结端子板连结。具体做法详图集《等电位联结安装》（02D501-2）。⑤ 沿强、弱电金属桥架和金属线槽内通长敷设一根 25*4 热镀锌扁钢接地（PE）干线，此接地干线的始末两端须与接地网焊通，每段电缆桥架、金属线槽及其支架全长不少于两处与接地干线相互连接。⑥ 公司系统承包商作深化设计时应在每个系统进出建筑物处加装与之相适配的信号浪涌保护器。⑦ 弱电系统进线均应装设与之相适配的信号电涌保护器，所有系统所有元器件均由承包厂商配套供货并负责安装和调试。⑧ 弱电施工中要与土建及各相关工种密切配合，作好各项预埋预留工作。

4.3.6 设备安装与注意事项

  （1）智能感温、感烟探测器的安装当吊顶为不镂空时安装在吊顶上；当吊顶为栅格或镂空吊顶以及房间无吊顶时，安装在结构顶板上。探测器与灯位矛盾时，可适当调整位置，但要求符合规范要求，探测器与灯距离>0.5 m，与送风口水平距离>1.5 m，水平与梁边及墙距离>0.5 m。

  （2）紧急起/停按钮距地 1.5 m，声光报警、放气指示灯在门框上 0.2 m 的位置安装。

  （3）火灾自动报警控制柜、气体灭火控制柜落地安装。

  （4）除联动配电箱、控制箱的模块安装在相关的箱（柜）内外，其余模块安装在距地（防静电地板）2.5 m 处。

（5）手动火灾报警按钮（带电话插孔）、对讲电话挂机、气体灭火紧急启动/停动按钮距地（防静电地板）1.5 m处。

（6）消火栓箱安装时要求预留消火栓按钮安装位置。

（7）火灾报警控制器与感烟、感温探测器、声光报警器、各种消防模块采用二总线连接，室内消火栓给水加压泵采用多线连接。

（8）所有配线采用低烟无卤阻燃耐火型导线，有金属线槽地段采用穿金属线槽敷设，其余地段采用穿钢管敷设，水平敷设于吊顶内，垂直敷设于墙内。

（9）设备安装、管线敷设及接地等请参照有关标准图集。

（10）设备、管线施工后，应采用防火堵料封堵孔洞及管口。

（11）所有明敷设配线钢管均刷防火涂料。

（12）电缆桥架穿越防火分区隔墙、楼板应做防火封堵。

（13）消防控制室应有良好的接地，接地电阻不大于1 Ω。接地做法详见站房照明设计图。

（14）施工时应与相关专业密切配合做好管线预埋工作。

（15）未尽事宜按有关规程规范处理。

（16）本工程所选设备、材料，必须具有国家级检测中心的检测合格证书，必须满足与产品相关的国家标准。

4.4 小 结

重庆沙坪坝综合交通枢纽因建于地下，环境封闭、结构复杂，火灾一旦发生，人员疏散、灭火救援、排烟等都极为困难，往往会变得一发不可收拾，造成重大的人员伤亡和财产损失，并带来恶劣的社会影响。而且由于客流量很大，人员混杂，这都大大增加了人为因素造成火灾情况发生的可能性，因此火灾自动报警系统，不但能及时探测火情，为救援和采取措施提供准确信息，还是预防和遏制火灾的重要保障，对保护人民的生命财产安全有着不可忽视的作用。另外很多场所的火灾自动报警系统由于疏于维护，几乎处于瘫痪状态，形同虚设，这样反而加大了火灾隐患。所以针对重庆沙坪坝综合交通枢纽这样的基础设施，本报告研究了一套先进且符合自身情况的火灾自动报警系统，并且给出了一套合理的运营维护方案。该系统具有以下优点。

系统可靠：系统采用了大量具有当前先进水平的各种冗余、容错、抗失效、抗干扰、光电隔离、电气隔离等技术，为系统的设计和应用提供了最佳保障。系统和每个系统单元的结构先进合理，元器件有较大的余度。

系统实用：系统具备对各信号较高精度和较快速度的处理能力，人机界面对使用者友好，有汉字提示，有丰富的报警功能，方便控制调节的操作，具备有效的报表处理和打印功能，系统接线非常方便，系统对操作环境要求不苛刻等。

系统先进：结合重庆沙坪坝综合交通枢纽自身特点，选择了在相关领域较为先进的系统，如极早期空气采样火灾探测报警系统、大空间消防电气系统等。采用实时抢占多任务嵌入式操作系统，响应速度快。

通过对重庆沙坪坝综合交通枢纽火灾自动报警系统的研究，得出了以下几个火灾自动报警系统未来的攻关发展方向。

1. 智能化

目前，随着物联网发展速度的加快，火灾自动报警系统在各个领域得到了发展。网络可实现资源共享、消息实时传送以及远程控制等功能，是我们集中整合资源的重要措施。因此火灾自动报警系统网络化与智能化是以后的发展趋势。本次研究报告已初具规模，但远远满足不了日后发展的需求。未来要实现的目标是火灾自动报警系统覆盖整座城市，甚至住宅小区也要被涵括其中，全部进行联网平台化操作，上传数据到火警指挥中心，实现资源实时共享、调配和分析。例如通过 BIM 和 GIS 的结合使其覆盖整座城市。

具有思维的生物的优势是能迅速发现火情，是因为其具有视觉、嗅觉、感觉的功能，最重要的是他们具有来自大脑的分析能力。生物智商越高，对危险的识别判断就越准确。对于现代社会来说，利用生物监测火情是不现实，所以智能化将是火灾探测技术发展的重要方向，不但要求探测器可采集多种数据，而且控制器要具备强大的运算分析能力，能判断现场的真实情况，从而避免误报、漏报的情况，实现完美探测火情的要求。

2. 火灾探测技术的多样化发展

火灾探测器的使用是决定探测环境中火灾的一大关键因素，所以不断研发新型探测器是未来发展的趋势，比如纳米技术——使用纳米材料制作气体探测器，由于纳米分子小，可识别多种物质，具有反应快、准确性高的特点。

3. 设备连接方式多样化

随着无线通信技术的成熟，设备间可以用无线技术进行连接，这样具有施工简易、组网方便、安装调试省力的优点。对环境情况的变化适应力强，方便系统的改建和扩建工程，而且对于设计的要求简单，利于网络优化，使得网络传输更加可靠以及方便，并且百姓也可以通过手机 App 参与到日常的消防设施管理中。

最后，随着时代的变化以及科技的进步，国家相应的设计规范也会越来越完善，逐渐成为一套完整、健全、富含高科技的火灾自动报警系统。

第 5 章

重庆沙坪坝综合交通枢纽火灾救援体系及应急预案

5.1 国内外应急救援体系研究

应急救援作为一项国家职能，在国外开展的较早。欧洲、美国、日本、俄罗斯以及澳大利亚等国家都建立了比较完善的应急救援体系。它们在机构设置、法制建设、机制建设等方面都积累了相当丰富的经验。世界发达国家的应急救援体系建设在各国应急救援、保障公民生命财产安全过程中起到了重要的作用，值得我国学习和借鉴。

5.1.1 美国应急救援体系现状

美国应急管理体系主要经历了三个阶段，从单项防灾减灾过渡到综合防灾减灾，再逐步发展为目前的循环、持续改进型的应急管理模式。

第一阶段是指 1786—1978 年，这一时期没有专门的应急管理机构，突发事件由政府部门或立法机关施政或立法行为予以管理，没有形成针对此后发生灾难的持久性、普遍性的管理责任和义务。第二阶段是指 1979—2001 年，关键性事件是于 1979 年成立了联邦紧急事务管理局（FEMA）。联邦紧急事务管理局的成立标志着美国的应急管理体制正式建立，也标志着现代应急管理的开始。联邦紧急事态管理局开始发展成为"全灾害管理、控制和预警"一体的综合性应急管理系统。第三阶段是 2001 年至今，发展成以国土安全部为主的综合协调应急体系。2001 年美国发生了震惊世界的恐怖袭击事件，该事件引起美国政界、舆论界和学术界对国家应急管理体系的深刻反思。

经历了这三个阶段，美国的应急管理体系演化为联邦政府、州政府、地方政府（县、市）三级管理模式，各州具体负责各自的公共安全和公共卫生事务。应急管理实地操作主要体现在州和地方政府层面，一般情况下由州或地方的行政长官负责，联邦政府只在州、地方、个人无力应对风险并请求援助的情况下，才会给予必要的救援。

1. 美国应急管理组织体系

美国政府应急管理组织体系由三层组成：联邦政府层（国土安全部及其10个区域代表处）、州政府下设的应急管理办公室、地方政府下设的应急管理机构。这三层应急管理组织体系形成了"统一管理，属地为主，分级响应"的美国应急管理的运行机制。

（1）统一管理。

美国突发事件管理是以总统为核心，国家安全委员会为决策中枢，国土安全部为综合指挥协调机构。美国国土安全部及隶属该部的联邦应急管理署（FEMA），是联邦政府应急管理的最高机构。国土安全部是在"9·11"恐怖袭击事件后由联邦政府22个机构合并组建而成的，员工达17万人。国土安全部在全美设有10个区域代表处，这十个代表处将美国分为10个区域进行管理，其主要负责与地方应急机构的联络，在紧急状态下，负责评估灾害造成的损失、制定援救计划、协同地方组织实施救助。国土安全部下属的联邦应急管理署（FEMA）是突发事件应急管理的专职机构，其他政府部门和机构负有支持国家应急反应活动的主要责任，按照《国家应急响应框架》（NFR）的规定履行职责。

（2）属地为主。

作为联邦制国家，美国各州政府具有独立的立法权与行政权，具体做法不尽相同，但一般都设有专门的应急管理机构负责研究该州范围内的应急准备与应急计划。他们都具有以下职责：① 设计一套如何部署州资源与支持地方灾难救援的作业程序；② 确定各州政府机关的职责，州长在灾难发生时具有广泛的行政决定权；③ 确保国家警卫能够被动员；④ 重要的公共事业设施的重新安置。地方应急管理机构作为独立的单位或挂靠在其他部门（消防部门、警察部门或其他）。地方应急管理人员拥有常规的权利和责任监督地方的应急管理规划及工作。当地长官和突发事件应急管理人员从社区政府的角度带领自己所管辖的社区做好准备以应对突发事件。

美国的应急管理主要以地方政府为主，州及地方政府有着很大的自主权，应急行动的指挥权属于事发地政府。仅在地方政府无法满足应急管理需要时，地方政府会向州或联邦政府提出援助请求，上级政府才调用相应资源予以增援，且并不接替当地政府对这些资源的处置和指挥权限。并且，上一级政府有权在灾后对所涉及的资金使用情况进行审计。

（3）分级响应。

按照联邦、州、地方政府三级应急管理体制，最基层的政府必须对突发事件做出反应，必要时可请求外部救援。

在突发事件发生后，地方政府负责人宣布进入紧急状态，启动地方应急资源开展应对，并将应对情况及时向州政府报告，当地方政府不能解决时，及时请求上级政府援助。

为了确保一个地方在应对事故时可以获取充分的救助资源，保障公众安全和快速恢复受灾周围的基础设施，美国各州及地方政府建立了较为完善的区域协调互助机制。通过州之间或地方政府之间的得到法律认可的应急互助协议，以实现区域应急管理协作。

州政府的应急反应机构，需及时对地方突发事件进行评估，当事态扩大至超出地方政府管辖范围，将由州长宣布进入紧急状态，启动应急行动计划，并及时向联邦政府报告；当事态的发展到了州政府不能解决和处置需向联邦政府请求支持时，联邦政府对突发事件进行评估后，启动全国应急行动计划，由总统宣布全国进入紧急状态。

2. 美国应急救援力量建设

美国在《国家应急响应框架》中规定：美国应急救援不是任何一方的责任，是由以下力量共同构成：

（1）家庭和个人。

虽然家庭和个人不是正式的应急管理行动的一部分，但家庭和个人也在应急准备和反映中发挥了重要作用。例如每个家庭可以通过积极准备实用工具来减少周围的风险带来的威胁。

（2）社区。

社区是具有相同价值观或目标的群体，这些团体在应急救援时具有不可小觑的潜在贡献。

（3）非政府组织。

非政府组织在应急救援过程中发挥着非常重要的作用，他们会：① 提供培训和管理志愿者资源。② 提供搜索、救援、运输和物流服务和支持。③ 协助疏散、抢救、护理等。

典型的非政府组织有：美国红十字会，国家灾难救助自愿组织（VOAD）等。

（4）私营部门。

包括大中小型企业，商务、私人的文化和教育机构等。他们通过与各层级的政府的合作伙伴关系在应急救援时做出贡献，并且在某些特殊情况下可以参与到决策制定的过程中。

（5）政府机构。

联邦、州、地方政府都有自己的专业应急救援队伍，各地的消防、警察、医疗救护人员等专业队伍是应急管理队伍的中坚力量。主要包括应急管理队 IMT（Incident Management Team）和应急救援队（消防队、城市搜救队和医疗队等）。应急管理队具有全面、综合的应急能力，可以妥善处置各类突发事件。应急救援队主要由消防队伍承担，应急队伍的人员必须经过严格培训，持证上岗。专业人员的培训通常达几百个小时，内容也因功能组的不同而各异。资格认证也要随着技术等的变化，进行再培训和再认证。专业人员还要参加各种演习，提高实战能力。同时，他们还负责指导基层组织、企业、志愿者的救援培训，使其掌握一定的救援技能。

3. 标准化的应急指挥体系

美国联邦政府通过建立《国家事故管理系统》（NIMS），逐步强化和规范了应急管理工作机制。该系统提供了一个全国统一的模板，促进联邦、州、地方政府及企业和非政府组织一起开展工作，不管是事件大小、事件类型，还是事前计划、事发应对都可以普遍适用。

美国国家突发事件管理系统（NIMS）将突发事件划分为五个等级，事件严重性由第五级到第一级依次增强。与突发事件等级相对应，美国应急指挥主体及参与部门也按事件的严重性划分响应等级。一般而言，第五级突发事件由地方应急部门指挥应对；第四级突发事件由地方相关部门联合应对；第三级突发事件由市县区域联合应对；第二级突发事件由州一级范围内联合指挥应对；第一级事件则需要由美国联邦级协调应对。不论是哪一种灾害响应级别，都能通过 ICS（Incident Command System）进行有效的指挥与协调。

ICS 是 NIMS 的主要内容，是由一套组织架构组成的，适用范围广泛。ICS 通常包括了行动组、计划组、后勤组和财务行政组四个功能小组，这四个小组按古典的直线管理组织设置进入 ICS，有时指挥官会视情况设立一个情报部。而指挥官的协助性团队则包括了信息官、安全官和联络官。当突发事件影响到多个辖区时，单一应急指挥将转化为联合指挥，联合指挥将各辖区的相关部门整合为一个联合小组，设施、计划等都得到整合，联合指挥的行动组组长一般是与事件关联最大的辖区或机关。ICS 体系的特点在于：其拥有一套通用的术语、模块化的组织设置、目标式的管理方式、明晰界定的指挥权使用、弹性化的组织构建、适当的控制幅度、整合的通信系统等。ICS 设立了套通用术语，以明确事件紧急处置中的概念含义及使用，避免救援中出现理解的歧义。ICS 的组织架构由统一的指挥官及职能小组构成,每个小组都是可继续细分的且经过模块界定的。ICS 是目标管理导向的,处理每件事都要经过四个步骤(了解政策及方向、建立目标、选择策略、执行命令)。ICS 对指挥权的建立和转移界定明确。ICS 的组织构建具有弹性,组织的建立和扩展都由指挥官来决定。

事故指挥系统通过将各种设施、装备、人员、规程和通信组合进一个共同的组织结构中,实现了对国内突发事件的快速高效应对管理,广泛应用于火灾、飓风、地震、恐怖袭击、化学品泄漏等各种事件的处理中,也用在各种商业演出、音乐会等大型公众活动中。目前,美国要求接受联邦财政援助的州及地方辖区,必须推行事故指挥系统。另外,美国的炼油厂、飞机制造企业等大型企业也都在采用此系统。

5.1.2 日本应急救援体系现状

日本是一个有着约 1.26 亿人口、37.78 万平方千米土地面积,由四个大岛和大约 4 000 个小岛组成的岛国。日本列岛地理上位于欧亚板块、菲律宾海板块、太平洋板块的交接处,处于太平洋环火山带,台风、地震、海啸、泥石流、火山喷发、暴雨等各种灾害极为常见,是世界上最易于遭受自然灾害的国家之一。日本突发自然灾害的频发性,给日本政府应急管理机制的研究和实践提出了现实的要求。作为经济、科技发展处在世界前列的发达国家,为了应对各种可能的突发公共事件,日本进行了长期卓有成效的探索,很多在应急实践中所积累和总结出来的经验和思路,是十分值得我国各级政府学习、研究和借鉴的。

1. 日本应急组织体系

日本的应急组织体系分为中央、都道府县、市町村三级制,各级政府在平时召开灾害应对会议承担综合性联络协调应急全局任务的决策体系,主要任务为:灾害应对计划的拟订、审查及推动各项灾害应对措施。不同层次的对策本部是在灾害状态下进行指挥决策的核心机构。各种类型的灾害应对计划则是日本各级政府执行各项防、救业务工作的基本依据。各级防灾会议职责如下。

(1)中央防灾会议。

作为内阁的主要政策委员会之一,由总理大臣担任会长,设置在内阁办公室中,是日本内阁制定防灾基本计划和审议有关防灾等重要事项的基本组织体系,并由指定公共机关的首长(国务大臣)、专家学者为委员组成。按照《灾害对策基本法》的规定,"中央防灾会议"的主要职责是:确保灾害管理被广泛理解、讨论有关灾害管理的重要事宜、审议拟订"防灾基本计划"等灾害应对相关计划、推进在发生非常灾害时的紧急措施的制定和实施、接受内阁总理大臣和防灾担当大臣的咨询、审议各类有关防灾的重要事项等。为促进防灾工作科学有序地展开，中央防灾会议还设立相应的专门委员会，有针对性地开展相关问题的研讨。

（2）都道府县防灾会议。

都道府县层级的防灾会议由都道府县知事出任会长，委员由都道府县及中央派驻地方的机关、教育委员会、警察本部长、市町村、消防机关、陆上自卫队警备区域方面的总监，以及指定公共机关、指定公共事业分支机构、辖区内指定地方公共事业或地方团体的首长、负责人、指派代表等担任。都道府县防灾会议每年定期召开一次，规定的任务包括：制订及推行都道府县的地区防灾计划、灾害发生时搜集相关灾情资料、协调相关机关采取灾害应变措施，并从事灾害善后处理工作、制订都道府县的灾害紧急应变计划等。

（3）市町村防灾会议。

市町村层级的"防灾会议"由市町村长出任会长，委员比照都道府县防灾会议的组织聘任。它的主要任务是拟订市町村地区灾害应对计划，并从事灾情的搜集工作以及推动各项灾害应对措施的制定等。

（4）防灾会议协调会。

在都道府县或市町村两级，当需要进行跨区域的协调时，应设立由两个以上的都道府县或市町村辖区联合成立的"防灾会议协调会"，共同处理跨区域的灾害应对事务。

2. 日本应急对策组织

灾害应急对策系指灾害发生或有发生之虞时，为避免灾害发生及为防止灾害扩大，所实施的应变防御措施及救助活动等。具体包括以下9个方面的内容：① 警报的发布、传递与避难的劝告或指示；② 消防、防汛等应变措施；③ 灾民救难、救助及其他保护；④ 受灾儿童及学生的应变教育；⑤ 设施及设备的应变复原；⑥ 清除、防疫等卫生保健；⑦ 犯罪预防、交通管制及其他灾区社会秩序的维持；⑧ 紧急运输的确保；⑨ 其他有关防止灾害发生或防止其扩大的相关措施。

灾害应急对策的实施主体为指定行政机关首长、地方自治团体首长（都道府县知事、市町村长）及其他执行机关、指定公共事业、指定地方公共事业及依法令规定有实施灾害应变的责任人，实施主体应依法令及防灾计划实施应变措施。自灾害发生至应变措施结束，市町村长应向都道府县知事，都道府县知事、指定公共机关的代表人、指定行政机关的首长应向总理大臣，报告受害状况以及所采取的应对措施。在灾害应急对策实施的过程中，《灾害应对基本法》给处在灾区现场的市町村长赋予了广泛的权限，并要求其作为第一责任人来实施灾害应变活动。

都道府县作为市町村的上级自治团体,应实施广域性、综合性的灾害应变活动,同时亦应协助及调整市町村以及指定地方行政机关实施防灾业务。指定中央公共机关与指定地方公共机关亦应采取应变措施,或请求、指示都道府县、市町村、指定公共事业及指定地方公共事业实施应变措施。

3. 日本应急救援指挥组织

在灾害发生时日本会成立相应的灾害对策本部。灾害对策本部是各级政府应对各类突发公共事件的临时机构,具有统筹全局、统领指挥的权限和职责。

按照《灾害对策基本法》规定的应对灾害的程序,当在发生灾害或有发生灾害的可能时,首先是该辖区的市町村立即成立"灾害对策本部",开展第一线的抢救工作,并从事灾情搜集以及推动市町村防灾会议所订立的各项应变措施的执行,并将灾情状况呈报第二层级的都道府县,同时转报中央。此时,都道府县与中央政府应视情况派遣人员至灾区现场。如果灾害已发展到一定的程度,符合设立都道府县层级"灾害对策本部"的条件时,即在都道府县层级设置"灾害对策本部",执行各项灾害抢救与应变的组织指挥事宜。

在日本《灾害应对能力指南》中,明确规定了灾害对策本部的会议方法:① 明确整体目标(指挥官);② 明确现状和资源配置(信息战略/资源管理);③ 启动行动方案草案和备选办法(案件处理);④ 根据政策规定组织机构(案件处理);⑤ 根据活动方针(案件处理/信息策略)讨论具体活动;⑥ 决定活动所需的资源分配(案件处理、信息战略、资源管理);⑦ 决定放置地点、收集处(资源管理);⑧ 讨论资源的采购/维修(信息战略/资源管理);⑨ 制定支持计划(通信计划/救援计划/交通计划等)(信息战略);⑩ 批准计划实施(指挥官,全部)。

如果发生的灾害经认定是重大灾害、有必要推动制定灾害应急对策时,内阁总理大臣于内阁内设置"非常灾害对策本部",统筹调度指挥灾害应对指挥事宜。如果发生的是显著异常且特别激烈的大规模灾害时,总理大臣须经内阁会议决议后于内阁设置"紧急灾害对策本部"。无论是"灾害对策本部""非常灾害对策本部"还是"紧急灾害对策本部",都必须视需要于灾害现场设立"现场灾害对策本部"。《灾害对策基本法》还规定,为迅速且有效地完成灾害应对的任务,各行政机关间必须承担相互协助的义务。因此,各级政府机关可在执行灾害应变及复原任务时,请求、协调其他机关职员的派遣。

4. 日本应急救援体系

经过长期的发展与探索,日本已建立了较为完善的灾害救援体系。训练有素、装备精良的救援队伍在实施灾害救援的过程中发挥着不可替代的作用。在日本,灾害救援任务主要由消防、警察、自卫队和医疗机构等承担，它们构成了日本现如今较为严密的灾害救援体系。

（1）消防机构。

日本的消防机构既是负责灾害救援的主要机构，也是收集、整理、发布灾害信息的主要部门。日本各地的消防署大都设立消防救助队，主要开展火灾事故、交通事故、水难事故、自然灾害事故、机械事故、建筑倒塌事故、化学泄漏事故等各种复杂、危险灾害事故的抢险救援工作。日本政府对消防救助队员的要求非常高，消防救助队员除了参加救助活动外，平时70%的时间用于进行各种救助训练或体能训练。为了提高消防救助队员的救助水平，日本每年都举行全国性的救助技术大赛。

在日本，对高危病人和受伤人员的医疗救急工作原是由医院和民间机构承担的。后来，日本政府为充分发挥消防部门的综合效能，通过修改法律，将这项工作定为消防部门的法定任务。目前，医疗救急的出动次数已占到消防出动总数的80%以上。消防救急队员已成为众多老、弱、病患者眼中的"救星"。日本的消防救急工作程序十分严谨。一般情况下，消防救急队员赶到现场后，对患者的呼吸、脉搏、体温、血压等进行测量，诊断基本症状，并与最近的指定急救中心取得联系，确定诊断医生后，再将患者送往医院。目前，日本消防救急队在全面推行"7分钟救急体制"，即接到求助电话后，救急队7分钟内赶到现场，使市民接受更快、更好的医疗救急服务。

在大规模灾害发生时，为了迅速进行情报的收集、灭火、救出、救助等活动，并确保拥有先进技术和器材装备的救助队能够有效统一地进行消防救助活动，日本消防厅专门成立了"灾害紧急消防救援队"。这支队伍由紧急指挥支援部队、后方支援部队、紧急部队、航空部队、救助部队、水上部队、灭火部队、特殊灾害部队等8个专业化部队组成。

（2）警察机构。

当大规模灾害发生时，灾区警察在救灾抢险中起着重要作用。按照《灾害对策基本法》的规定，灾害发生时，警察必须迅速收集地区灾害情报，劝导和指挥居民避难，开展急救工作，寻找失踪人员，维持社会治安以及开展验尸等工作，从而进行广泛而全面的灾害紧急应对工作。警察的灾害应对体制由情报应对体系和灾区现场活动两部分组成，前者主要承担情报的收集与传递等工作；后者主要负责各种救灾抢险、道路交通管制、伤员紧急输送、灾区治安维持等工作。

（3）自卫队机构。

日本的自卫队属于国家行政机关，自卫队所有的经费都来源于国家财政，与地方财政没有直接关系。当灾害发生时，根据《灾害对策基本法》和《自卫队法》的规定，如果需要自卫队参与救灾抢险，根据灾害发生时的紧急状态，由所在都道府县的知事向防卫厅长官或防卫厅长官指定的代理人提出书面申请或通过电话等通信手段提出申请，自卫队长官则根据申请的内容和实际需要向灾区派遣灾害救援部队。自卫队提供的灾害救援范围很广泛，包括：搜寻和营救伤员，处理飞机残骸，防洪抗险，医疗援助，预防疫病蔓延，供应水、食品，运输人员和物资等。

5. 日本应急教育

日本是一个饱受自然灾害侵袭之苦的国家，为更好地应对各种灾难，日本政府和人民极为重视应急教育工作，所取得的成效也是极为显著的。

日本的应急教育首先从中小学教育抓起，从小培养公民的防灾意识。日本各都道府县教育委员会基本上都编写《危机管理和应对手册》或者《应急教育指导资料》等教材，指导各类中小学开展灾害预防和应对教育。2005年日本文部科学省发表的一份调查结果表明，在全日本 5.4 万所学校中，有 76% 的学校已对学生进行过如何应对天灾人祸等突发性危机的教育，有 67% 的学校每年组织学生进行过如何防范和应对突发性危机的训练。除了进行天然灾害应急教育外，日本的各类学校还进行了应对和预防各类人为犯罪伤害、火灾等方面的教育。

日本的各级政府也会对当地居民进行日常性的防灾教育。各级政府经常通过编印小册子以及通过广播、电视、报刊、杂志、互联网等媒体为公众提供各种应急教育。防灾教育内容简单实用，非常富有针对性，深受日本各界的欢迎。

5.1.3 中国应急救援体系现状

在 2003 年"非典"疫情之后，中国形成了以"一案三制"（应急预案、应急体制、应急机制、应急法制）为核心的应急管理体系。2004 年 3 月 14 日第十届全国人民代表大会通过《中华人民共和国宪法修正案》，将"紧急状态"入宪，2007 年 8 月 30 日发布《中华人民共和国突发事件应对法》。2005 年 8 月 7 日，国务院发布《国家突发公共事件总体应急预案》，随后按照"立法滞后，预案先行""横向到边（从中央到基层），纵向到底（跨越到各个领域和部门）"两大原则建立起了应急预案体系。

1. 中国应急管理预案体系

应急预案体系是我国应急管理体系建设的龙头，是"一案三制"的起点，是应对突发事件的行动指南，为应急响应过程提供决策依据，也是突发事件应急准备工作的基础。完整的应急预案包括预案的编制、维护和管理。

2003年上海市完成《上海市灾害事故紧急处置总体预案》编制,接着北京市公布《北京防治传染性非典型肺炎应急预案》。2005年1月26日《国家突发公共事件总体应急预案》经国务院第79次常务会议讨论通过,国务院相继印发四大类件专项应急预案,80件部门预案和省级总体应急预案也相继发布。2008年汶川地震发生后,以国家总体应急预案的修订为开端,现有的预案体系开始了以完备化、可操作化和无缝连接为主要特征的第二轮修订过程。

通过几年的努力,我国应急预案体系已初步形成。在国家层面,国家专项预案和部门预案在地方层面进一步健全,县级以上政府及部门应急预案编制工作基本完成,基层应急预案编制工作也在企业层面大幅度增强,中央企业和高危行业生产经营单位全部完成了应急预案编制工作,其他各类生产经营单位应急预案编制工作也都有所加强,各项重大活动也都编制了详尽的应急预案。但我国的应急预案体系或多或少尚存在一些不足之处:① 可操作性明显不足,不能在突发事件应对实践中充分满足使用;② 不同层次、部门预案之间缺乏标准化交互程序;③ 应急预案多以纸质文本或电子文本的形式存放于档案柜或电脑储存介质中束之高阁;④ 预案演练和修订流于形式,预案缺乏维护和修订。

2. 中国应急管理体制

自中华人民共和国成立以来,我国应急管理体制应对的突发事件范围逐渐扩大,其覆盖面从以自然灾害为主逐渐扩大到覆盖自然灾害、事故灾难、公共卫生和社会安全四个方面的工作。应急管理体制从单一部门防灾减灾过渡到综合协调的应急管理,从议事协调机构和联席会议制度的协调过渡到政府专门办事机构的协调。一个依托于政府办公厅室的应急办发挥枢纽作用,协调若干个议事协调机构和联席会议制度的应急管理新体制初步确立。在很长一段时间里,我国采用分部门、分灾种的防灾减灾的应急体制,由相应部门进行垂直管理,没有独立和常设的应急管理协调机构。这种应急体制导致各部门横向之间协调不足,协同较差,权责不清,职责交叉和管理脱节现象并存,同时在通信信息、救援队伍、救灾设备等方面存在着部门分割、低水平重复建设等问题。此外,在专业化部门管理与属地化区域管理之间同样存在着严重的协调不足问题,即通常所说的"条块分割"。这种应急体制存在较大弊端,限制了对突发事件的有效应对。2003年前期间对疫情应对的不力成为我国开始"一案三制"的应急管理体系建设的契机,初步建立起"统一领导、综合协调、分类管理、分级负责、属地管理为主"的应急管理体制。

(1)统一领导。

在中央,国务院是突发事件应急管理工作的最高行政领导机关;在地方,地方各级政府是本级行政区域突发事件应急管理工作的行政领导机关。

（2）综合协调。

综合协调有两层含义：一是政府对所属各有关部门、上级政府对下级各有关政府、政府与社会各有关组织、团体的协调；二是各级政府突发事件应急管理工作的办事机构进行的日常协调。

（3）分类管理。

分类管理指按照自然灾害、事故灾难、公共卫生和社会安全四大类突发事件的不同特性实施应急管理。分级负责主要是根据突发事件的影响范围和突发事件的级别不同，确定突发事件应对工作由不同层级的政府负责。

（4）属地管理。

属地管理有两层含义：一是突发事件先期处置工作由地方负责；二是法律、行政法规规定了由国务院有关部门对特定突发事件的应对工作负责的，则由国务院有关部门管理为主。

目前，在国家层面上既存在国务院，或由国务院成立的、由国务院主管领导负责的常设指挥机构及非常设应急协调指挥机构，又存在专门的国务院应急管理办公室。国家建立部级联席会议制度，出台了相应的部门规章制度，增加部门间的协调力度。应急管理办公室履行值守应急、信息汇总和综合协调职责，发挥运转枢纽作用。地方层面上，地方政府依据国务院应急管理模式建立了对应的各级应急管理机构，并建立了一系列相应的应急管理制度，标志着应急工作由部门层面上升到整个政府的层面。同时各级政府机构都成立了应急管理专家组，发挥专家的咨询指导作用。

我国现有各类应急救援人员50余万，分散在公安消防、森林消防、抗洪抢险、地震救援、水上搜救、铁路救援、民航救援、危险化学品救援和矿山救援等多个部门和行业，都是分灾种、分部门、分系统建立的，救援力量分散，条块分割比较严重，缺少综合性，存在着"多队单能"的弊端。各种非专业的兼职应急救援队伍是专业应急救援队伍必要的补充，近年来非专业应急救援力量逐步成长并发挥重大作用。

5.1.4　比较结果

发达国家在应急救援机制和体系建设上取得的成就与经验，值得我国学习与借鉴。其建设经验主要有这样几个方面的内容：有统一的管理机构，拥有较为完善的法律保障，应急救援组织机构完备，应急救援运行机制相对完善，应急救援设备精良、物质充沛，应急救援队伍分布广、力量强，社会力量参与程度较高。

5.2 大型综合交通枢纽应急体系研究

发达国家应急管理实践和理论研究起步较早,并已形成相对完善的城市灾害应急管理体制。因此,对国外大型综合交通枢纽应急管理进行比较研究,可以为我国特大型城市的综合交通枢纽应急管理发展提供有益参考。

5.2.1 洛杉矶国际机场应急管理案例分析

机场具有众多功能独特的建筑与设施,其复杂性与综合交通枢纽相同;在面对应急事件时,同样需要各个部门协同合作来减少灾难带来的伤害。所以对国外典型综合交通枢纽的应急体系案例进行研究同样具有必要性。

本次研究选择美国洛杉矶国际机场进行分析是因为:① 机场所在地加州(加利福尼亚州),具有较为成熟的应急管理体系;② 洛杉矶国际机场(LAWA)是全美国第二大航空管理局所在地,同时也是世界上人口最多的大都市之一。

因为几乎没有机场能够拥有足够的资源来独立应付各种紧急情况,每个机场都不同程度地需要依靠周边的社会单位进行应急反应。洛杉矶国际机场针对不同的紧急状况规定了不同部门的义务与责任。

1. 洛杉矶国际机场应急管理组织

洛杉矶国际机场是个独立的、自给自足的部门(根据洛杉矶市第238市宪章),它接受机场委员会管理,其中委员会成员由市长和市政会议控制。机场管理委员会定期向机场董事会报告。机场内部设有机场应急管理执行主任的职位,由机场首席执行官担任或委任,负责监督管理机场运营及对紧急情况的管理和上报。其负责的具体职责如下:① 管理地面作业任务;② 执行联邦航空管理条例;③ 监督设备、场地和负责设施的检查工作,以便进行适当的维修、必要的维修和改进;④ 协调航空公司运营。

洛杉矶国际机场具体参与应急活动的部门及响应责任如下:

(1)机场运营商。
① 提供机场中具体的信息,如人员数量、燃料数量、危险货物等;
② 协调交通、住宿和安排受伤乘客;
③ 协调机场中设备和人员以应对发生的各种紧急状况。

(2)机场应急管理局。
① 作为突发事件中整体场景的指挥官,承担所有总体响应和灾后恢复的责任;
② 建立、颁布、协调、维护和执行机场应急预案;
③ 必要时广播相关安全信息。

(3)机场租户。

① 协调租户们现有的设备和物品的使用以援助应急反应;

② 协调人力资源来援助机场应急。

(4)通信服务机构。

① 识别并指定可用于增强机场通信能力的私人和公共服务机构、人员、设备和设施;

② 在紧急情况下识别修理能力和可用性;

③ 在紧急情况下协调和建立通信协议。

(5)地方应急管理机构。

① 协调当地紧急行动计划和机场应急预案;

② 协调机场在区域防御灾害应急计划中的作用。

(6)紧急医疗服务机构。

① 在紧急情况下向机场提供紧急医疗服务,包括分流、稳定、急救、医疗和运送受伤人员;

② 与医院、消防和警察部门、机场操作员等协调计划、反应和恢复工作。

(7)地方环境机构。

为法规规定的环境和其他危险物质紧急情况提供反应和恢复的支持。

(8)联邦航空管理局。

① 认证和监测航空业的程序;

② 提供必要的调查服务。

(9)联邦调查局。

对某些劫机事件和其他犯罪情况的救援工作进行指挥。

(10)飞机救援灭火机构。

管理飞机救援及灭火行动。

(11)政府当局。

在机场管理局权利管辖范围之外进行事故的调查如对非法劫持航空器、炸弹威胁和爆炸等的调查。

(12)危险物品响应团队。

为危险物质紧急事件提供响应和恢复支持。

(13)医疗和保健机构。

确保应急响应时医院、EMS、消防和警察部门、机场操作员等部门在发生突发事件时的响应总体规划、反应和恢复工作中的实用性和互操作性。

(14)医院:协调医院防灾计划与社区应急管理计划。

明确了在应急响应中不同组织所担任的不同的责任,可以在应急响应中进一步减少突发事件带来的伤害和人身财产损失。

2. 洛杉矶国际机场火灾响应应急程序

在洛杉矶国际机场应急响应管理体系中,针对不同的突发事件分门别类地进行了有关规定。下面以机场结构火灾中的相关规定进行举例说明:

(1)任何观察或掌握火灾信息的人员应立即与"洛杉矶消防局紧急911系统"联系,并尽量多地提供名称、地址、火灾位置等信息。

(2)洛杉矶的消防部门应第一时间响应火灾位置和进行救火指挥,并根据具体需要尽情请求援助。同时第一时间通知机场操作室和控制塔。

(3)洛杉矶国际机场运营方得到发生火灾的消息后,如果火灾涉及联邦航空管理助航设施,应立即通知机场控制塔。若飞机存在危险状况,应及时协调控制塔关闭受影响的坡道或滑行道,同时联系机场电工和其他有关建筑维修人员。

(4)洛杉矶国际机场警察在突发事件响应中配合当地消防部门,并在需要情况下协助人员疏散;并为相关应急单位提供交通控制和现场管控。

在火灾发生时洛杉矶当地警察须在机场相邻街道进行交通管制,协助参与应急响应的车辆。

3. 洛杉矶国际机场案例总结

通过以上对洛杉矶国际机场的应急管理体系分析,可以发现美国的应急管理响应中的主要依靠单位和当地的应急机构或消防单位,与我国以政府为主导的国情有很大的不同,下面以国内大型综合交通枢纽为例进行对比分析。

5.2.2 上海虹桥综合交通枢纽应急管理案例分析

国内的应急救援系统建设者们在系统地调研国内外大型综合交通枢纽防灾规划、设计、建设与运营管理情况后,从规划、设计、施工、运营等方面入手,分析了大型综合交通枢纽工程运营的典型风险类型,建立起了完善的综合交通枢纽应急管理体系。而其中最具有代表性的就是全国最大乃至全世界体量最大、最先进的综合交通枢纽——上海虹桥综合交通枢。

上海虹桥综合交通枢纽位于上海市西北郊长宁区,是集民航机场、城际铁路、高速铁路、轨道交通、长途客运、市内公交等多种交通方式于一体的超大型、世界级综合交通枢纽,枢纽工程将位于长三角的上海、南京、杭州、苏州、无锡和常州等重要城市连在一起,对长三角城市圈的整合与发展具有深远影响。

上海虹桥综合交通枢纽属于多运营管理主体、多市级基层应急管理单元叠加的复杂系统,其应急管理具有显著的层次化、多元性特征。枢纽内聚集多个隶属于不同管理体系的专属区域,且各个区域在规模、管理方法、突发事件类型等方面存在一定的差异性,其应急管理具有明显的专属区域特征。枢纽内聚集机场、高速及城际铁路、城市轨道交通、磁浮、公交、出租、长途等多种交通方式,车流众多、人流密集,并且因为虹桥综合交通枢纽建筑体量大、空间紧凑、关联度高、设施设备复杂、管线众多、地下空间结构复杂,公共空间人群高密度聚集都给综合交通枢纽的应急管理工作带来了极大的挑战。

1. 上海虹桥综合交通枢纽应急管理体制

根据《上海市突发公共事件总体应急预案》,上海市委、市政府统一领导突发公共事件应急管理工作,市政府是突发公共事件应急管理的行政领导机构,市应急委决定和部署本市突发公共事件应急管理,市应急办负责市应急委日常事务。

同时虹桥商务区管委会会同相关部门和单位组建上海虹桥综合交通枢纽应急管理领导小组(以下简称"枢纽应急领导小组")及其办事机构、应急联动机构,协调落实枢纽应急管理工作。枢纽应急管理组织体系框架如图 5-1 所示。

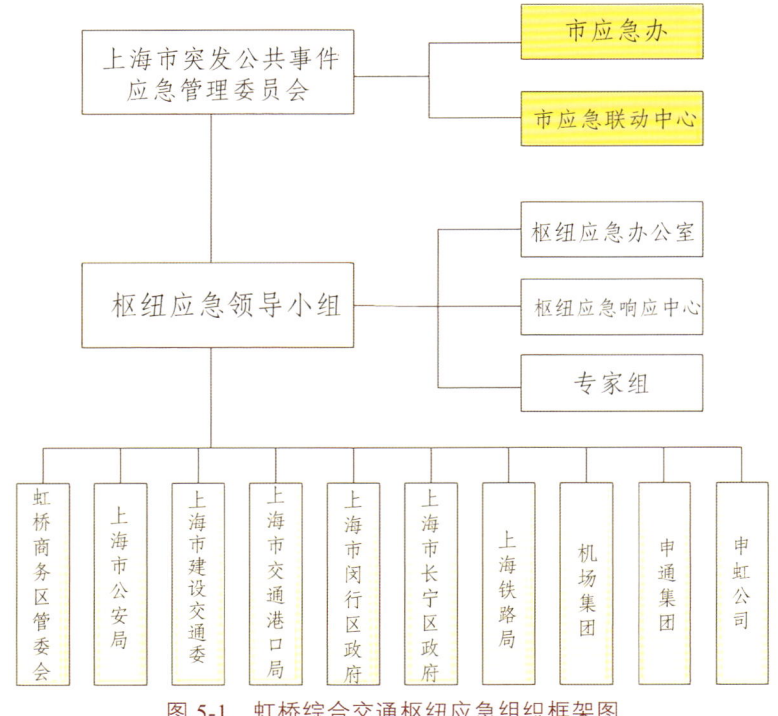

图 5-1 虹桥综合交通枢纽应急组织框架图

上海虹桥综合交通枢纽应急领导小组由组长、副组长、成员构成。其中应急领导小组组长由虹桥商务区管委会常务副主任担任，全面负责枢纽的应急管理工作。在突发事件发生时，经市政府授权，其作为主要责任人，负责指挥、协调枢纽应急领导小组各成员单位实施应急处置工作；应急领导小组副组长由虹桥商务区管委会专职副主任和市公安局分管领导担任，具体负责枢纽应急管理的日常工作。在突发事件发生时，协助枢纽应急领导小组组长实施应急指挥、协调工作。应急领导小组成员有：虹桥商务区管委会、市公安局、市建设交通委、市交通港口局、闵行区政府、长宁区政府、机场集团、上海铁路局、申通集团、申虹公司等为成员单位，其单位分管领导为成员。枢纽应急领导小组成员参与枢纽应急管理体系建设，紧急状态下，负责本单位枢纽站点或驻点的应急处置工作，协助枢纽应急领导小组组长指挥、协调枢纽突发事件的应急处置。同时，为了应急管理工作的需要，应急领导小组每年两次定期召开联席会议，研究决定枢纽应急管理统筹规划、监督检查、分析报告等各项工作。如有必要，可增加召开联席会议的临时专题会议，研究枢纽应急管理的重大事项。

上海虹桥综合交通枢纽一旦发生或即将发生重大、特别重大突发事件，为了快速有效地处置事件，根据需要，在枢纽应急领导小组框架下，成立临时应急指挥机构，负责现场处置或先期处置工作。枢纽各运营管理单位要服从临时应急指挥机构的指挥。

应急领导小组下设办公室（简称"枢纽应急办公室"），作为应急管理的办事机构。应急办公室根据应急领导小组的指示和决策，负责应急管理体系的建设及应急演练、宣传培训和应急保障等应急管理；办理和督促落实应急领导小组的决定事项；指导、督促枢纽各运营管理单位突发事件应急预案编制和管理；组织开展枢纽突发事件综合演练；对口联系上海市应急办。

2. 上海虹桥综合交通枢纽应急运行机制

通过对虹桥综合交通枢纽灾害进行监测和预警，可以有效地预防和处置灾害，从而最大限度地减少灾害对虹桥综合交通枢纽带来的损失，同时也可以为枢纽管理、运营当局进行有组织有计划的管理过程提供参考。

虹桥综合交通枢纽多类型突发事件预警应急指挥中心平台是在检测中心，对整个区域检测分析基础上建立的，检测中心根据获取的检测指标数据，通过识别、诊断、评价各致灾现象，确定检测指标处于危险、准危险、准安全或安全的何种状态中，并以此确定相应的预警等级，提出控制对策并实施。其中，主要功能是通过 HOC（Hub Operating Center，虹桥综合交通枢纽运营管理中心）实现日常运营指挥调度，同时在突发事件状态下实现应急指挥的，具体应急对策如下。

① 当指标处于安全状态时，继续进行日常监测，不介入预控管理状态。

② 当监测指标处于准安全或准危险状态，监测中心根据具体情况或指示进入特别监测阶段，或提出预控对策提请决策层并由决策层下达各职能部门执行，直至恢复到安全状态，同时监测中心将应急对策输入数据库中用于将来的参考中。

③ 当监测指标进入灾害状态时，整个虹桥综合交通枢纽预警应急管理组织进入应急管理程序，成立应急管理小组，由突发事件应急管理中心提出应急方案，并组织人员具体实施。此时的应急管理小组取代了日常管理中的决策层，全面负责突发事件状态中虹桥综合交通枢纽的运营管理活动，直至危险消除，枢纽运营重新进入安全状态。

当发生突发事件，启动应急预案，应急指挥中心开始工作的时候，根据突发事件发生的区域不同和灾害种类、级别不同，应急指挥中心需要出席的人员也不同。如果突发事件仅发生在单个交通方式和公共区域之间，则只需要该交通方式的具有相应权限的指挥人员和枢纽的指挥人员到场，根据突发事件的情况互相协商，进行应急处置。当灾情蔓延，可能影响到其他交通方式时，就需要相应交通方式的指挥人员到场。

枢纽应急指挥中心与其他各建筑单体指挥中心的关系可以概括为：日常分块运行、应急统一协调。在日常情况下，各中心负责管理各自区域的运转，并不参与其他建筑单体的运行。在各自区域发生独立其他建筑单体的应急事件时，由各建筑单体的指挥中心自行处理，枢纽应急指挥中心只负责监视应急事件的发展。但是在应急事件发展扩大，可能影响其他建筑单体时，就需要枢纽应急指挥中心发挥作用，协调各建筑单体指挥中心对应急事件进行处理。

3. 上海虹桥综合交通枢纽应急预案体系

上海虹桥综合交通枢纽应急预案的制定，贯彻了《国家突发公共事件总体应急预案》，适应上海特大城市特点和未来发展需要，根据预案内容，各救援力量平时在充分做好应急救援相关准备工作，救援时按指令尽快奔赴现场协同开展救援，积极抢救被困人员，减少伤亡和事故损失。

上海虹桥综合交通枢纽编制应急预案时遵从了以下十项基本要求。

（1）组织结构及其职责。

组织结构及其职责包括：明确应急反应组织机构，参加单位和人员及其作用，明确反应总负责人；明确本区域内能提供援助的相关机构；明确政府、周边机构或组织及企业在应急中的职责。

（2）灾害辨识与评价。

确认灾害发生的类型、地点，预估灾害影响范围及伤害人员数量，按照确定的灾害严重程度，估计所需的应急反应等级。

（3）通告程序和报警系统。

确定报警系统和程序，明确现场 24 h 的通告、报警和上报方式，列出 24 h 与政府主管部门的通信联络方式，建立应急反应人员向外救援的方式，制订向公众发布应急消息的标准、方式和信号等，明确应急管理指挥中心如何保证有关人员理解并对应急报警反应。

（4）应急设备和设施。

应急预案中列出可用于应急救援的设施（如办公室、通信设备、应急物资等），列出相关应急救援参与部门（如武警、消防、卫生和防疫等部门可用的应急服务），列出可用的个人防护装备（如呼吸机、防护服等），明确与有关机构签订的互援协议。

（5）应急评价。

明确决定各项应急事件的危险程度的负责人，描述评价危险程度的程序，描述危险程度所需的监测设备，确定外援的专业人员。

（6）保护措施程序。

明确可授权发布疏散指令的负责人，描述决定采取保护性措施的程序，明确负责执行和核实疏散乘客的部门，描述对特殊设施和人群的安全保护措施，列出乘客救护中心和避难场所，描述决定终止保护措施的办法。

（7）信息发布与乘客教育。

描述各应急小组在应急过程中对媒体和公众的发言人，描述向公众和媒体发布灾害应急信息的决定方法，确保公众了解如何面对应急灾害所采取的周期性宣传及产生安全意识等。

（8）事故后的恢复程序。

明确决定终止应急、恢复正常程序的负责人，描述确保不会发生未授权而进入灾害现场的措施，描述宣布取消应急的程序，描述调查、记录、评估应急反应的方法。

（9）培训和演练。

对应急人员进行培训，确保其合格上岗，描述每年培训、演练计划，描述定期检查应急预案的方法，描述通信指挥系统的监测评估和程序，描述对现场应急人员进行培训和更新安全宣传材料的要求。

（10）应急预案的维护和更新。

明确应急预案更新、维护的负责人，描述每年更新和修订应急预案的方法，根据演练、检测结果完善应急预案的计划。

根据以上原则，上海虹桥综合交通枢纽编制了针对整个虹桥综合交通枢纽的运营管理方案，组织了相应的组织机构，明确了预案工作机构，建立应急保障和建立管理。

同时上海虹桥综合交通枢纽也编制了专项处置预案以针对不同灾害类型，包括：

（1）虹桥综合交通枢纽火灾处置预案：制订的火灾应急处置预案，有效针对了火灾事故的特点，重点突出在应急行动中的灭火要点、应特别注意和回避的事项等。应急程序应详细说明应急组织和应急队员的灭火能力、任务和职责，说明应急指挥人员、安全人员及其他人员和乘客如何协助执行应急程序。

（2）上海虹桥综合交通枢纽恐怖袭击处置预案。

（3）上海虹桥综合交通枢纽水灾处置预案。

（4）上海虹桥综合交通枢纽风灾处置预案。

（5）上海虹桥综合交通枢纽地震处置预案。

5.3　重庆沙坪坝综合交通枢纽火灾应急救援研究

本书之所以选择重庆沙坪坝综合交通枢纽进行实证研究，是因为重庆沙坪坝具有典型综合交通枢纽的特征，同时拥有作为位于地下的交通枢纽所具有的特点。通过对沙坪坝综合交通枢纽工程的风险分析，针对沙坪坝项目中潜在的火灾风险，明确重点防范事件和防控区域，以合理制定火灾应急救援体系及应急预案。

本报告遵循突发事件（火灾）发生、发展规律，以重庆沙坪坝综合交通枢纽为例，对突发事件的完整应急过程进行研究，并将其分为预防、响应、处置、与恢复重建四个阶段进行研究。

5.3.1　沙坪坝综合交通枢纽火灾应急预防阶段研究

在火灾应急预防阶段，主要是在日常工作中采取措施，降低综合交通枢纽的火灾危险性，对综合交通枢纽内部进行火灾隐患排查，对可能引起火灾的危险源进行持续的、动态的检测并开展有效的风险评估，在风险评估的基础上进行风险处置。本阶段最为重要的就是对综合交通枢纽内的火灾风险进行研究。

1. 沙坪坝综合交通枢纽火灾危险源辨识

由于沙坪坝综合交通枢纽的构造及使用特性较为复杂，建筑内存在大量空间密闭形态及大量流动人员，发生火灾时浓烟蔓延往往会造成极大伤亡，消防人员抢救行动也常因环境限制而出现延迟，消防安全方面存在许多潜在的火灾危险因子。由于火灾时人员避难方向与烟气流动方向相同和大量不特定乘客出入等使用特性，综合交通枢纽一旦发生火灾极易造成极大的伤亡出现。

要分析综合交通枢纽内火灾的危险性，首先要借鉴历史经验，对近年来典型的交通枢纽内发生的火灾进行归纳分析，典型火灾案例如下。

（1）英国国王十字地铁火灾。

英国国王十字地铁站于 1987 年 11 月 18 日晚上，因旅客未熄灭的烟蒂掉落在电扶梯的机件沟槽中，引燃油脂而形成火灾。火势由壁脚的广告夹板、木制控制盘、扶梯踏板延烧到扶梯竖板，并经夹板延烧至木制广告看板及天花板。由于铺板和广告夹板上的涂料具有高度可燃性，加快了火势的蔓延扩大而造成严重灾难。救援过程中过程中因无线电在地下车站使用时通信不良，延误了报警和初期灭火时机，初期抢救人员因广告看板遮住消防栓而未能对其加以使用。

（2）台北车站火灾。

1994 年 5 月 26 日 5 时，台北车站地下二楼继电器室电线走火，由于该继电室所设置的海龙自动灭火设备遭人为关闭而未动作，紧急电源亦无法供电，使得消防设施和排烟设备失效而酿成火灾。虽然火灾探测报警系统有效侦测到了火灾的发生，但因台铁工作人员延误报案时间还是导致灾难发生。所幸火灾发生时旅客较少，但仍造成消防人员受伤。

（3）亚塞拜疆首都巴库地铁列车火灾。

亚塞拜疆首都巴库在 1995 年 10 月 29 日 18 时，一列五节车厢的地铁列车的某车厢机械发生故障，集电器与主保险箱间发生火花，由于保险丝未跳脱，因此造成电气火灾。列车持续开动直到驶近站台时，车厢内可燃材质使火势迅速扩大，浓烟渗入车厢后才被发现。因发生在隧道内，旅客被迫需在浓烟弥漫的隧道中进行避难逃生，监控中心风机运转模式切换不当，致使浓烟扩散至整个隧道内部空间而造成大量人员伤亡。

（4）南京火车站候车大厅火灾。

1999 年 11 月 12 日，南京火车站候车大厅发生火灾。11 月 12 日凌晨时分，南京市消防支队接到报警后，迅速调集了各公安消防中队、各企业专职消防队，数十辆消防车、多名消防救援人员和专职消防队员前往南京火车站现场参加灭火救援工作，大火于 2 时 15 分被扑灭，火灾过火面积 2 200 m^2，一人在火灾中丧生。据调查了解，大火是从候车室二楼的娱乐休闲茶座号包厢开始的。电气短路形成的火花点燃了包厢内的装饰材料，大火迅速蔓延，很快将候车室化为灰烬。

依据上述火灾案例，我们可以发现引起综合交通枢纽内火灾的原因可以分为以下三类：① 电气火灾：交通枢纽内用电设备繁多，隧道内敷设各种电缆，列车上也有各种电气设备和线路，常会因为线路短路、负荷过大、漏电而产生电弧或者电火花，从而导致火灾发生；② 车上人员无意识行为引发的火灾：如吸烟，电路使用不当等；③ 沙坪坝综合交通枢纽有些楼层设置了商业夹层，如若这些商铺对明火的管理、使用不当，极易引起火灾。

需要特别说明的是，沙坪坝综合交通枢纽所具有的大型换乘大厅，因其在地下空间，因为受到各种条件的制约导致其净空高度不会太高，空间蓄烟能力有限，一旦发生火灾，人员安全疏散可利用的时间短，有效排烟比较困难。火灾烟气容易沿着通向地面的敞开疏散通道和出口蔓延，不利于外部救援人员快速进入火场进行消防扑救。

2. 沙坪坝综合交通枢纽火灾风险评估

复杂城市地下大型综合交通枢纽工程的火灾防治，涉及火灾的预防、火灾发生后的报警、通风排烟、灭火、人员疏散逃生组织、消防救援等系统内容。

城市综合交通枢纽工程的修建，在节约土地资源、方便人们出行，提高运输效率等方面具有重要意义，但针对复杂城市环境地下大型综合交通枢纽火灾时的通风排烟、灭火技术及防火分隔技术、大规模人群的疏散及诱导、防灾救援体系及应急预案等方面存在一系列急需解决的问题和技术难点，国内外也无相关经验可以直接借鉴，因此，通过开展复杂城市环境地下大型综合交通枢纽火灾防治关键技术研究，来解决相应的关键技术问题，从而最大限度地预防此类建筑发生火灾，最大限度地减轻火灾发生时造成的后果，保证人们的生命财产安全，增强防灾救援能力，同时也可为类似工程的消防设计提供参考和依据。

沙坪坝综合交通枢纽具有多种交通方式，每种交通方式也同时具有不同的使用功能，也就意味着建筑内空间火灾荷载不同，发生火灾的危险性和危害性也不同，也需要不同程度的防火措施。在综合交通枢纽内，火灾荷载与该区域使用功能、设置部位、建筑特征联系密切，所以可以通过建筑区域的使用功能来进行火灾危险性分类。

（1）公共通道、候车区内部装修根据国家相关规范进行了严格的限制，座椅、地面、墙面和吊顶等基本采用不燃材料，区域内的固定火灾载荷较小，可燃物主要是乘客携带的行李和食品、箱包等可燃物品。火灾荷载视乘客所携带物品种类及行李大小情况不同而异，但通常乘客行李摆放较为分散，火灾荷载呈离散性分布，火灾危险性相对较小。

（2）商业区商业服务设施由于经营报纸书籍、食品、皮革、服装、纪念品等商品，其内部可燃物较多，且分布较为集中，火灾危险性大。商店内可能的火灾荷载为经营商品及家具等，其火灾荷载大小因所经营的商品不同而异。其中书报、服装、箱包等零售店的火灾荷载较大。另外，旅客随身携带的行李、物品中的可燃物也是该区域内的火灾荷载之一。

（3）虽然办公场所的区域火灾荷载较大，家具及办公用品，如电脑、纸张、桌椅等，摆放相对集中，具有较高的火灾危险性，但由于此区域采用具有一定耐火极限的防火墙、防火卷帘、楼板、隔墙等建筑构件进行防火分隔，形成若干封闭防火分隔间，此外，这些区域内还安装了主动灭火系统，如自动喷水灭火系统、灭火器等，可对初期火灾发展进行主动控制，因此火灾危险性大大降低。

（4）照明设备及线路火灾荷载小，火灾一般通过线缆或管道蔓延，因此其导致屋顶结构破坏和火灾蔓延的可能性较小，如电缆设计、设置均遵循国家相应标准或规范，则火灾危险性就会大大降低。

5.3.2　沙坪坝综合交通枢纽火灾应急预警响应阶段研究

应急相应阶段是指在突发事件发生时，应急管理者研究判断突发事件信息，启动相关应急预案，动员各方力量开展应急处置工作。这个阶段中对突发事件的判断是至关重要的，一定要快速、准确，以避免应急响应失当。同时也需要有完善的管理体制以保证应急响应的有序、有效性。

1. 沙坪坝综合交通枢纽火灾应急组织机构体系

建立应急组织体系需要遵循五个原则：

分级设立原则：根据突发事件的类别与级别，建立相应的地下车站灾害事故应急处置体系。发生一般突发火灾事件由车站负责指挥处理；发生较大突发火灾事件时由区消防队负责指挥处理，外部协助；发生重大、特别重大突发火灾事件由地方政府应急指挥中心负责指挥处理，外部支援部门参加。

快速响应原则：能快速启动、快速运作，包括迅速探测火灾事故源、决策与执行方案、传输信息等，切实做到早发现、早报告、早控制。

统一指挥原则：地下车站应急处置涉及的部门多，必须把各方面的力量组织起来，形成统一的应急联合指挥中心，避免各部门各自为政、资源无法整合、行动混乱、效率低下。

分工协作原则：由于突发事件的综合性，其预防、处置、后处理等工作都需要在不同专业、不同组织的通力合作下才能完成。在突发事件发生时，各部门应根据其职责分工协作。

属地专业为主原则：车站自救和社会救援相结合的形式，应急处置根据突发事件的发展情况，充分发挥事故单位及地区的优势作用。

根据以上原则，在沙坪坝综合交通枢纽应急响应过程中组织体系如下。

（1）重庆市市级层面指挥机构。

根据工作需要，在重庆市事故灾难应急指挥部的基础上，成立重庆市轨道交通运营突发事件应急处置指挥部（以下简称市指挥部），实行指挥长负责制，由市政府分管领导同志担任指挥长，统一领导、组织、指导应急处置工作。指挥部下设综合协调、抢险施救（下设专家组）、医学救援、秩序维护、舆论引导、应急保障、善后工作、事件调查（下设技术组、管理组、处置评估组和综合组）等工作组。其具体职责如下。

① 市指挥部职责。

市指挥部由市政府分管副市长任指挥长，市政府有关副秘书长和市政府应急办、市交委、市公安局、市安监局、有关区人民政府主要负责人任副指挥长，主要职责：组织、协调、指挥开展应急处置工作；开通与国务院应急办、交通运输部等的通信联系，收集相关信息，掌握事件进展情况，及时向国务院应急办报告事件情况和应急处置工作进展情况；传达国务院有关指令，贯彻落实国务院有关指示和要求；组织有关队伍、专家赶赴现场参加应急工作；成立相应小组负责有关应急处置工作。

② 市政府应急办职责。

发挥运转枢纽作用，负责统筹协调重大、特别重大轨道交通运营突发事件的应急处置，传达市指挥部指令；向国务院应急办报告事件相关信息。

③ 市交委职责。

牵头组织开展重大、特别重大轨道交通运营突发事件抢险救援工作，参与和指导一般、较大轨道交通运营突发事件应对处置工作，组织调度抢险救援所需运力，参与事件调查工作。

④ 市安监局职责。

参与轨道交通运营突发事件抢险救援，依法牵头组织开展事件调查工作。

⑤ 市监察局职责。

参与轨道交通运营突发事件调查工作，负责事件管理原因调查。

⑥ 市公安局职责。

参与轨道交通运营突发事件抢险救援工作，协助疏散乘客。对事发现场实施警戒封控；对事发现场及周边区域道路进行交通管制，保障应急救援车辆有序通行。开展对重要目标、重点部位的治安保卫工作。

⑦ 市财政局职责。

负责轨道交通运营突发事件处置工作经费保障。

⑧ 市城乡建委职责。

参与轨道交通运营突发事件抢险救援工作，组织协调建设工程抢险队伍，配合运营单位专业抢险队伍开展工程抢险救援。

⑨ 市环保局职责。

负责轨道交通运营突发事件现场环境监测，指导现场污染物消除、放射源的安全转移以及生态恢复。

⑩ 市卫生计生委职责。

负责组织医疗机构对伤病员实施现场救治、转运和医院收治工作。统计医疗机构接诊救治伤病员情况。根据需要做好卫生防疫工作，视情提出保护公众健康的措施建议。做好伤病员心理援助。

⑪ 市政府新闻办职责。

负责协调新闻媒体做好轨道交通运营突发事件的信息发布工作，组织开展舆论引导工作。

⑫ 市国资委职责。

参与轨道交通运营突发事件调查工作。

⑬ 重庆市大都市区政府职责。

负责搭建现场应急处置指挥部，调动辖区应急资源参与抢险救援，配合开展应急处置工作后勤保障，转移和安置受影响区域群众，做好善后处置等工作。

重庆沙坪坝应急联动组织体系如图 5-2 所示。

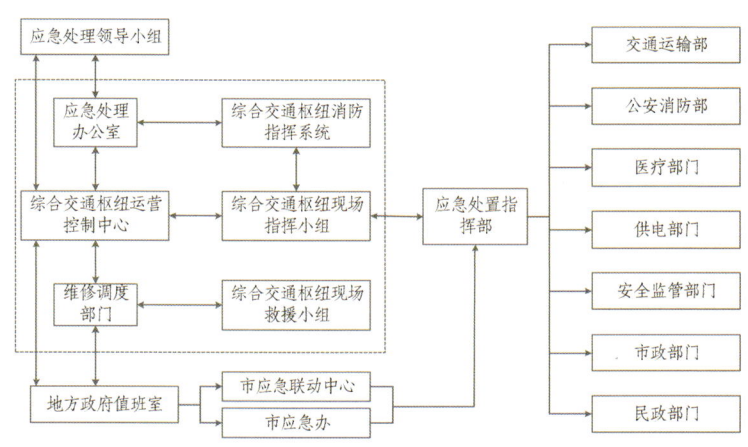

图 5-2 应急联动组织体系图

（2）现场指挥机构。

重庆主城都市区成立现场应急处置指挥部，下设综合协调、现场抢救、医疗救护、秩序维护、新闻宣传、善后工作、后勤保障、调查评估等工作组，负责制订现场应急处置方案，组织开展抢险救援、医学救援、人员疏散、现场警戒、交通管制、善后安抚、舆论引导、事件调查等各项工作。发生重大、特别重大轨道交通运营突发事件，市指挥部即为现场应急处置指挥部。参与现场应急处置的单位和人员，应当服从现场应急处置指挥部的统一指挥。

2. 沙坪坝综合交通枢纽火灾事故分级响应制度

由于火灾突发事件本身的特性，要求对火灾事件的处理必须快速及时，因此对突发事件的分级必须强调其时效性，即分级的结果应该简洁明了，具有可操作性。同时突发事件的状态会随着时间变化，事件分级的结果应基于其动态性，而能够与突发事件的实际发展状态相匹配，使分级对火灾事件的应急管理决策起到现实的指导意义。

依据火灾造成或可能造成的危害程度、波及范围、影响大小、行车中断时间、人员伤亡及财产损失、需要投入的应急救援力量等情况，火灾由低到高划分为Ⅳ级（一般）、Ⅲ级（较大）、Ⅱ级（重大）和Ⅰ级（特别重大）四个等级。

Ⅳ级（一般）：即发生车站应急力量可控制的火灾突发事件或者容易控制的火灾突发事件，且本事件不影响列车运行计划，例如某乘客行李不慎着火时，则以车站运营单位为主进行处置，车站运营按照既定的程序开展疏散、抢救财产、灭火等应急行动。

Ⅲ级（较大）：发生Ⅲ级火灾突发事件，即发生较大面积火灾事故时，事故危害和影响超出Ⅳ级应急救援力量的处置能力，例如商铺或者设备管理室发生局部性火灾，且本事件将会对列车运行计划产生一定影响，则以区消防中队为主进行处置，并及时向线路指挥中心报告并依据应急预案启动相应的程序和对策，视情况由指挥中心办公室拨打110、119、120等特服电话报告突发事件信息，主动协同救援。

Ⅱ级（重大）：发生Ⅱ级火灾突发事件时，即发生大面积火灾事故时，事故危害和影响超出级应急力量的处置能力，例如商铺、设备管理室等出现大面积火灾事故，且本事件将会对列车运行计划产生较大影响时，则以重庆市大都市区突发事故应急救援指挥中心为主进行处置，并及时向线路指挥中心报告并依据应急预案启动相应的程序和对策，由各相关部门组建应急救援专业小组，迅速赶赴现场成立现场救援指挥部进行指挥。

Ⅰ级（特别重大）：发生Ⅰ级火灾突发事件，即发生特大面积火灾事故时，事故危害超过车站应急力量的处置能力，如车站列车、商铺以及设备管理室发生了直接威胁到整个车站安全的火灾事故，则以重庆市或国家突发事故应急救援指挥中心为主进行处置，并及时向线路指挥中心报告并依据应急预案启动相应程序对策。车站应急救援领导小组应协调周边应急救援管理机构，以取得社会救援力量支持、组织交通管制、周边行人撤离、疏散，救援队伍的支持等行动，实施应急救援工作，最大限度地降低事故造成的人员伤亡、经济损失和社会影响。

分级响应是指在初级响应到扩大应急的过程中实行分级响应的机制。扩大或提高应急响应级别的主要依据是：①事故灾难的危险程度；②事故灾难的影响范围；③事故灾难的控制事态能力。而事故灾难的控制事态能力是"升级"的最基本条件，扩大应急救援主要是提高指挥级别，扩大应急范围等。

具体的应急响应流程如图 5-3 所示。

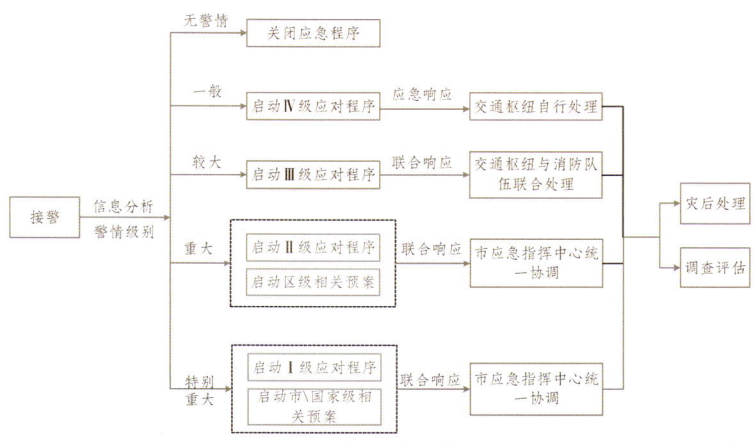

图 5-3　应急响应流程图

3. 沙坪坝综合交通枢纽火灾应急信息发布通报

由消防控制指挥中心统一向旅客、相关工作人员发布有关灾害信息，以便组织旅客快速有序地按照预定的线路疏散到安全地区。同时为便于政府有关部门和车站涉及的铁路和公交部门及时了解灾情，以便更好地协调各种资源，保证防灾抢险的顺利进行，也需向其发布必要的灾害信息。

5.3.3　沙坪坝综合交通枢纽火灾处置与救援阶段

1. 沙坪坝综合交通枢纽火灾处理方案

（1）站厅功能区火灾处理方案。

① 值班员处理方案：

a. 报告行调站厅发生火灾，要求停止本站的列车服务，立即通知值班站长并报 119、120 和沙坪坝综合交通枢纽派出所。

b. 广播通知车站所有员工站厅发生火灾，并宣布执行紧急疏散计划，同时将进出闸机设置为紧急模式状态。

c. 向乘客广播枢纽发生火灾情况，暂停列车服务，请乘客尽快疏散出站。

d. 关掉广告灯箱电源。

e. 如火势封住某端出入口，则广播通知乘客从另一端出入口疏散出站。

f. 立即通知该线两个方向已在受影响区段内或接近中的列车司机提高警觉，并按指示行动。

② 值班班长。

a. 担任"事故处理主任"，到现场了解情况，组织灭火，并及时疏散乘客。

b. 如火势无法控制时，在确保乘客全部撤离现场后，组织枢纽员工撤离枢纽。

③ 巡查工作人员。

a. 关停扶梯，指引乘客疏散出站，并立即投入灭火工作。

b. 如火势封住某端出入口，则组织乘客从另一端出入口疏散出站。

④ 票厅值班员。

即停止售票，并收好票款、车票，锁好门窗后在站厅疏散乘客。

⑤ 站台岗。

尽快提供给枢纽控制中心充分的现场状况资讯，并明确有关列车运转的安排情况。组织站台乘客疏散，并参与灭火救援工作。

⑥ 司机。

接到列车运行前方枢纽发生火灾的通知后，如在枢纽则立即按行车调度指示扣车，并做好乘客广播，如在区间则立即将自动开门并将开关置于手动位置，按枢纽行车调度指示不停车通过该车站。进站时发现枢纽火灾，应立即将自动开门开关置于手动位置。

（2）站台功能区火灾处理方案。

① 值班员。

a. 报告枢纽行车调度站厅发生火灾，要求停止本站的列车服务，立即通知值班站长并报119、120和沙坪坝综合交通枢纽派出所。

b. 广播通知枢纽所有员工站厅发生火灾，并宣布执行紧急疏散计划，同时将进出闸机设置为紧急模式状态。

c. 向乘客广播枢纽发生火灾情况，暂停列车服务，请乘客尽快疏散出站。

d. 关掉广告灯箱电源。

e. 如火势封住某端出入口，则广播通知乘客从另一端出入口疏散出站。

f. 立即通知该线两个方向已在受影响区段内或接近中的列车司机提高警觉，并按指示行动。

② 值班站长。

a. 担任"事故处理主任"，到现场了解情况，组织灭火，并及时疏散乘客。

b. 如火势无法控制时，在确保乘客全部撤离现场后，组织枢纽员工撤离枢纽。

③ 巡查工作人员。

a. 关停扶梯，指引乘客疏散出站，并立即投入灭火工作。

b. 如火势封住某端出入口，则组织乘客从另一端出入口疏散出站。

④ 票厅值班员。

即停止售票，并收好票款、车票，锁好门窗在站厅疏散乘客。

⑤ 站台岗。

尽快提供消防控制中心充分的现场状况资讯，并明确有关列车运转的安排情况，组织站台乘客疏散，并参与灭火救援工作。

⑥ 司机。

接到列车运行前方车站发生火灾的通知后，如在枢纽则立即按枢纽行车调度指示扣车，并做好乘客广播，如在区间则立即将自动开门开关置于手动位置，按枢纽行车调度指示不停车通过该车站。进站时发现枢纽火灾，应立即将自动开门开关置于手动位置。

（3）列车在区间运行中发生火灾的处理方案。

① 司机的处理方案。

a. 认真判明火情，并迅速向枢纽行车调度或就近车站报告。

b. 维持运行至前方枢纽，如确认发生火灾，通过广播安抚乘客，引导乘客使用车上灭火器进行灭火。

② 枢纽的处理。

a. 行车值班员接到枢纽行车调度的通知，通知站台岗确认火灾情况后，立即报告值班站长和枢纽行车调度、119、120、交通枢纽派出所，通知相关岗位人员执行列车疏散预案，并广播通知乘客进行紧急疏散，将进出闸机设置为紧急模式状态。

b. 客运值班员接到通知后，立即到站控室协助行车值班员的工作，关掉广告灯箱电源，启动消防系统并进行监控。

c. 值班站长带领厅巡或票厅值班员立即前往站台与站台岗共同做好灭火、疏散的准备。厅巡或票厅值班员负责关停扶梯，站台岗负责打开屏蔽门，并在列车停车后相应的位置准备灭火。值班站长和厅巡或票厅值班员负责使用灭火器准备灭火。

d. 票厅值班员负责关停站厅出入口扶梯，在站厅处理乘客事件，疏散乘客。

e. 交通枢纽内保洁员工负责到出入口张贴安民告示，拦截乘客进站，引导消防队员进站的准备工作。

（4）列车在站台发生火灾的处理方案。

① 列车长处理方案。

a. 接到报告后迅速至起火车厢并指挥随车乘务人员利用车上灭火器扑救，并引导旅客向未着火车厢或站台疏散。

b. 向控制中心报告火灾情况。

② 司机的处理方案。

a. 立即打开车门，降下受电弓。

b. 广播通知乘客疏散。

c. 报告枢纽行车调度现场情况。

d. 车门屏蔽门正常打开后，迅速进入运行前端车厢疏散乘客，并前往着火处所确认火灾情况，协助灭火若按压开门按钮无法打开车门屏蔽门时，通知枢纽协助并广播引导乘客拉车门屏蔽门紧急解锁手柄打开车门屏蔽门，并且进入车内协助引导乘客打开车门。若采用手动开车门屏蔽门的方式仍无法打开时，立即使用铁锤砸开车窗或车门屏蔽门疏散乘客。

e. 加强与枢纽行车调度或事故处理办公室间的联系，并按其指示执行。

③ 枢纽的处理。

a. 值班站长、站台岗和厅巡或票厅值班员于列车停车开门后，立即采取有效措施进行灭火，并负责疏散列车后端车厢的乘客，同时由值班站长马上就行车值班员火灾情况进行报告。对受伤乘客的施救要积极，确保所有乘客尽快撤离火灾现场若列车车门屏蔽门无法打开时，进入车内协助引导乘客打开车门。若车门屏蔽门手动仍无法打开时，立即使用铁锤砸开车窗或车门屏蔽门疏散乘客。

b. 行车值班员就火灾现场情况及时报告枢纽行车调度，加强与枢纽行车调度的联系。

c. 客运值班员启动消防系统。

d. 票厅值班员负责在站厅处理乘客事件，疏散乘客。

e. 枢纽保洁人员接站控室通知后，马上到紧急出口接应消防员，并引导消防员到达火灾现场。

f. 立即通知该线两个方向已在受影响区段内或接近中的列车司机提高警觉，并按指示行动。

g. 火灾影响电力设备、电缆或其他电力装置时，应要求电力控制人员中断受影响区段电力。

（5）商铺夹层火灾处理方案。

① 商铺营业人员处理方案。

a. 报告发生火灾的商铺，要求停止本站的列车服务，立即报告事故处理办公室，并报119、120、枢纽派出所。

b. 切断商铺中用电器电源。

② 枢纽值班站长处理方案。

a. 担任"事故处理主任",到现场了解情况,组织灭火,并及时疏散乘客和商铺中工作人员。
　　b. 广播通知枢纽所有员工站厅发生火灾,并宣布执行紧急疏散计划,同时将进出闸机设置为紧急模式状态。
　　c. 向乘客广播发生火灾情况,暂停列车服务,请乘客尽快疏散出站。
　　③ 巡查工作人员。
　　a. 关停扶梯,指引乘客疏散出站,并立即投入灭火工作。
　　b. 如火势封住某端出入口,则组织乘客从另一端出入口疏散出站。
　　④ 票厅值班员。
　　即停止售票,并收好票款、车票,锁好门窗,在站厅疏散乘客。
　　⑤ 站台岗。
　　尽快提供给枢纽控制中心充分的现场状况资讯,并明确有关列车运转的安排情况。组织站台乘客疏散,并参与灭火救援工作。
　　⑥ 司机。
　　接到列车运行前方枢纽发生火灾的通知后,如在枢纽则立即按枢纽行车调度指示扣车,并做好乘客广播,如在区间则立即将自动开门开关置于手动位置,按枢纽行车调度指示不停车通过该枢纽。进站时发现枢纽火灾,应立即将自动开门开关置于手动位置。

　　2. 沙坪坝综合交通枢纽火灾救援方案

　　大型综合交通枢纽的救援,需要枢纽及社会周边力量共同完成。重庆市市政府有关部门和轨道交通运营单位要加强专家队伍和车辆、供电、运输、通信、物资、线路等专业应急队伍的建设,定期开展培训和演练,提高应急救援能力。公安消防等部门要做好应急力量支援保障。根据需要动员和组织志愿者参与处置工作。火灾应急救援具体方案如下。
　　(1) 枢纽工作人员。
　　① 当初期火灾发生时,枢纽工作人员要立即放下防火卷帘,将商业场所与站台分离,启动应急广播,组织人员有序疏散。
　　② 调度通过该站的综合交通枢纽列车,使其不在该站停留,直接驶离。
　　③ 在站台区候车的乘客及工作人员通过站台通往站厅的楼梯及扶梯疏散至站厅层,然后通过站厅闸机疏散到站厅出入口,最后到达地面安全区域。
　　④ 若是在站台上的列车发生火灾,应打开着火列车一侧的屏蔽门列车上的乘客通过屏蔽门疏散到站台,与站台上候车的乘客及工作人员一起通过站台通往站厅的楼梯及扶梯疏散至站厅层,然后通过站厅闸机疏散到站厅出入口,到达地面安全区域。

（2）消防队伍指挥人员。

① 交通枢纽内发生火灾，应立即与沙坪坝综合交通枢纽工作人员、相关技术人员及脱险群众取得联系，迅速了解起火站点内部基本情况、起火部位及物品、人员被困位置及可能的救援途径。

② 派出多个侦察小组，从不同方位深入内部，查明火场态势、被困人员方位、固定消防设施位置及所起作用，为指挥决策提供可靠依据。其中所需查明的情况如下：有无人员受到火势威胁，确定被困人员数量、所在位置和救援方法及防护措施，燃烧的物质、范围、火势蔓延的途径和发展趋势以及可能造成的后果，消防控制中心和内部消防设施启动及运行情况，现场有无带电设备，是否需要切断电源，起火建（构）筑物的结构特点、毗连状况，抢救疏散人员的通道，内攻灭火救人的路线确定，有无坍塌危险，有无爆炸、毒害、腐蚀、忌水、放射等危险物品以及是否可能造成污染等次生灾害。有无需要保护的重点部位、重要物资及其受到火势威胁的情况。

（3）消防救援队伍。

① 应立即组织精干力量在进风口用喷雾射流或开花射流降温并驱散烟雾，携带破拆器材和救生照明器材（救生照明线、呼救器等）进入地下建筑内部和被困人员。

② 选择火灾的初起阶段和发展阶段适当的时机组织实施内攻灭火。进行内攻灭火时主攻口一般选择在进风口，进攻作战小组每组3～4人，携带防护、通信、照明、灭火及破拆等器材，利用开花或喷雾水枪交替掩护，形成梯队内攻。进入内部后，应充分利用地下建筑内的固定消火栓及自带设备快速出水灭火、救人进攻作战小组每组3～4人，携带防护、通信、照明、灭火及破拆等器材，利用开花或喷雾水枪交替掩护，形成梯队内攻。进入内部后，应充分利用综合交通枢纽内的固定消火栓及自带设备快速出水灭火、救人。

（4）人员抢救队伍。

当火场遇有人员受到火势威胁时，应当迅速抢救疏散，采取相应的灭火措施，并按照下列要求抢救人员。

① 充分利用枢纽内的安全疏散通道、安全出口、疏散楼梯、消防电梯、避难层（间）等途径以及其他一切可以利用的救生装备进行施救。

② 采取排烟、防毒、射水等措施，减少烟雾、毒气、火势对被困人员的威胁。

③ 稳定被困人员的情绪，防止因拥挤踩踏造成的人员伤亡。

④ 进入燃烧区抢救被困人员时，应当仔细搜索各个部位，做好记录，防止遗漏。

⑤ 对被救者采取防毒保护措施，对在救助过程中和已抢救疏散出的危重伤员应当由具备急救资质的人员进行现场急救，对遇难人员也应当及时搜寻、妥善保护。

5.3.4 沙坪坝综合交通枢纽灾后重建阶段

经确认完成上述紧急应变措施,并确认具备开通条件后,立即通知有关人员按规定办理手续,由轨道交通运营控制中心列车调度员发布调度命令开通线路,恢复运转的必要条件如下所示。

(1)事故救援完毕后,现场指挥部应当组织救援人员对现场进行全面检查清理,进一步确认无伤亡人员遗留,拆除、回收、移送救援设备设施,清除障碍物,确认已无碍旅客及行车安全。

(2)维修人员检测受损设备可恢复运转时,且确认现场已清除完毕,通知运营控制中心并进行与行车控制有关的项目的测试。

(3)经运营控制中心确认测试正常及现场指挥官确认安全无虞。

5.4 重庆沙坪坝综合交通枢纽应急预案研究

综合交通枢纽内包含多种现代化城市交通工具,具有多种交通方式复合、建筑结构复杂、封闭性强、人员高度密集等特点。倘若发生事故灾害,展开应急救援极为困难,易造成人员伤亡和经济损失。在面对突发事件时,已经建立起的科学有效的应急预案体系,能迅速对突发事件进行响应,有效地减少灾难带来的损失。

研究综合交通枢纽应急预案体系,即是研究综合交通枢纽在面对突发事件如自然灾害、重特大事故、环境公害及人为破坏的应急管理、指挥、救援计划等。它是在辨识和评估潜在的重大危险、事故类型、发生的可能性、发生过程、事故后果及影响严重程度的基础上,对应急机构与职责、人员、技术、装备、设施、物资、救援行动及其指挥与协调等方面预先做出的具体安排。它明确了在突发事故发生之前、发生过程中以及结束之后,谁负责做什么,何时做,以及规划了相应的策略和资源准备等。

综合交通枢纽应急预案建立在综合防灾规划的基础上,其几大重要子系统为:① 完善的应急组织管理指挥系统;② 强有力的应急工程救援保障体系;③ 综合协调、应对自如的相互支持系统;④ 充分备灾的保障供应体系以及综合救援的应急队伍。

安全是交通枢纽运营的永恒主题。由于大部分综合交通枢纽处于地下或大部分建筑位于地下,有较为封闭、人群聚集量大、多种交通方式混合、疏散困难等特点,一旦发生事故很难控制和救援,后果也往往比较严重。经过多年的发展,交通枢纽已经积累了比较成熟和丰富的安全管理经验,建立突发事件应急救援体系,尤其是应急预案,便是一种成功和有效的安全管理模式。

下文围绕如何建立科学有效的大型综合交通枢纽的应急预案进行研究。

5.4.1 综合交通枢纽应急预案体系内容研究

一套完整的应急预案体系应包含以下内容。

1. 一级文件——综合交通枢纽应急总预案

综合交通枢纽应急总预案是综合交通枢纽应急预案的整体预案，从宏观和框架上规定和阐述了紧急情况的定义、应急管理政策、应急方针政策、应急预案目标、指导思想和工作原则、应急组织与相应的责任、应急行动的总体思路等内容。通过总预案可以很清晰地了解综合交通枢纽的应急体系及预案的文件体系，更重要的是可以作为综合交通枢纽应急救援工作的基础和"底线"，即使对那些没有预料到的紧急情况，也能起到一般的应急指导作用。另外，根据各类突发公共事件的性质、严重程度、可控性和影响范围等因素，总预案将突发公共事件分为四级，即Ⅰ级（特别重大）、Ⅱ级（重大）、Ⅲ级（较大）和Ⅳ级（一般）。

2. 二级文件——专项预案

这类文件比总预案具有更强的针对性与可操作性，是针对某种具体的、特定类型的紧急情况，例如针对危险物质泄漏、火灾、某一自然灾害等的紧急情况而制定，并给出相应的应急措施，内容具体，责权明确。专项预案是在总预案的基础上，充分考虑了某特定危险的特点，对应急的形势、组织机构、应急活动等进行更具体的阐述，具有较强的针对性。它的目的是为应急行动提供指南，但同时要求程序和格式简洁明了，以确保应急队员在执行应急步骤时不会产生误解。包括应急组织与人员，发生事故时该怎么做、由谁去做、什么时间做什么等。

3. 三级文件——规定及行动手册

它是在总预案和专项预案的基础上，根据具体情况需要而编制的。它是针对综合交通枢纽内某一具体站段、部门及具体的事故情况，在详细分析的基础上，对应急救援中的特定任务及某个组织或人员的职责和行动进行详细描述，或对某些设备、设施的使用进行具体说明，供应急组织内部人员或其他个人使用，如应急队员职责说明书、火灾自动报警系统说明书等，故具有更强的针对性和对现场具体救援活动的指导性。

4. 四级文件——应急行动记录

包括应急行动过程中的通话记录、每一步应急行动的记录等，以便事后进行事故分析、应急行动评估和资料存档。

应急预案体系构成可用图5-4表示。

综合交通枢纽应急预案体系的总预案、专项预案和应急手册及说明书、应急行动记录，由于各自所处的层次和适用的范围不同，其内容在详略程度和侧重点上会有所不同，但都可以采用相似的基本结构。本书采用基于应急任务或功能的"1+4"预案编制结构，即一个基本预案加上应急功能设置、特殊风险预案、标准操作程序和支持附件，以保证各种类型预案之间的协调性和一致性。

应急预案体系构成图如图5-4所示。

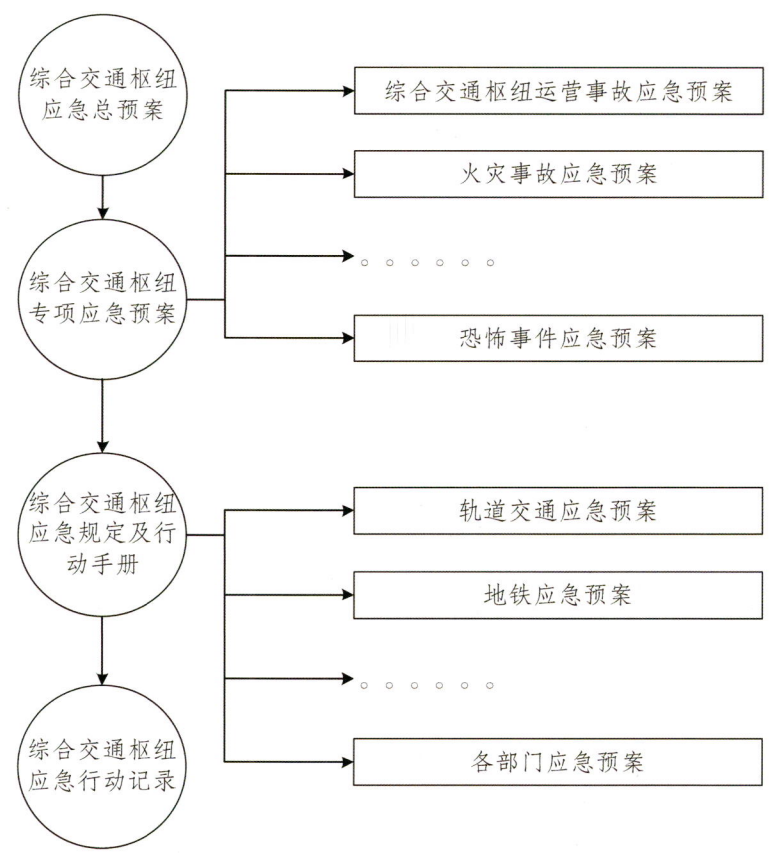

图 5-4　应急预案体系构成图

5.4.2　综合交通枢纽应急预案体系编制原则研究

综合交通枢纽的编制中规定了行动的具体目标，以及为实现这些目标所做的所有工作安排。它要求制定者不仅要预见到事发现场的各种可能，而且要针对这些可能拿出具体可行的解决措施，达到预定的目的。近年来，国内许多综合交通枢纽相继制订了应急预案，体现了各级机构对突发事件的充分重视。这些预案在制定过程中借鉴了国外制定预案时的一些经验，总结了以往一些应对综合交通枢纽运营危机的经验和教训，具有明显的可行性与创新性。讨论综合交通枢纽应急预案制定原则的意义在于通过分析应急管理预案的功能、特征和制定过程，为各综合交通枢纽运营机构提供应急预案制定的参考性建议。综合交通枢纽应急预案的编制原则有以下几点。

1. 以人为本的原则

人是最重要的，以人为本、统一领导、部门分工、分级负责、综合协调、快速反应、果断处理。同时综合交通枢纽又是个公益性的服务行业，直接接触大众，预案的编制需建立在科学的灾害危险性评价基础上，故综合交通枢纽应急预案应将"以人为本"作为应急处置的基本工作原则，要求在处置突发公共事件期间，把保障人民群众的生命安全和身体健康作为应急工作的出发点和落脚点，减少综合交通枢纽运营突发事件管理中出现的不合理行为和缺乏全局观念的行为，使得突发事件的管理与应对更加科学化、合理化，最大限度地减少交通突发事件造成的人员伤亡和危害。

2. 制度化原则

所谓制度化原则是指综合交通枢纽的应急预案需要通过制度化的形式来确定其重要性和强制性，使其融入组织的发展战略之中。这也是应急预案所具有的战略性、系统性、长期性、强制性的要求。社会中非稳定因素的存在是一个长期的现象，自然灾害、技术事故又具有多发性和长期性，这决定了制定与修改综合交通枢纽应急预案是运营企业的长期行为，不是一时一事的临时措施，必须保证其长期有效性，所以应该以制度化的形式做出规定。

突发事件的解决会在一定程度上涉及某些部门、组织机构，甚至在事态紧急的情况下要牺牲一部分组织的切身利益，这就需要通过制度化来保障此类举措的合格性，同时也要通过立制赋予指挥机构协调、调动各种资源、统一指挥的权力。综合交通枢纽应急预案要明确应急状态下各级组织的权限，防止权责不对等与因为不当使用权力而过分侵害其他组织利益的情况出现。

综合交通枢纽应急预案是为企业应对突发事件而制定出来的防范、处理、管理和恢复的一套完整体系，各个部门必须遵循，所以必须以立制形式做出规定。建立应急管理预案的立制过程也是动员、协调相关部门的过程，同时使各级行政人员进一步明确应急状态下各自的目标和责任，在这一过程中不断明确各部门各岗位的责任与权限。

3. 统一领导和部门分工负责的原则

预案是紧急情况发生时抢险救灾的准则。由于事故现场比较混乱，必须在预案中明确集中、统一的领导机构和人员，以免出现一哄而上、无视指挥、多头领导或无领导的现象。因此应急预案必须要对处理突发事件的各个部门做出具体明确的规定，建立统一的应急事件应对系统与指挥中心，以统一指挥应急管理的全过程。这样可以保证应急反应系统的高效协同与快速反应。

突发事件具有紧急性和突发性，而必将面临巨大的时间压力是应急决策的主要特征之一。这就要求指挥高度的集中，以便实现快速反应。突发事件的处理越早越好，防止灾害的扩散和升级，减少其造成的危害和损失。单一的组织结构避免了浪费在多系统指挥的各个指挥系统之间横向沟通协调的时间，能够快速有效地做出反应。

预案中涉及的有关灾害预防、预备预警、紧急响应、相关保障、灾后恢复重建等环节，按照综合交通枢纽中各部门的职能划分确认，各负其责、任务明确，不致"扯皮"。各个部门在统一指挥的基础上各自分工负责，以提高资源使用效率，统一指挥资源的调动，避免不同部门或局部之间出现争夺资源的冲突和局部过激反应造成资源使用的浪费。为了有条不紊地解决突发事件，就要站在全局的角度上抓住关键环节与分清轻重缓急，避免分散指挥可能造成的"各自为中心，只见局部不顾全局"的局面，可以集中优势资源抓住关键环节，解决最紧急的问题。应急状态下必须要有一个强有力的统一指挥的组织机构来协调和决策。

统一的指挥系统针对突发事件具有全权决策的权力，通过明确划分权利与责任，规定不同组织层次和部门、岗位其相应的工作与职责，有助于分工明确、责权到位，有利于事件的处理环环相扣，流程顺畅，同时也避免了出现问题时相互之间推诿，逃避责任。

4. 分级原则

综合交通枢纽运营企业应根据突发事件的类型与影响程度的差别，需要采取不同的处置办法和反应力度，同时也需要由不同层级、类型的指挥机构来统一指挥和为其设定相应的动员权限，这些都应该由综合交通枢纽运营企业在应急预案中做出明确的界定，这种界定的方法就是在预案中对突发事件进行分级的原则。

在应急管理预案制定过程中，应预先根据突发事件的类型、影响范围、危害程度与表现形式，事先确定一线应急指挥机构的不同级别层次和专业性能，规定直接参与处理突发事件的人员队伍和需要动员的范围，制定采用的处理原则和技术手段，这是预案分级原则所要实现的功能。

应急管理预案中对突发事件进行分级需要进行两方面的预先评估：一是预先对各种潜在可能发生的突发事件的特征、危害与影响范围做出评估，划分出相应的分类；二是在客观分析综合交通枢纽企业自身拥有的资源、技术条件与应急管理能力后，对应对突发事件能力做出评估。在此基础上，将应对不同突发事件的一线指挥权和责任落实到相应部门，以实现应对主体资源的优化配置。

在制定综合交通枢纽应急预案的分级过程中，借鉴他人经验和历史经验，结合危机的复杂程度、涉及范围、造成的破坏程度和解决需要调动的人力、物力等相关资源情况，对各种类型事件的处理方式与技术手段做出原则性的规定，以在事件发生后通过迅速甄别危机的等级类型而明确应采取不同的应对处置方案。

在面临危机时界定清楚的分级标准有助于各级组织自动对位，提高应对突发事件的主动性和反应速度，也可以通过预案分级提高应对突发事件的有效性。突发事件的处理可能涉及大量的工程、医学等专业技术问题，必须在专家评估的基础上确定不同等级的突发事件需要调动的专业人员的范围，这一点要在对突发事件分级的基础上加以详细的说明。

突发事件具有高度的不确定性，因此进行分级制度设计时必须给予综合交通枢纽各个部门一定的必要的应急处置权限，同时在确认主体、指标构成、级别认定、发布主体等各个方面都要根据实际情况及时做出调整和更新。

分级具体要求如下：① 在分级标准的确认方面，由应急管理部门根据危机的性质、严重程度、可控性和影响范围确定级别，并加以细化，不同类型的危机，不同地域都应当根据实际情况确立不同的分级标准；② 要重点以综合交通枢纽管理企业的应急管理为核心；③ 在级别的调整程序上，应当根据突发事件地发展态势不断地更新级别。危机的发生、发展都是一个不断变化的过程，因此危机的级别和综合交通枢纽企业的应急管理措施都必须根据不断发展变化的形势适时进行枢纽行车调度调整。

5. 快速反应原则

突发事件演变迅速，无论是产生的原因、事态发展的结果还是事件变化的影响因素都具有高度的不确定性，综合交通枢纽应急管理者往往要面对各种信息不完全，信息不准确或是信息不及时的情况。因此，在整个危机事件的发生过程中都充满了风险性、震撼性、爆炸性的特征，突发事件的独特性使得在危机状态下综合交通枢纽有些部门无法照章办事。发生突发事件时急需快速做出决策，并且严重缺乏训练有素的人员、物质和时间来完成应急处置。突发事件的这些特点决定了突发事件越早发现，越早反应，突发事件的处理会变得越简单，其造成的破坏也越小，而且能够有效防止"涟漪效应"的出现。所以在处理突发事件时要强调一个"快"字，对延误处理突发事件最佳时间的人和行为要明确其应该承担的责任。

5.4.3 综合交通枢纽应急预案编制要求研究

沙坪坝综合交通枢纽因为是地下交通枢纽，其发生的事故比地面发生的事故更具危险性和严重性。制定综合交通枢纽应急预案的目的，正是为了在综合交通枢纽这种特殊的事故环境中，能以最快的速度发挥救援的最大效能，控制危险事态的发展，安抚广大乘客的恐惧心理，减少国家和公众的生命财产损失。这就要求制定的预案必须达到下列要求。

1. 科学性

综合交通枢纽应急预案必须以科学性为首要原则，才能在事故应急处理中正确、合理地指导救援工作。

2. 权威性

应急预案的最终确定应通过相应的法律、法规等为其提供一定的制度保障和法律强制力，成为综合交通枢纽危急时刻必须执行的准则，其他各种日常规定或操作流程不得与之相抵触。

3. 实用性

制定的应急预案要与综合交通枢纽的实际情况和事故现场的可能情况相符，其中所涉及或应用的应急能力人、财、物等不能超出其紧急情况下的可用资源，应急操作和措施也应与综合交通枢纽工作人员的现有水平一致。

4. 动态性

应根据应急管理的实际情况，对应急预案实行动态管理，每次应急演练后，都请专家对预案进行评价和修改完善，并在日常的应急管理中，选择实际案例，建立各类突发事件的案例库，及时更新应急预案，让预案编制和运作一直处于动态管理状态，伴随突发事件和外部环境的变化而使预案得到充实、改进和完善，同时要因时、因地、因环境的不同而及时修订预案，以保证它的准确性、科学性、指导性和可操作性。

5.4.4 综合交通枢纽应急预案体系编制的指导思想

充分利用高新科技成果，整合综合交通枢纽应急资源，完善应急预案和机制、落实应急组织机构、改善应急技术装备、建设应急专业队伍，系统科学地应对各种交通突发事件，提高安全应急处置的能力。特别注重地区的交通环境、地理和社会资源等特点，应急预案体系应能与国家、地方各级各类应急预案衔接。

制定综合交通枢纽应急预案体系的关键在于明确应急体制的目的和工作原则，以确定应急预案的使用范围，建立组织指挥体系并明确各自职责。在此基础上建立确实可行的运行机制，健全地区综合交通枢纽应急组织机构，加强应急专业队伍建设，落实应急措施，最后达到综合交通枢纽事故预防、控制和处置的目的，以确保综合交通枢纽运营的安全秩序和人命财产安全。

5.4.5 综合交通枢纽应急预案体系编制的步骤

1. 成立预案编制小组

综合交通枢纽的决策领导层首先应在监督管理层或技术支持层中指定应急预案的编制人员，并赋以一定的权力和责任，组成编制小组，或是管理结构中有归口负责应急预案编制的职能部门。一般要求是，小组成员应该是对预案编制起重要作用，或是在紧急事件中可能受影响的人。小组成员在预案编制过程中要保持稳定。

2. 资料收集与风险辨识

编制小组成立之后，其面临的首要任务就是收集制定预案的必要信息和有关资料。例如适用的法律、法规和规范，国内外交通枢纽的事故资料，综合交通枢纽的安全记录和事故情况，本交通枢纽各有关枢纽、区段的内部布局和外部环境等。然后根据这些信息列出综合交通枢纽已经和可能发生的事故，根据事故的性质、后果等特征进行分类，确定预案的针对对象。

3. 应急资源评估

在本阶段，编制小组要考察和评价综合交通枢纽在紧急情况下所具有并可以利用的资源，如人力、财力、物力等有形资源，及控制、指挥、协调、领导等无形资源。资源分为内部和外部两方面，内部资源主要有综合交通枢纽的应急机构、人员、设备设施和事故现场的报警、先期扑救装置等；外部资源包括紧急条件下，可以到达现场参与救援的公安、消防、医疗、地面公交、环保等部门和人员、设备的数量等。事故的应急救援必须建立在紧急情况下交通枢纽内可用资源的基础上，所以进行应急资源评估非常重要。

4. 应急人员及其职责确定

正确实施应急预案必须要明确职责，特别是什么时候由谁来指挥。综合交通枢纽事故应急指挥岗位一般由综合交通枢纽正常运营时管理系统中各相关职位上的人员来出任，因为他们和其他与日常运营无关的人员相比更熟悉现场情况，拥有的决策力和权威性更容易为工作人员所接受，同时也减少了培训时间以保证紧急时能正常指挥。一般的应急人员也基本上由相应岗位的日常工作人员组成。负责事故救援及其工作职责范围内的应急操作。

如果事态严重，超出综合交通枢纽自身的控制能力，还要涉及外援力量，如消防、公安、医院、环保等部门。如何向这些部门发出请求、权责如何界定、综合交通枢纽如何与之协调等等，也都是需要深入考虑与商榷的问题。

5. 应急反应组织建立

当预案涉及人员及其职责和应急人力资源确定之后，编制小组应该着手建立应急反应组织，并保证其能在紧急情况下于最短的时间内部署完毕。这是应急救援预案最重要的目的之一。在综合交通枢纽应急预案中，因综合交通枢纽涉及多种交通方式及换乘区间，其反应组织应由各部门联动建立。

（1）最初反应组织。

主要分别由综合交通枢纽地铁、铁路、地面公路交通系统的工作人员和列车司机组成。综合交通枢纽运营过程中随时可能发生事故，最初的反应组织负责以最快的速度将事故的各种信息报告给当班的运营指挥者和领导者，以及报告给应急指挥部门。同时采取一定措施进行先期扑救，例如火势控制、人员疏散等。

（2）全体反应组织。

包括综合交通枢纽内所有的应急指挥人员和救援人员。当事态已经或可能严重到最初反应组织无法控制时，必须启动全体应急反应组织。它应具有并履行现场救援、人员疏散、毒物排查、设备维修、医疗救助、治安警戒、对外协调等职能。

（3）应急指挥中心及其办公室。

最初反应组织和全体反应组织的领导机构应该成立专门的应急救援指挥中心，领导统筹所有的应急救援事务，既是职能部门又是该部门的职能。它的常设机构是指挥中心办公室，负责日常的信息处理及紧急时刻的通信联络、指挥协调与指令传达工作。

（4）指挥中心总指挥。

原则上应该设置正、副总指挥。正总指挥负责整个应急组织的指挥，与社会力量的协调，向上级报告事故和应急救援情况等。副总指挥主要负责事故现场的救援工作，包括指挥应急工作人员进行事态控制、乘客和现场工作人员的疏散、伤亡人员的紧急救护和善后处理、现场秩序的维护、与外来救援力量的协调工作等。

6. 形成预案

以上步骤既是目的也是过程,最终都要纳入具体完整的综合交通枢纽应急预案之中,综合起来为整个应急救援工作服务。形成的预案包括如下内容:

(1)制定目的,即为了达到一种什么效果。
(2)应用范围,包括对所有适用的事故的描述或定义。
(3)具体操作,包括整个应急过程中涉及的部门、人员及其操作步骤。
(4)工作原则,为应急救援过程中坚持的原则或指导思想。
(5)其他事项。

通过以上分析,可以用图 5-5 简洁明了地表示应急预案编制过程。

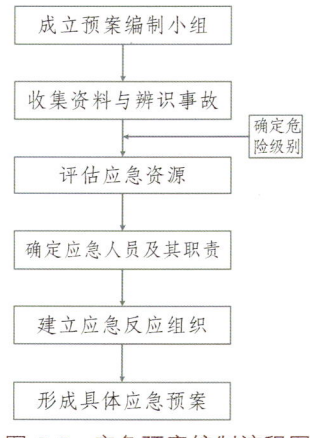

图 5-5　应急预案编制流程图

5.5　综合交通枢纽基本应急预案编制流程

综合交通枢纽应急突发事件基本预案是为了处理综合交通枢纽一般突发事件时的一般作业程序和原则,因此,基本预案对各类突发事件基本上都适用,其他各项特殊风险专项应急预案可以在此基础上增加。

基本应急预案规定了综合交通枢纽范围内员工对可能发生的突发事件的应急处理方法,明确了在突发事件发生时由谁处理、处理什么、怎样处理的原则。综合交通枢纽内各部门可在本预案指导下编制相应各级突发事件应急处理的程序化作业手册。所以本节用编写综合交通枢纽基本预案形式,进行应急预案编制流程概述。

该基本预案包括应急工作原则、应急处理专业机构、应急处理流程、信息通报和应急响应五个流程。

5.5.1 综合交通枢纽基本应急预案工作原则

综合交通枢纽在运营的过程中，若发生突发事件如火灾事故，则启动应急预案时应遵循以下基本原则。

（1）各部门处理突发事件必须执行高度集中、统一指挥的原则，参与应急事件处理的各岗位员工都应紧急行动起来，及早汇报，及时抢救，迅速开展工作。

（2）参与突发事件应急处理的各岗位员工都应紧急行动起来，迅速开展工作。

（3）坚持"先救人，后救物，先全面，后局部"的原则，优先组织人员疏散、伤员抢救，同时兼顾重点设备和环境的防护，将损失降至最低。

（4）应坚持就近处理的原则，突发事件发生时，在上一级应急处理负责人到达现场前，员工按表 5-1 的规定担任现场临时应急处理负责人。在上一级应急处理负责人到达现场后，则由上一级应急处理负责人担任现场指挥。

（5）员工在应急事件处理时应沉着冷静，严格执行规定的标准和程序，做好乘客的疏导和安抚工作，维持乘客秩序和减少乘客恐慌，通知枢纽员工执行紧急疏散程序时，应使用统一代号，以免引起恐慌。

（6）员工在突发事件应急处理过程中应兼顾现场的保护工作，以利于公安、消防和事件调查部门的现场取证。

（7）员工在应急事件处理时，坚持对外宣传归口管理的原则，不得擅自发布相关信息。

表 5-1 突发事件临时负责人任命表

序号	突发事件发生处	现场临时应急处理负责人
1	列车上	列车司机
2	列车停在枢纽时	应急值班长
3	枢纽内	应急值班长
4	区间线路	行车调度值班长
5	车厂	车厂调度值班长
6	其他场所	现场最近的最高职务员工

5.5.2　综合交通枢纽基本应急预案组织机构及主要职责

基本应急预案的实施由应急处理专业机构组织负责，综合交通枢纽内所有员工在突发事件应急处理工作中须服从应急处理专业机构的指挥。应急处理专业组织机构由领导小组和救援队组成。

1. 突发事件应急处理领导小组

突发事件应急处理领导小组为非常设机构，在启动本预案时，由综合交通枢纽内各部门到场的下列人员组成：综合交通枢纽内各分公司党政领导、枢纽安全技术部经理、枢纽车务部经理、枢纽维修工程部经理、枢纽车辆部经理。由在场的职位最高者担任组长，若有多位职级相同时，由其共同商议选定一位担任组长，在场的上述其他成员担任组员。

（1）主要职责与分工。

① 应急领导小组负责突发事件应急处理的组织指挥与决策，指挥员工或配合外部支援单位进行应急处理。

② 在应急处理中随时保持与综合交通枢纽运营部、市政府有关部门及事件现场的通信联系。

③ 领导小组组长担任现场应急处理负责人，小组成员直接领导下属参与应急处理，向组长负责。

④ 安全技术部经理负责组织应急处理预案的演练。

⑤ 另外组织人员专门负责组织突发事件处理后的调查、分析与改进工作。

（2）组织方式。

领导小组成员在接到事件影响运营生产的突发事件紧急报告时，赶赴控制中心；事件发生现场指挥事件不影响运营生产时，赶赴事件发生现场指挥。

（3）领导小组突发事件处理程序：应急处理领导小组在接到突发事件信息报告后，首先应启动应急基本预案，然后针对具体特殊风险决定采取相应的预案、参照相应的行动手册和执行标准操作程序。

2. 突发事件应急处理救援队

突发事件应急处理救援队由维修救援队和车辆救援队两队组成，接到突发事件发生的通报后，迅速赶赴现场，在领导小组指导、现场应急处理负责人指挥下，在事件现场实施突发事件应急处理预案。

（1）维修和车辆救援队的组成。

维修工程部和车辆部分别组建维修救援队和车辆救援队，队长应分别由维修工程部和车辆部副经理或主任工程师担任，队员应包括两部门所属的抢险救援所需各专业技术业务主管人员和安全监察或安全员。

（2）维修救援队主要职责与分工。

① 在队长的现场指挥下，协助现场应急处理负责人进行救援抢险工作。

② 作为专业代表向现场应急处理负责人提供相关设施设备救援抢险的技术支持。

③ 需要时，队员分别在突发事件现场关键控制点组织参与救援抢险员工的工作和传达、落实现场应急处理负责人的指令。

④ 确保整个突发事件应急处理救援队之间、与领导小组、与控制中心、与车厂调度、与其他外部支援间的通信畅通。

⑤ 按救援抢险需要提供救援抢险物资、器材的供给、运输和人员运送等服务。

（3）车辆救援队主要职责与分工。

① 在队长现场指挥下，协助现场应急处理负责人进行与交通枢纽内车辆相关的救援抢险工作。

② 作为专业代表向现场应急处理负责人提供相关设施设备救援抢险的技术支持。

③ 需要时队员分别在突发事件现场关键控制点组织参与救援抢险员工的工作和传达、落实现场应急处理负责人的指令。

④ 负责交通枢纽内车辆的救援、起复的具体操作。

⑤ 按车辆救援需要提供相应救援抢险物资、器材的供给、运输和人员运送等服务。

（4）突发事件应急处理救援队有关工作规定。

① 突发事件应急处理救援队所有成员属随时待命人员，必须保证移动电话 24 h 开机，尽量保持两种及以上的即时通信联络办法。

② 救援队队员无论公私原因离开本市时，须向队长请假。队长离开本市时须向本部门经理请假，安排接替人员，并向安全技术部备案，安全技术部及时将变化情况通知控制中心主任调度员。

③ 救援队每个岗位至少应另有数名备用人员，以便接替原岗位人员进入待命状态。

④ 救援队配备的救援抢险物资、器材和装备须专人、定点保管，保持良好的状态以随时投入使用。

⑤ 救援队队员在接到紧急通知后尽快赶到事发地点集合，需携带救援抢险物资、器材和装备的人员应赶赴存放地点集合。

3. 应急处理专业机构与综合交通枢纽控制中心工作关系

在突发事件应急处理工作中，控制中心在应急处理领导小组对全局的统一指挥下负责突发事件应急处理工作中的行车、电力和环控调度工作，并按现场应急处理负责人需要提供支持，所有列车的动车命令须经由行车调度员下达。控制中心作为突发事件信息传递中枢，承担突发事件的信息集散功能，在应急处理过程中密切保持与应急处理专业机构和各站、列车和车厂的联系，以保证正确有效地启动相应的特殊风险预案。

5.5.3 综合交通枢纽基本应急预案的信息通报机制

1. 突发事件信息通报的原则

突发事件信息通报应遵循迅速、准确、完整的原则，任何员工发现或接到突发事件信息，均应立即执行相应的通报流程，不得延误、中断或错漏。

2. 信息通报内容

（1）报告人姓名、职务和单位（部门、车间、室）。
（2）事件发生类别、时间、地点。
（3）事件发生概况、原因，初步判断影响交通枢纽运营的程度。
（4）人员伤亡情况、设施设备损坏情况。
（5）已采取的措施。
（6）任何需要的援助。
（7）向外部支援汇报事件发生的具体地点、人员伤亡情况，是否有人被困事发现场。
（8）确认牵引电流或其他电源是否切断或隔离确保各电气设备或行车不会对支援人员构成威胁。

3. 信息通报采取的通信方法

（1）同一现场人员的信息通报可采用面对面口述的形式。
（2）不同地点各岗位间信息通报可使用信息群呼、直通调度电话、内线电话、无线电台、公用电话及移动电话等通信工具，尽力保障信息迅速传递。
（3）控制中心主任调度员台设一门内线电话作为事故事件专用报告电话。

5.5.4 综合交通枢纽基本应急预案救援机制

要编制出合理有效的应急救援机制，必须先了解综合交通枢纽内存在哪些风险类型，并有针对性地设置应急救援方案。

通过对国内外交通枢纽典型事故的总结，可见大部分综合交通枢纽都存在地下部分，其灾害特性主要可概括为以下几个方面的内容：

空间能见度较低：当灾害事故发生时，如果供电系统发生故障，地下的交通枢纽将一片昏黑，能见度低。即使采用了事故照明措施，倘若伴有火灾的发生，由于浓烈烟气的影响，能见度仍然很低，在能见度很低的地下封闭空间，人的心理恐慌程度将加大，人们很难辨清正确的方向和路线，严重影响疏散速度，带来的危害很大。

浓烟积聚不散：一旦沙坪坝综合交通枢纽发生火灾，由于地下交通枢纽空间封闭性强、烟气容易扩散蔓延，造成烟雾地带长，大量浓烟积聚在交通枢纽出入口和通道处，不易从站台排出，而烟热最集中的地方恰是狭长的通道、出入口等处，这些极不利于疏散工作的进行。

人员疏散困难：由于地下区间隧道走行轨间有效的疏散宽度较窄，隧道两侧会墙上密布电缆托架、消防箱等多种设备，地面上有排水沟、消防供水管等设备，严重影响乘客快速逃生。

的心理等因素导致事故扩大化：由于地下交通枢纽的封闭、定向等特点，乘客难以在其中定位自己，不易处于较为安全的心理状态，并且在灾时人的心理恐慌程度大，倘若疏散标识设置不合理，甚至没有疏散标识，必将延缓疏散速度，容易造成跌倒踏伤事故。

具体风险因素分析如下。

1. 人的因素

人的因素是导致综合交通枢纽突发事件的第一原因，也是最活跃、最重要的因素。并且当突发事件发生时，人的要素对于降低损失来说尤为重要。综合交通枢纽运营系统中的人包括乘客和综合交通枢纽工作人员，下面就分别从这两个方面对其风险进行分析。

（1）乘客因素。

部分乘客未遵守乘客守则，无视交通枢纽运营安全管理的要求，擅自携带易燃、易爆、有毒危险物品乘车，给综合交通枢纽和广大乘客的安全造成了各种潜在事故隐患，另外还有部分乘客在列车运行期间，有拉门、砸窗、跳车等危险行为。少数敌对分子或恐怖组织或对社会不满的人为了造成轰动的效应而故意选择在客流量大、空间封闭、疏散困难的综合交通枢纽内搞破坏，如故意纵火制造事端或蓄意破坏综合交通枢纽设施等。另外，如果乘客平时缺乏对应急技能的了解以及对心理素质的培养，将会加重突发事件的后果。

（2）工作人员因素。

综合交通枢纽工作人员应该通过上岗前考核，并且保证最近的考核时间为资质有效期内。工作人员如果缺乏对安全意识的培养，缺乏对易燃易爆危险物品的识别能力和自身处理各类突发事件的能力，将会导致重大突发事件发生。突发事件发生时，工作人员应有条不紊地紧急处理，司机尽可能将列车开到前方枢纽处理，这样可以依靠枢纽的消防力量进行救灾。遇紧急情况，列车在隧道内无法运行，需要在隧道内疏散乘客时，控制中心及司机应根据列车所在区间位置、火灾位置、风向等综合因素确定疏散方向，并迅速通知乘客，组织疏散。

2. 物的因素

综合交通枢纽因其结构功能的复杂性，其运营需要依靠轨道车辆外，还需要依靠轨道交通沿线设置的大量设备系统，主要包括供电系统、通信系统、信号系统、通风排烟系统以及其他辅助设备系统，这些设备在运营过程中都存在一定的风险。

（1）供电系统。

供电系统一般由外部电源、主变电站、牵引供电系统和枢纽及区间动力照明供电系统、防雷接地系统等部分组成。供电系统的主要危险是电气火灾和触电。电气火灾的致因之一为发生短路，一旦发生短路电流可能达到正常时的数十倍，致使电线、电器温度急剧上升，远远超过允许值，而且常伴有短路电弧发生，易造成火灾线路、电动机、变压器超载运行，导致其绝缘材料过热而起火导线接头连接不牢或焊接不良则会使接触电阻过高，导致接头过热起火。接触不良的电线接头、开关接点、滑触线等还会迸发火花，引燃周围易燃、易爆物质。电动机、变压器均配备有散热装置，如风叶、散热器等，如果风叶断裂、变压器油面下降，则会导致散热不良，使电器热量累积起来。电缆沟内电缆过密，散热不良亦会引起火灾。引起触电事故的主要原因，除了设备缺陷、设计不周等技术因素外，大部分是由违章作业、违章操作引起。

（2）交通枢纽车辆系统。

车辆在运营时可能存在的危险因素有列车失控、轨道损伤或断裂、列车脱轨，都可能造成严重的人员伤亡事故。如果列车车门的安全标志不清，可能造成机械伤人事故，并且在事故发生后，不利于开展应急救援以及人员疏散。由于列车内的座椅等材料的选择不当，易发生火灾，且产生有毒烟气，加重事故后果。列车内的高压电气设备的安全防护措施不当，可能引起人员伤亡事故等重大事故。

（3）通风、排烟系统。

与地面建筑相比，地下交通枢纽工程结构复杂、环境密闭、通道狭窄，连通地面的疏散口少，逃生路径长。一旦发生火灾，不仅火势蔓延快，而且积聚的高温浓烟很难自然排除，从而迅速在隧道、枢纽内蔓延，给人员疏散和灭火抢险带来困难，严重威胁乘客、综合交通枢纽职工和抢险救援人员的生命安全，这是造成火灾人员伤亡最大的原因。

（4）给排水系统。

给排水系统在运行期间可能存在的危险因素综合交通枢纽中的排水系统设置不完善，污水乱排以及污水、垃圾排入隧道等会影响综合交通枢纽内的环境卫生。给排水管道的防腐、绝缘效果不佳，发生渗漏现象等。隧道内排水系统不完善，隧道防水设计等级过低，导致涝灾或地表水侵入。地面枢纽的地坪高度低于洪水设防要求。综合交通枢纽给排水管道及设备有被杂散电流腐蚀的危险。由于设计、施工、材料等方面的原因，混凝土结构本身往往会因产生各种裂缝或密实度不够而导致地下水的漏入或渗入。

（5）通信、信号系统。

综合交通枢纽专用通信系统是直接为综合交通枢纽运营、管理服务的，是保证列车及乘客安全、快速、高效运行的一种不可缺少的信息传输系统。当发生异常情况时，通信系统应能迅速转变为应急通道，为防灾、救援和事故处理提供方便。因此，综合交通枢纽通信系统应适应综合交通枢纽运输效率、保证行车安全，提高现代化管理水平和传递语音、数据、图像和文字等各种信息，做到系统可靠、功能合理、设备成熟、技术先进、经济实用。若通信系统的电源发生故障或通信设备本身发生故障等，就不能保证各种行车信息及控制信息不间断地可靠传输，从而引发事故。

信号系统是整个城市轨道交通自动控制系统中的重要部分，它能保证列车和乘客的安全，具备快速、高密度、有序运行的功能。综合交通枢纽信号系统应由行车指挥和列车运行控制设备组成，并应设必要的故障监测和报警设备。综合交通枢纽信号设备通常由闭塞、联锁、行车指挥和列车运行控制等设备组成。闭塞、联锁及列车运行控制系统中的自动停车、列车超速防护等设备，直接维系着行车安全，一般将其定义为安全系统。而行车指挥和列车运行控制系统中的列车自动驾驶或无人驾驶系统一般为非安全系统。综合交通枢纽信号系统的不完善或综合交通枢纽信号系统设备故障，就不能保证列车和乘客的安全，从而引发重大事故。

（6）公用工程及辅助设施。

交通枢纽站台、站厅设施可能存在的危险因素有枢纽地面材料不防滑或防滑效果不明显从而存在安全隐患。人员较多时，可能导致踩踏事件发生。地下枢纽站厅乘客疏散区、站台及疏散通道及综合交通枢纽中地下商业等公共场所存在发生火灾的危险，且会发生连锁火灾事故，不利于开展事故救援，使火灾事故范围扩大。地下枢纽站厅乘客疏散区、站台及疏散通道内有妨碍疏散的设施或堆放物品，不利于事故救援，并造成人员拥挤，使事故后果加重。枢纽的内建筑的装修材料选用不当，会发生火灾，且产生有毒烟气，加重事故后果。地下枢纽安全出口的设置不当，会造成人员拥挤，引发意外事故。且事故发生后，不利于开展事故救援、人员疏散，使事故范围扩大。

在地下枢纽站台边设置的全封闭式屏蔽门，可以保证乘客安全，降低空调系统运营能耗，对提高站内环境舒适度都有明显作用。屏蔽门安全门的设置应适应各种运营模式的要求，正常运营时为乘客上下车通道，发生火灾事故时配合综合交通枢纽运营模式要求为乘客提供疏散通道。在运营过程中综合交通枢纽的屏蔽门可能存在的危险因素有：由于综合交通枢纽车门的安全标志不清，造成的机械伤人事故，并且在事故发生后，不利于事故救援、人员疏散。如果综合交通枢纽采用三轨受电方式，站台仍存在电位层，站台边 2 m 宽度范围内需做绝缘层。屏蔽门安全门与轨道连接，使屏蔽门安全门与轨道等电位。因此在综合交通枢纽屏蔽门处由于绝缘和接地的问题，可能发生人员触电事故。

3. 环境因素

（1）自然环境。

综合交通枢纽在运营期间可能发生台风、洪涝水淹等自然灾害，这些灾害将对综合交通枢纽运营造成影响，而且自然灾害还会引发次生灾害造成更大的危险。

① 水灾。

地下建筑一方面受到洪涝灾害积水回灌危害，另一方面受到岩土介质中地下水渗透浸泡危害。地下水或地表水进入枢纽和隧道，可以使装修材料霉变，电气线路、通信元件受潮浸水损坏失灵，造成事故。

② 地质条件。

如果某些区域内软弱地层类型多，分布不稳定，横向变化特别大，且规律性不强，将难以进行层位判别与对比，局部地段受构造影响，存在不良地质异常体和软弱夹层，这些问题必须在交通枢纽运营中予以重视，考虑防范措施。

③ 雷电。

应该根据交通枢纽所在地的气象资料，对其雷电防护设备设施进行检查，并制定相应的安全对策措施。

（2）社会环境。

任何灾难的发生都不是孤立的偶然事件，它是在各种内在的或外在的因素共同作用下发生的。因此，为了防止突发事件发生就必须进行综合整治。国际上，就已发生多起恐怖主义炸弹袭击交通枢纽事件。

4. 管理因素

如果管理上存在缺陷,同样会导致突发事件的发生。目前从保障综合交通枢纽安全运营的实际情况来看,综合交通枢纽运营安全管理机构的职责和安全投入是确保综合交通枢纽运营安全的重要管理手段。

(1) 管理机构职责。

为了保持综合交通枢纽系统长周期的正常运行,要求设立专门的安全管理机构,并配备足够的专兼职安全管理人员,并明确规定他们各自的职责。并且管理人员只有在经过相应的安全培训后才能持证上岗。规范、完备的安全管理制度是实现综合交通枢纽运营安全的基础。为方便乘客,交通枢纽从早上一直运行到晚上,工作人员白天的管理力量较强,而早晨和晚上的管理力量相对较弱,都容易导致事故发生。安全教育是安全管理中的一项重要工作,就我国现状而言,亟待加快对乘客进行综合交通枢纽安全教育的步伐。深入宣传"枢纽安全,人人有责"的观点,努力提高乘客的安全防范和自救的水平。

(2) 综合交通枢纽安全投入。

综合交通枢纽运营公司应该进行为具备安全生产条件而必需的资金投入。每年投入相当数量的安全专项资金,安排用于配备劳动防护用品及进行安全生产培训的经费,依法参加工伤保险,为从业人员交纳保险费,从而最大限度地减少事故损失。

经过对综合交通枢纽中人、物、自然及管理四个方面的风险进行全面分析,便可以针对各种类型的风险设置相对应的应急救援方案。

在分析了综合交通枢纽在运营时会出现的风险因素之后,便可以针对各种类型的风险设置相对应的处置方案及救援流程。这是突发事故应急救援的指路灯,救援人员可通过应急预案上预先设定的各种情况的处置方案,开展相应的救援工作。因此,应急救援流程是应急预案的核心内容。概要来说,应急预案救援流程包括报接警过程、专家决策、响应行动过程和后期处置四个部分,流程如图 5-6 所示。

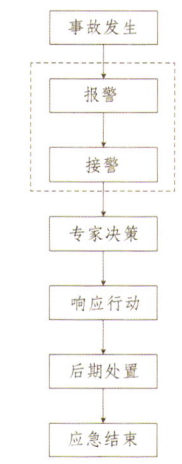

图 5-6 应急救援流程图

① 接警过程。

综合交通枢纽应急预案接警过程指的是:在综合交通枢纽运营过程中突发事件发生后从司机或乘务员报警开始到各救援部门赶到事故现场为止的这段过程。

接警过程包括了事故报警、事故接警、信息报送、下达调度命令几个过程，如图5-7 所示。这个过程是应急救援整个过程的起点，其每项工作都将直接影响后续救援工作的开展，另外预警流程是否完善将直接影响救援处置速度及事故影响程度，其中的信息报送过程影响重大，不可忽视。

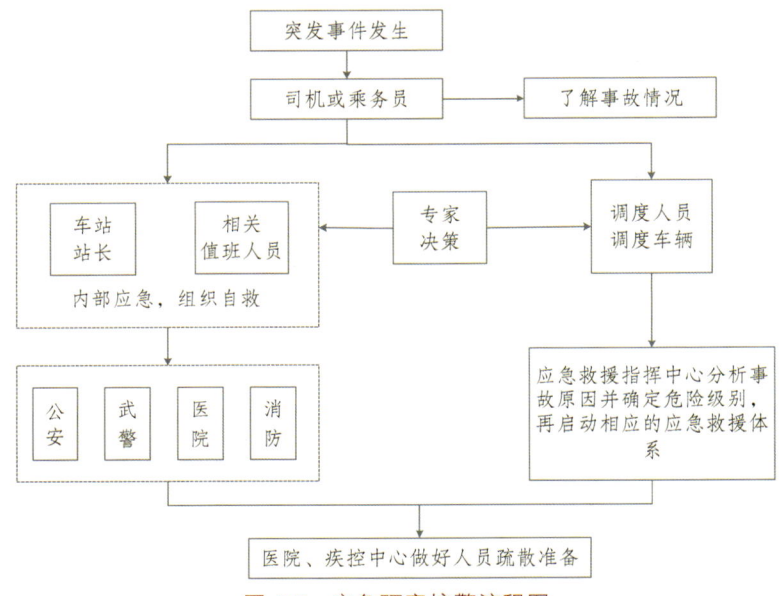

图 5-7　应急预案接警流程图

通过司机或乘务员报警环节，应急救助或其他相关部门的接警环节主要是完成对各种形式报警事件的接收，一般由枢纽内各部门部长、调度人员和相关值班人员负责。各部门部长、调度人员和相关值班人员收到报警信息后由应急指挥中心负责对警情及现场事态进行分析，提出合理的应急预案及救援流程，另外还同时完成应急救援的先期处理工作，主要由列车调度所主任及站段领导负责，采取各种措施，控制事态发展，减少人员伤亡和财产损失。

② 专家决策。

专家决策流程主要包括警情分析、预案分析、现场信息分析等内容。其主要流程如图 5-8 所示。

警情分析指的是应急救援领导小组及有关领导对突发事件的时间、地点、事故原因以及事故性质、站段周边环境等进行综合分析，为后续的各项工作提供指导和依据；预案分析是根据事故性质和规模的不同对预案进行查找及分析，为行动方案的生成提供指导和规范；专家商议是通过建立专家会议或者启动专家方法库，基于预案的内容和初步解决方案进行讨论和商定，快速决定解决方案。根据事故段最新的救援反馈信息对事故现场事态进行分析，为最终正确形成救援预案提供支持及帮助。

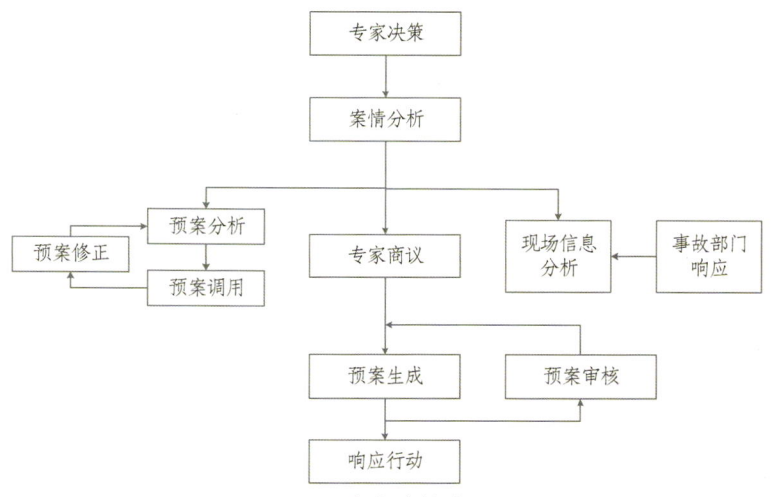

图 5-8 专家决策流程图

③ 应急响应行动

应急响应是应急救援中最关键、核心的过程。这个过程的工作范围最广、工作内容最大。以下是综合交通枢纽应急预案体系的应急响应流程。

a. 总预案响应流程。

综合交通枢纽的应急总预案是预案的预案，其响应流程从宏观的角度指导了针对各类突发事件的、各个部门的救援工作。

b. 专项预案响应流程。

综合交通枢纽的专项预案响应流程是根据不同的突发事件制定的应急响应方案。与总预案响应流程相比其更加具体。

c. 手册或说明书。

交通枢纽应急预案体系中手册或说明书的响应流程是根据不同的交通方式、企业部门和企业应急组织制定处置突发事件的响应方案。与总和专项预案响应流程相比，它规定的内容和操作流程都较为具体。

d. 对应急行动的记录。

对综合交通枢纽应急过程发生的动作行为进行记录，尤其记录下应急过程中表现出来的不足和缺陷，为综合交通枢纽应急预案的完善奠定基础。

由此可知应急预案响应的流程如下图 5-9 所示。

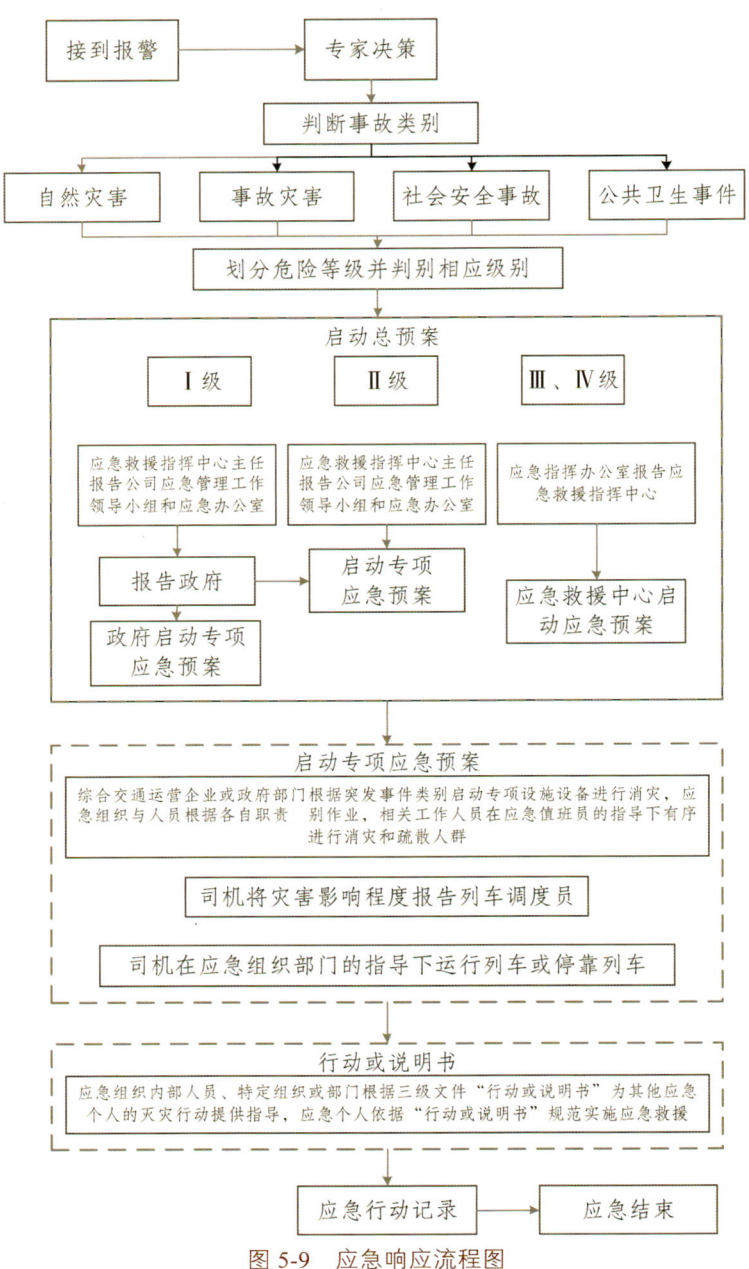

图 5-9 应急响应流程图

④ 后期处置。

后期处置主要包括善后处理、涉外事件处理、事故调查评估、应急预案评估等内容，同时还要建立事件处置全过程档案，并对各成员单位提出改进工作的要求和建议，图 5-10 是应急行动记录过程的流程图。

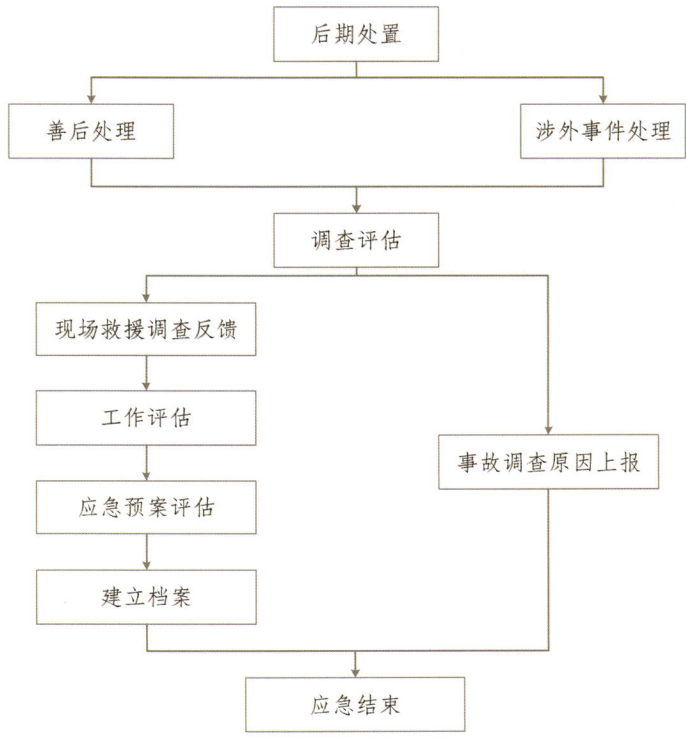

图 5-10　应急预案后期处置流程图

5.5.5　综合交通枢纽应急预案体系完善对策研究

突发事件是难以预料和从根本上杜绝的，因此，各类预案的制定必须科学化，具有实际操作性，切忌成为纸上谈兵的宣传资料。任何危机的发生都有一定的不确定性，应事先制定多套突发事故应急预案，增强突发性事件的应急处理能力，力争把事故与灾害所造成的人员伤亡和财产损失降到最低程度。应急预案，能否真正在突发事件发生时发挥指导性作用，实际上面临着各种复杂性和多变性的实战考验。目前，我国的应急处置机制尚处于初建阶段，存在不少问题，特别是预案操作性不强，随机决策权有限，请示环节过多等等，影响了快速反应速度和应急处置效果，难以适应突发事件的处置需要。应该组织和动员决策者、专家智囊等各种力量，根据恐怖袭击危机预测的各种可能危机状况，有针对性地提出各种对策，再经过整理、评价和选择，最后形成正式预案。

综合交通枢纽应急预案的演练，既可以检验预案的科学性，又可以密切各应急联动单位之间的协作关系，提升预案针对性和实用性。预案演练既是对预案设计是否科学合理的实战检验，又是对事件发生后应急处置工作的实战模拟推演。因此，演练工作事先必须精心设计，要充分开展危险辨识、风险评价、现场处置、事后恢复具体环节等研究，预案演练工作一定要突出实战应变需求，演练工作不是为追求形式上的圆满，不要按照"事情应当发展方向"进行演练，演练的最终目的就是要在预案演练过程中寻找不足、发现问题、优化预案设计，切忌把预案演练工作，仅仅视作宣传教育活动或供领导检阅的节目表演。

综合交通枢纽一旦发生突发事件，其应急指挥与处置工作需要公安、消防、市政、交通、卫生、通信、供水、电力、煤气等职能部门协调联动，合成作战。因此，综合交通枢纽预案演练工作，要以提高预防和处置各类突发事件能力为重点，密切各应急联动单位之间的协作关系，着力提升跨部门、多警种合成作战的能力。

明确了综合交通枢纽应急预案编制的各项要求及步骤之后，再结合之前研究的综合交通枢纽火灾处置及救援方案，可以编制出针对于具体交通枢纽的《沙坪坝综合交通枢纽火灾应急预案》，具体内容见附件一。

5.6　应急管理思路构建及优化

大型综合交通枢纽应急管理工作涉及方方面面、整体构建包罗万象，需要综合考虑该特大型城市与周边区域经济圈的战略发展关系；需要关注综合交通枢纽与周围自然环境的和谐关系；需要设计好综合交通枢纽应急管理与该特大型城市安全管理的兼容关系；需要统筹综合交通枢纽自身应急管理资源与外界资源的互济关系等等。

5.6.1　明确应急管理目标

应急管理目标是在突发事件中保护公民的生命安全和社会财产安全，减轻突发事件造成的损失，尽量减少次生性突发事件的恶劣影响。结合特大型城市综合交通枢纽应急管理的全面整合性，其应急管理目标设计需要明朗、确定。特大型城市综合交通枢纽应急管理工作的目标可以从三个层面进行分析，即突发事件层面、综合交通枢纽层面和特大型城市安全层面，以突出特大型城市综合交通枢纽应急管理体系的功能，更好地保障人们生命财产安全和城市安全运行。

突发事件层面的目标设定应强调：收集相关信息，在科学调查的基础上，充分研究各类突发事件的成因、特点和处置方法，制定专项的应急方案，确保减少甚至避免突发事件的发生，在突发事件中最大限度地保障人的生命安全，不仅是乘客的生命安全，同时要充分考虑工作人员、救援人员的工作条件和救援环境。

综合交通枢纽层面的目标设定应强调：建立应急管理信息系统和应急管理指挥中心，保障综合交通枢纽的日常运行，在突发事件中，尽可能维持综合交通枢纽的运输功能、设施安全、通信安全等，迅速反应，全力控制突发事件的扩大发展，在必要时，引导枢纽内的乘客疏散到安全场所。

特大型城市层面的目标设定应强调：将综合交通枢纽的应急管理工作与特大型城市安全管理相结合，做到互相兼容、互相增强；采取相关措施保障综合交通枢纽运行有条不紊，若综合交通枢纽发生突发性事件，尽量把影响控制在最小范围，避免波及特大型城市的社会经济发展，若城市安全运行出现问题，特大型城市综合交通枢纽应能承担人力、物资等的中转、运输功能。

5.6.2 明确管理原则

1. 系统应急管理原则

特大型城市综合交通枢纽体量庞大，人流密度大，其应急管理工作内容复杂，涉及范围广泛。应急管理工作中应以系统观念为指导，分析处理各种问题。系统原则要求在应急管理工作中要认识到以下几点：第一，综合交通枢纽是由不同的单体交通方式设施、基础道路、能源供应处、信息中心等相互联系的要素构成的；第二，综合交通枢纽通过不同部分构成后具有整体性功能；第三，综合交通枢纽作为整体系统，其下还有可继续划分，能够承担特定功能的子系统，及综合交通枢纽具有层次性。作为系统的综合交通枢纽或作为其子系统的单体交通设施其正常运行受到周围环境的影响，同时，枢纽也影响着环境，只有在枢纽与环境之间具有互动才能达到动态的平衡状态。

2. 应急管理决策原则

综合交通枢纽应急管理决策不同于日常程序化的常规决策，但公共管理者要致力于在实践中寻求、总结应急管理决策普遍原则和应注意的重点，变非常规决策为一定意义上的常规决策，提高应急管理决策的水平，具体注意以下几点：

第一，事前决策原则：加强组织日常的民主化、科学化建设，预先建立有针对性的机构、制度、法规和体制，建设应急管理预警机制和快速反应机制，以应对可能发生的突发事件。

第二，效率至上原则：努力解决应急管理决策时滞问题，提高决策系统对环境的敏感性，增强对正在变化的环境的反应，增强决策方案的预见性、防范性。

第三，沟通交流原则：随着冲突型决策的增多，决策者要充分考虑其他参与者策略决策的影响，开展自愿、互动和横向的信息交流，追求双赢的决策。

第四，技术创新原则：增加决策方法的技术含量、提高决策的艺术性等。

5.6.3 应急管理体制优化

大型城市综合交通枢纽应急管理由政府主导，其管理体制的构建涉及政府内部权力的划分和权力的授予，需要在权力划分时注意权力制约，权力被授予的同时赋以对等的责任。权力配置不仅是合理行使行政应急权的前提，更涉及应急资源的整合运用，深刻影响应急管理决策水平和应急管理的现实能力。

1. 纵向最高决策中心适度集权与分权有效结合

我国应急管理体制中纵向上实行统一领导，分级管理，这种方式部门内部信息纵向流动和上下级指挥畅通，独立完成任务的能力较强，适合于单项灾害的应对。保证最高决策中心的权威，有助于在应急管理工作中能够迅速反应、具有较强的行动力和号召力。但在权力纵向分配上存在问题，即如何使分权和制约达到一个平衡点，在这个平衡点上既能激励下级部门积极主动地承担责任，处理突发事件，又能避免其隐瞒突发事件的真实信息。或可事先建立危险等级制度，即规定在一定危险级别情况下由综合交通枢纽自身应急管理部门全权处理，但要及时向社会公布相关信息。特大型城市相关应急管理部门则有权处理较高危险程度范围内的突发事件，由该城市政府建立综合交通枢纽应急指挥中心，直接指导、处理枢纽突发事件。若危险等级高，影响范围大，社会关注广泛，则应由中央政府设立该特大型城市综合交通枢纽的应急指挥中心，由中央政府统一协调人力、配置资源进行突发事件的应对。

2. 横向权利划分与协调相结合

在综合交通枢纽突发事件应急状态中，在应急指挥中心的统一指挥下，由相关部门共同完成任务，通常由某一个或几个职能部门主要负责，其他相关部门提供辅助性服务，各自管理某一方面的事物。横向权力划分要重视两个方面的问题，一方面是明确各部门的职责，落实每一个应急环节，以免出现职能不清、权责不明、互相推诿、扯皮的现象；另一方面，要加强各部门之间的协调和沟通，以全局为重，避免出现"破坏性部门竞争"即部门分割、各自为战的现象，使整个应急管理系统整合运作，有条不紊。

3. 构建大型综合交通枢纽应急管理主体网络

国外城市应急管理经验中较为重要的一点是发挥全社会型的应急管理合作系统的作用。随着中国政府职能转变的推进、市场经济体制的不断完善和社会组织的蓬勃发展，在强化政府责任，理顺政府相关管理体制的同时，特大型城市综合交通枢纽应急管理有可能、并且应该调动社会力量，形成政府主导，企业运行，并且社会组织积极参与的全社会型的应急管理网络。

5.7　小　结

本次研究首先了解总结国内外应急管理体系现状的情况，再结合国内外综合交通枢纽应急管理典型案例，对大型综合交通枢纽的火灾应急处理方案进行了研究，最后对大型综合交通枢纽所需的应急预案进行了研究。完成的主要工作如下。

（1）结合大型综合交通枢纽的使用特性和结构特点，对综合交通枢纽内的火灾危险源进行了辨识，具体分析了重庆市沙坪坝综合交通枢纽的各个使用功能的火灾危险性。

（2）根据突发事件的发生、发展的逻辑过程，分别给出了重庆市沙坪坝综合交通枢纽的火灾应急管理对策，提出了综合交通枢纽火灾应急组织体系、火灾应急预警及响应对策、火灾应急处置及救援处理流程及方案。

（3）通过综合分析综合交通枢纽应急预案的基本内容和应急预案体系和结构模型，首先明确了综合交通枢纽应急预案体系建立的步骤，其次再对综合交通枢纽应急预案的救援流程、接警流程和后期处置等多个流程进行了详细深入的分析，并建立了各个应急流程对应的流程图以使其更加直观，最后在此基础上提出了应急预案体系的对策。

本次研究的出现的问题及进一步攻克方向：

（1）在火灾危险性分析研究中，仅对综合交通枢纽内建筑区域实用功能进行了定性方面的分析，在以后的研究中，须加强对火灾风险的定量化研究，使区域火灾危险分类变得更加细致、科学。

（2）本次研究对火灾应急救援能力的研究深入层次不够，应依据现有水平，研究各个专项救援队与消防救援队的互相联动，和依靠社会力量进行消防应急救援。

（3）本次研究对应急救援资源储备的研究力度不足，在以后的研究中需要结合综合交通枢纽的具体实际情况，研究应急响应资源储备及运用的具体方案。

（4）应急预案建立之后，应该对综合交通枢纽的应急能力进行分析和评价，一般而言,综合交通枢纽应急能力的分析和评价与风险控制理论存在一定的关系，但具体的关系如何还需要进一步分析。

第 6 章

结　论

6.1　重庆沙坪坝综合交通枢纽火灾防治关键技术

6.1.1　综合交通枢纽火灾特性及防排烟关键技术

研究首先调研并总结了国内外地下高大空间烟气控制技术的研究现状，结合重庆沙坪坝综合交通枢纽的工程实例进行分析，建立全尺寸数值模拟模型和缩尺试验平台对地下高大空间火灾特性、烟气蔓延规律以及通风排烟组织关键设计参数（包括排烟量、排烟风速、补风量等）的设计开展了详细研究，并在此基础上，结合重庆沙坪坝铁路交通枢纽地下换乘大厅的安全设计目标对其防排烟性能化设计作了进一步优化，并提出了改进方案。

1. 地下高大换乘空间火灾特性及烟气蔓延规律研究

（1）地下高大换乘空间发生火灾后，烟气的温度不是主要的危险因素，在对大空间的烟气温度研究分析中可知，由于大空间体量较大，在较长的实验模拟时间内，烟气除了顶棚及火源附近温度较高以外，其余部分的烟气温度都较低，而烟气的减光性和毒性是大空间中造成人员伤亡的主要因素。

（2）在不同火源功率对大空间烟气温度和发展的研究中可知，当火源功率越大，烟气的下降速度越快，烟气层最后的稳定高度越高且顶棚烟气的温度也越高。故而在地下换乘大厅中，应该不设置任何商业（包括零星商业点），从而降低火灾的规模。

2. 地下高大换乘空间火灾通风排烟组织及关键设计参数研究

（1）排烟量。

对于不同排烟量对大空间烟气温度和发展的研究中可知，当排烟量越大时，大空间内的整体温度越低；在 4 m 烟控高度（实验平台 0.4 m 烟控高度）下，对于大空间的温度控制和烟气层的高度控制效果最好。烟气层的最终稳定高度与排烟量的大小成正比，即排烟量越大时，烟气层的最终稳定高度越高，越有利于人员逃生。

（2）排烟风速。

对于不同排烟风速对大空间的烟气温度和发展的研究中可知，排烟风速越大，大空间内的整体温度越低；烟气层的最终稳定高度与排烟风速的大小成正比，即排烟风速越大，烟气层的最终稳定高度越高。但在实际的工程应用中，在保持排烟量不变的情况下，一味地增加排烟风速以达到更好的烟控效果是不值得提倡的，因为在本文的研究中发现，当排烟口的风速超过 2 m/s 之后，烟气层高度的提升效果开始减弱，而一味地增大排烟风速，不仅会大大地增加成本，同时还会使得机械排烟系统荷载增加，故障率也会随之增加。

（3）补风量。

对于不同补风量对大空间烟气的温度和发展的研究中可知，烟气层的最终稳定高度与补风量的大小成正比，即补风量越大，烟气的温度高度越高，但影响程度较小；对于补风口位置处设有安全出口的大空间来说，增大补风量会加剧补风口下方及附近烟气的流动，有可能导致人员因吸入大量烟气而窒息，故而本文认为采用规范要求的 50%的补风量设计依然是最佳的和合理的。实际情况下，为了保证人员的安全疏散，火灾发生后 1 min 内应启动机械排烟系统对大空间进行机械排烟。火灾发生初期，大空间内所需的正常补风量能从其他防火分区以及外界得到补足。火灾中后期需要对大空间进行机械补风才能达到大空间内所需的正常补风量，故而地下大空间补风系统的设置是十分有必要的。

（4）性能化设计方案。

研究发现：首先，沙坪坝铁路交通枢纽性能化设计报告与设计单位方所做方案都能较好地满足排烟要求；其次，考虑到经济效益与可持续发展，对于大空间排烟量的计算方法宜采用产烟量法，并且补风量按照排烟量的 50%设计；再次排烟口宜设置于顶棚以下 2~3 m 的位置。最后，保持排烟量大小不变，将排烟口交错分布布置时可适当减少排烟口的数量，以确保排烟效率最大化。通过对地下换乘大厅机械排烟效率的研究，提出了对重庆市沙坪坝铁路交通综合枢纽高铁换乘大厅机械排烟的优化设计方案。

① 地下高大换乘空间内不设置任何商业（包括零星商业），降低火灾规模。

② 地下高大换乘空间内设置机械排烟系统，以最大火源强度为 4 MW 火源，且在 20 min 内将烟气层高度控制在危险高度 2.6 m 以上考虑，排烟量不应小于 65 000 m³/h，排烟口风速建议取不小于 2 m/s，排烟口高度建议布置在距离顶棚 2~3 m 高度处。

③ 需设置机械补风系统，补风量按排烟量的50%设计。

④ 排烟口宜采用交错式分布，以便能更加高效地排出烟气，在经济条件的约束下，可以在保证排烟量大小不变的情况下减小排烟口的数量。

6.1.2 综合交通枢纽灭火及防火分隔关键技术研究

研究首先调研并总结了国内外大型综合交通枢纽灭火及防火分隔的研究现状，结合重庆沙坪坝综合交通枢纽的工程实例进行分析，对重庆沙坪坝综合交通枢纽灭火及防火分隔系统进行了选型分析与论证，为工程设计提供支撑。

1. 提供了常见的消防炮的测试结果，并针对沙坪坝项目提出建议

对大型综合交通枢纽的候车厅、进出站通道等净空高度过高，设置自动喷淋系统难以达到灭火要求时，建议根据被保护物的大小，确定并选择相应型号的自动消防炮灭火系统。

2. 根据防火玻璃的特点提出其应用条件

选用防火玻璃不等于采用防撞保护措施。在停车库这些容易发生撞击的地方切勿为了美观与采光效果而采取防火玻璃。

6.1.3 综合交通枢纽火灾救援体系及应急预案研究

研究对比分析了中国、美国、日本的应急管理体系，一方面为国内类似工程建设积累一定的理论依据，另一方面为综合交通枢纽应急管理体系的建立提供理论参考。

（1）通过结合沙坪坝项目的实际运营情况，在分析国内外研究现状和大型综合交通枢纽典型应急管理案例后，建立了一套大型综合交通枢纽火灾应急救援体系理论，为综合交通枢纽的火灾防控提供技术指导。

（2）通过对综合交通枢纽应急预案编制方法进行研究，同时对综合交通枢纽内的风险进行分析和评价，对其运营过程中可能引起突发事件的影响因素——人、物、环境和管理进行详细的分析，建立沙坪坝综合交通枢纽的应急管预案编制规则和初步基本应急预案编制方案，并以此为基础着重建立相应的总体及专项应急预案，从而实现综合交通枢纽的安全化运营。

6.2 研究成果推广应用状况

本课题是针对重庆沙坪坝大型综合交通枢纽火灾防控技术进行系统研究，主

要包括国内外火灾防治技术的调研、大型综合交通枢纽火灾报警及联动关键技术研究、大型综合交通枢纽灭火及防火分隔关键技术研究、大型综合交通枢纽火灾救援体系及应急预案研究等内容，所得成果将在重庆沙坪坝综合交通枢纽火灾防控设计理论和实践方面具有重要意义，该成果也可以为类似的城市大型地下综合交通枢纽提供有益的参考，促进城市地下空间交通枢纽的发展，具有明显的社会效益和经济价值。

6.3 经济及社会效益分析

地下综合交通枢纽工程作为人流集散的大型公共场所，具有空间相对封闭、功能多样、空间复杂、人员密集的特点，一旦发生火灾、恐怖袭击、暴雨、强风和地震等灾害，在火灾报警及联动技术、水灭火及防火分隔技术和防灾救援方面，面临一系列的技术挑战和问题。本课题针对重庆沙坪坝大型综合交通枢纽火灾防控技术进行系统研究，主要包括国内外火灾防治技术的调研、大型综合交通枢纽火灾报警及联动关键技术研究、大型综合交通枢纽灭火及防火分隔关键技术研究、大型综合交通枢纽火灾救援体系及应急预案研究等内容，所得成果不仅在重庆沙坪坝综合交通枢纽火灾防控设计理论和实践方面有着重要意义，该成果也可以为类似的城市大型地下综合交通枢纽提供有益的参考，促进城市地下空间交通枢纽的发展，具有明显的社会效益和经济价值。

6.4 存在问题及建议

存在的问题：

（1）在设置消防炮的场所，虽然有了消防炮的保护，但在消防灭火配置上尚应考虑该场所消防炮保护范围的空缺点，即消防炮水平和俯仰角回转死角以及喷射水柱遭到遮挡的区域。

（2）选用防火玻璃不等于采用防撞保护措施。玻璃的透明度高，透光性能好，诸如停车库这类地方又是车辆高频来往的区域，司机若将玻璃区域当做出入口，或发生严重撞击事故，防火玻璃很容易被打破，并且破碎后的玻璃更易伤人，危害极大。

（3）工程多处用到防火卷帘作防火分隔，尽管防火卷帘在建筑防火中起到了非常好的效果但也存在不足。按照我国《建筑设计防火规范》（GB 50016—2014）中的相关规定，防火卷帘必须在火灾发生时完成自动降下。但是，从实际的应用情况来看，防火卷帘在火灾发生时并不能够及时降下，使得建筑空间内火势迅速蔓延。

（4）地下高大换乘空间机械排烟系统的排烟量计算方式。

（5）排烟口风速的大小。

整改措施和建议：

（1）在设置消防炮的场所的空缺点和保护死角，仍应按相关规范规定布置室内消火栓灭火系统，并符合二股充分水柱到达的要求，确保对任何部位的保护。候车区加强室内消火栓和强灭器设置。消防炮应设置在被保护场所常年主导风向的上风方向。当灭火对象高度较高、面积较大时，或在消防炮的射流受到较高大障碍物的阻挡时，应设置消防炮塔。

（2）设置防火玻璃时可以加护栏进行防护，或贴一些醒目标志。在停车库这些容易发生撞击的地方切勿为了美观与采光效果而使用防火玻璃，建议设置防火墙。防火玻璃在设计、安装、使用与维护过程中同样应符合《建筑玻璃应用技术规程》（JGJ 113—2015）的相关规定。

（3）应建立防火卷帘定期保养制度，并做好每樘卷帘的保养记录工作，备案存档。长期不启闭的卷帘半年必须保养一次，内容为消除尘垃，涂刷油漆，对传动部分的链轮滚子链加润滑油等。检查电器线路和电气设备是否损坏，运转是否正常，能否符合各项指令，如有损坏和不符要求应立即检修。

（4）"产烟量法"是根据火灾现场的热释放速率来计算排烟量大小的，而原始方案中的排烟量采用的是根据建筑物内部空间大小来进行计算的方法，即换气次数法。对于地下换乘大厅来说，其内部可燃物主要是由乘客带入的行李所组成，然而不同时刻、是否节假日以及不同地点场所等因素对换乘大厅内部人员的密集程度和可燃物数量影响较大。故而在地下换乘大厅的性能化设计中应该对其单独进行分析和研究，对其采用最为合适的性能化设计方案，而不是一味地根据规范条文来进行设计。故而对于地下换乘大厅来说，其排烟量的计算应采用"产烟量法"来进行设计。

（5）在实际的工程应用中，在保持排烟量不变的情况下，一味地增加排烟风速以达到更好的烟控效果是不值得考虑的，因为在本文的研究中发现，当排烟口的风速超过 2 m/s 之后，烟气层高度的提升效果开始减弱，而一味地增大排烟风速，不仅会大大地增加成本，同时还会使得机械排烟系统荷载增加，故障率也随之增加。故而，实际工程中排烟口风速宜适当减小。

参考文献

[1] H. P. MORGAN, N. R. MARSHALL, B. M. Goldstone. Smoke Hazards in Covered Multilevel Shopping Malls: Some Studies Using a Model 2-storey Mall[R]. Building Research Establishment Current Paper, CP45/76, 1976.

[2] H. P. MORGAN. Smoke Control Method in Enclosed Shopping Complexes of one or More Stories: A Design Summary[R]. Building Research Establishment Report, CP11/79, 1979.

[3] T. TANAKA, T. YAMANA. Smoke Control in Large Scale Spaces, Part 1&2[M]. Fire Science & Technology, 1985.

[4] NFPA92B 2009. Standard for Smoke Management Systems in Malls, Atria, and Large Spaces[S] National Fire Protection Association, Quincy, MA, 2009.

[5] W. K. CHOW. On the use of time constants for specifying the smoke filling process in atrium halls[J]. Fire Safety Journal, 1997, 28 (2): 165-177.

[6] C. G. MONTES, E. S. ROJAS, A. Viedma. Experimental data and numerical modelling of 1, 3 and 2, 3 MW fires in a 20 m cubic atrium[J]. Building & Environment, 2009, 44 (44): 1827-1839.

[7] J. B. CHEN, H. Q. ZHANG. Analysis and Countermeasures of Smoke Control Effect for Large Space Buildings[J]. Procedia Engineering. 2014, 71, 253-260.

[8] V. K. SIN, L. M. TAM, H. F. Choi. Numerical Simulation of Atrium Fire using Two CFD Tools[M]. Computational Methods in Engineering & Science. Springer Berlin Heidelberg, 2007.

[9] GUTIÉRREZ-MONTES C, SANMIGUEL-ROJAS E, VIEDMA A, et al. Experimental data and numerical modelling of 1, 3 and 2, 3 MW fires in a 20 m cubic atrium[J]. Building & Environment, 2009, 44 (44): 1827-1839.

[10] J. H. KLOTE. Basics of Atrium Smoke Control[J]. Heating/piping/air Conditianing Engineering, 2006.

[11] N. TILLEY, P. RAUWOENS, D. FAUCONNIER, et al. On the extrapolation of CFD results for smoke and heat control in reduced-scale set-ups to full scale: Atrium configuration[J]. Fire Safety Journal, 2013, 59（5）: 160-165.

[12] H. D. JU. A Study on the Characteristics of Smoke Control Using Mechanical Ventilation with or without Lower Part Opening in a Large Scale Space[J]. Reseaich Gate, 2015, 15（1）: 195-205.

[13] R. L. DARWIN, Dr. F. W. WILLIAMS. The Development of Water Mist Fire Protection Systems for U. S. Navy Ships[J]. Naval Engineers Journal, 2000, 112（6）: 49-57.

[14] X. M. SHU, H. Y. YUAN. A New Method of Laser Sheet Imaging-based Fire Smoke Detection[J]. Journal of Fire Sciences, 2006, 24（2）: 95-104.

[15] T. X. TRUONG, JM. KIM. An early smoke detection system based on motion estimation[J]. International Forum on Strategic Technology, 2010: 437-440.

[16] Y. LIU, GM. LIU. A smoke detection algorithm of energy difference between frames based on adaptive LOG operator on the infrared video processing[J]. International Conference on Mechanic Automation & Control Engineering, 2011: 996-999.

[17] M. BUGARIĆ, T. JAKOVČEVIĆ, D. STIPANIČEV. Adaptive estimation of visual smoke detection parameters based on spatial data and fire risk index[J]. Computer Vision and Image Understanding. 2013, 10, 003.

[18] J. A. MILKE, T. J. MCAVOY. Analysis of signature patterns for discriminating fire detection with multiple sensors[J]. Fire Technology, 1995, 31（2）: 120-136.

[19] J. TOBIN . The use of fiber optics in a networked fire alarm system[J]. Fire Engineering, 1999.

[20] UL. Standard for Safety Smoke Detectors for Fire Alarm Signaling Systems, UL268, Northbrook[S], 2003.

[21] T SUN, Z Y ZHANG, K T V. GRATTAN. Frequency-domain fluorescence based fiber optic fire alarm system[J]. Review of Scientific Instruments, 2001, 72（4）: 2191-2196.

[22] K. KATAMINE, T. SATO, HASHIMOTO M, et al. Modeling for Automated Design of Fire Alarm Systems and its Implementation[J]. Technical Report of Ieice Kbse, 2002, 102.

[23] ROBERT L. Vettori. Effect of BeamedSlopedand Sloped Beamed Ceilings on

the Activation Time of a Residential Sprinkler[J]. National of Institute of Standard and Technology. 2003（12）.

[24] CHEN T H, KAO C L, CHANG S M. An intelligent real-time fire-detection method based on video processing[C]// IEEE, 2003 International Carnahan Conference on Security Technology, 2003. Proceedings. IEEE, 2004: 104-111.

[25] EVERHARTA. A Lesson in Campus Fire-Alarm System Design[J]. Consulting-Specifying Engineer, 2006.

[26] M J. KNORAS. How to Ensure Fire-Alarm System Reliability[J]. Buildings, 2007.

[27] ZHANG L, WANG G. Design and Implementation of Automatic Fire Alarm System based on Wireless Sensor Networks[J]. Proceedings of the International Symposium on Information Processing Huangshan, 2009: 410-413.

[28] JING C, FU J. Fire Alarm System Based on Multi-Sensor Bayes Network[J]. Procedia Engineering, 2012, 29: 2551-2555.

[29] DONG W H, WANG L, Yu G Z, et al. Design of Wireless Automatic Fire Alarm System [J]. Procedia Engineering, 2016, 135: 412-416.

[30] ZHANG N. Research on Integrated Interconnection Scheme of Subway Fire Automatic Alarm System[J]. Value Engineering, 2017.

[31] R. L. PAULSEN. Human behavior and fires: An introduction[J]. Fire technology, 1984, 20（2）: 15-27.

[32] J. J. FRUIN. Pedestrian planning and design[A]. 1971.

[33] G. PROULX. Evacuation time and movement in apartment buildings[J]. Fire Safety Journal, 1995, 24: 229-246.

[34] H. FRANTZICH. Study of movement on stairs during evacuation using video analyzing techniques[J]. LUTVDG/TVBB-3079-SE, 1996.

[35] N. TYLER, T. FUJIYAMA. An Explicit Study on Walking Speeds of Pedestrians on Stairs[J]. Safety Scieuce, 2004.

[36] T. KRETZ, A. GRÜNEBOHM, A. KESSEL. Upstairs walking speed distributions on a long stairway[J]. Safety Science, 2008, 46（1）: 72-78.

[37] S. K. YEO, Y. HE. Commuter characteristics in mass rapid transit stations in Singapore[J]. Fire Safety Journal, 2009, 44（2）: 183-191.

[38] X. XU, W. G. SONG. Staircase evacuation modeling and its comparison with an egress drill[J]. Building and Environment, 2009, 44（5）: 1039-1046.

[39] N. TYLER, T. FUJIYAMA. Free walking speeds on stairs Effects of stair gradients and obesity of pedestrians[J]. Safety Scheuce, 2010.

[40] Y. F. LI, J. M. CHEN, J. I. JIE. Analysis of Crowded Degree of Emergency Evacuation at "Bottleneck" Position in Subway Station Based on Stairway Level of Service[J]. Procedia Engineering, 2011, 11: 242-251.

[41] R. D. PEACOCK, B. L. HOSKINS, E. D. KULIGOWSKI. Overall and local movement speeds during fire drill evacuations in buildings up to 31 stories[J]. Safety Science, 2012, 50 (8): 1655-1664.

[42] T. JIN. Studies on Human Behavior and Tenability in Fire Smoke[J]. Fire Protection Equipment & Safety Center of Japan 2-9-16 Toranomon, Minato-ku, Tokyo 105, 1997.

[43] G. JENSEN. Wayfinding in heavy smoke decisive factors and safety products[J]. Fire Safety, 1998.

[44] W. KLINGSCH, C. ROGSCH, A. Schadschneider. Evacuation Movement in Photo-luminescent Stairwells[J]. Safety Science, 2010.

[45] D. TILLER, G. PROULX. Assessment of Photo-luminescent Material During Office Occupant Evacuation[J]. Five Sfety, 1999.

[46] G. PROULX, N. BÉNICHOU. Photo-luminescent Stairway Installation for Evacuation in Office Buildings[J]. Fire Technology, 2009, 46 (3): 471-495.

[47] G. Y. JEON, W. H. HONG. An experimental study on how phosphorescent guidance equipment influences on evacuation in impaired visibility[J]. Journal of Loss Prevention in the Process Industries, 2009, 22 (6): 934-942.

[48] G. Y. JEON, J. Y. KIM, W. H. HONG. Evacuation performance of individuals in different visibility conditions[J]. Building and Environment, 2011, 46 (5): 1094-1103.

[49] W. ZHANG, A. HAMER, M. KLASSEN, D. Carpenter, R. Roby. Turbulence statistics in a fire room model by large eddy simulation[J]. Fire Safety Journal, 2002, 37 (8): 721-752.

[50] L. H. HU, F. TANG, D. YANG. Longitudinal distributions of CO concentration and difference with temperature field in a tunnel fire smoke flow[J]. International Journal of Heat and Mass Transfer, 2010, 53(13/14): 2844-2855.

[51] J. S. ROH, S. R. HONG, W. H. PARK, J. J. YONG. CFD simulation and assessment of life safety in a subway train fire[J]. Tunnelling & Underground Space Technology Incorporating Trenchless Technology Research, 2009, 24 (4): 447-453.

[52] D. A. PURSER. Toxicity assessment of combustion products[M]. SFPE

Handbook of Fire Protection Engineering, Quincy: Society of Fire Protection Engineers and National Fire Protection Association. Section 2. Chapter 6, 3rd ed. 2002.

[53] L. L. BELLAMY, T. A. W. GEYER. Experimental programme to investigate informative fire warning characteristics for motivating fast evacuation[J]. Building Research Establishment, 1990.

[54] L. C. BOER, V. V. ZANTEN. Behaviour on tunnel fire. Pedestrian and evacuation dynamics 2005 Springer[J]. Safety Scieuce, 91-98.

[55] H. FRANTZICH, D. NILSSON. Utrymning genom tät rö beteende och förflyttning[J]. Department of Fire Safety Engineering Lund University, 2003.

[56] K. FRIDOLF, E. RONCHI, D. NILSSON. Movement speed and exit choice in smoke-filled rail tunnels[J]. Fire Safety Journal, 2013, (59) 8-21.

[57] E. RONCHI, S. M. GWYNNE, D. A. PURSER. Representation of the Impact of Smoke on Agent Walking Speeds in Evacuation Models[J]. Fire Technology, 2012, 49 (2): 411-431.

[58] S. B. YOUNG. Evaluation of Pedestrian Walking Speeds in Airport Terminals, In Transportation Research Record[J]. Journal of the Transportation Research Board, No. 1674, TRB, National Research Council, Washington, D. C. , 1999, pp. 20-26.

[59] G. PROULX. Movement of people: the evacuation timing. In: The SFPE Handbook of Fire Protection Engineering[S]. Society of Fire Protection Engineers, third (ed), Bethesda, 2002

[60] J. D. AVERILL, D. S. MILETI, R. D. PEACOCK, E. D. Kuligowski, N. Groner. Federal Building and Fire Safety Investigation of the World Trade Center Disaster: Occupant Behavior, Egress, and Emergency Communication[J]. Journal of Veterinary Diagnostic Investigation Official Publication of the American Association of Veterinary Laboratory Diagnosticians Inc, 2005, 8 (2): 38-40.

[61] J. Y. S. LEE, W. H. K. LAM. Variation of Walking Speeds on a Unidirectional Walkway and on a Bidirectional Stairway[J]. Transportation Research Record, 2006.

[62] K. K. FINNIS, D. WALTON. Field Observations to Determine the Influence of Population Size, location and Individual Factors on Pedestrian Walking Speeds[J]. 2008, (6): 827-842.

[63] V. BAGANAC. Another way out[J]. Progressive Architecture, 1974.

[64] V. BAGANAC. Simulation of elevator performance in higb-rise buildings under conditions of emergency[J]. Human Response to Tall Buildings, 1977.

[65] J. H. KLOTE. Elevators as Means of Fire Escape[J]. US Department of Commerce, National Bureau of Standards, 1982.

[66] C. C. FOX. Handicapped use of elevators. ASME Symposium on Fire and Elevators[C], Baltimore, 1991.

[67] J. H. KLOTE. Elevators as Means of Fire Escape[J]. US Department of Commerce, National Bureau of Standards. 1982.

[68] J. H. KLOTE, G. TAMUIA. Elevator piston effect and the smoke problem[J]. Fire safety journal, 1986, 11（3）.

[69] J. H. KLOTE. An analysis of the influence of piston effect on elevator smoke control[J]. Center for Fire Research, 1988.

[70] J. H. KLOTE, G. T. TAMURA. Design of elevator smoke control systems for &e evacuation[J]. NIST, 1991.

[71] A. S. SEKIZAWA, S. NAKAHAMA, H. NOTAKE. Feasibility study of use of elevators in fire evacuation in a high-rise building[J]. Report of National Research Institute of Fire and Disaster, 2005.

[72] K. W. HSIUNG, S. WEN, N. CHIEN. A Research of the Elevator Evacuation Performance for Taipei 101 Financial Center. Proc 6th Int Conf on Performance-based Codes and Fire Safety DesignMethods[C], 2006.

[73] M. J. KINSEY, E. R. GALEA, P. J. LAWRENCE. Stairs or Lifts? - A Study of Human Factors Associated With Lift/Elevator Usage during Evacuations Using an Online Survey[J]. Pedestrian and Evacuation Dynamics, 2011: 627-636.

[74] M. J. KINSEY, E. R. GALEA, P. LAWRENCE. Investigating the use of elevators for high-rise building evacuation through computer simulation[J]. Safety Science, 2009.

[75] J. H. KLOTE, B. M. LEVIN, N. E. GRONER. Feasibility of fire evacuation by elevators at FAA control towers[J]. Center for Five Reseaich, 1994.

[76] R. W. BUKOWSKI. Addressing the Needs of People Using Elevators for Emergency Evaciiation[J]. Fire Technology, 2012, 48（1）.

[77] R. W. BUKOWSKI. Protected elevators for egress and access during fires in tall buildings[C]. Proceedings of the CIB-CTBUH Int. Conf. on Tall Buildings, 2003.

[78] E. D. KULIGOWSKI, R. D. PEACOCK. A review of building evacuation models[J]. National Institute of Standards and Technology, 2005.

[79] M. J. KINSEY, E. R. GALEA, P. J. LAWRENCE. Human Factors Associated with the Selection of Lifts/Elevators or Stairs in Emergency and Normal Usage Conditions[J]. Fire Technology, 2012, 48 (1).

[80] SEKIZAWA, M. EBIHARA, H. NOTAKE. Occupants' behaviour in response to the high-rise apartments fire in Hiroshima City[J]. Fire and Materials, 1999, 23 (6).

[81] F. KHAN, S. RATHNAYAKA, S. AHMED. Methods and models in process safety and risk management: Past, present and future[J]. Process Safety and Environmental Protection. 2015, 98, 116-147.

[82] P. TANG. Decision-making model to generate novel emergency response plans for improving coordination during large-scale emergencies[J]. Knowledge-Based Systems, 2015, 90, 111-128.

[83] S. DEBOISA, T. HILDEBRANDTA, L. SANDBERGB. Experience Report: Constraint-Based Modelling and Simulation of Railway Emergency Response Plans[J]. Procedia Computer Science, 2016, 04, 269.

[84] M. CARMENPENADÉS, A. G. NÚÑEZ, J. H. CANÓS. From planning to resilience: The role (and value) of the emergency plan[J]. Technological Forecasting and Social Change, 2017, 121, 17-30.

[85] D. KHAYAL, R. PRADHANANGA, S. POKHAREL, F. MUTLU. A model for planning locations of temporary distribution facilities for emergency response[J]. Socio-Economic Planning Sciences, 2015, 09, 002.

[86] C. GIRARD, P. DAVID, E. PIATYSZEK, J. M. FLAUS. Emergency response plan: Model-based assessment with multi-state degradation[J]. Safety Science, 2016, 85: 230-240.

[87] H. HASANZADEH. M. IBASHIRI. An efficient network for disaster management: Model and solution[J]. Applied Mathematical Modelling, 2015, 09, 113.

[88] P. Y. PARK, W. R. JUNG, G. YEBOAH, G. REMPE, P. DAN. First responders' response area and response time analysis with/without grade crossing monitoring system[J]. Fire Safety Journal, 2016, 100-110.

[89] M. BABAEI, A. S. MOHAYMANY, N. NIKOO. Emergency Transportation Network Design Problem: Identification and Evaluation of Disaster Response

Routes[J]. International Journal of Disaster Risk Reduction，2017.

[90] N. D. A. MAJID，A. M. SHARIFF，S. M. LOQMAN. Ensuring emergency planning & response meet the minimum Process Safety Management（PSM）standards requirements[J]. Journal of Loss Prevention in the Process Industries，2016，248-258.

[91] J. RAIKES, G. Mcbean. Responsibility and liability in emergency management to natural disasters：A Canadian example[J]. International Journal of Disaster Risk Reduction，2016，16：12-18.

[92] E. PILON，P. MUSSINI，M. DEMICHELA，G. CAMUNCOLI. Municipal Emergency Plans in Italy：Requirements and drawbacks[J]. Safety Science，2016，85，163-170.

[93] R. HUO，Y. Z. LI，X. H. JIN，W. C. FAN. Studies of smoke filling process in large spaces[J]. Journal of Combustion Science & Technology，2001.

[94] W. K. CHOW，Y. Z. LI，E. CUI，R. HUO. Natural smoke filling in atrium with liquid pool rims up to 1，6MW[J]. Building & Environment. 2001，36（1）：121-127

[95] W. K. CHOW. Numerical studies on smoke control in spaces adjacent to atria[A]. 第十二届全国计算流体力学会议论文集，2004：7.

[96] C. L. SHI，W. Z. LU，W. K. CHOW，R. HUO. An investigation on spill plume development and natural filling in large full-scale atrium under retail shop fire[J]. International Journal of Heat and Mass Transfer，2007：513-529.

[97] 易亮，霍然，李元洲，彭磊. 单侧不对称补气对大空间火灾机械排烟的影响[J]. 中国科学技术大学学报，2003，33（5）：579-584.

[98] 游宇航，李元洲，孙晓乾. 夏季大空间内火灾机械排烟效率的研究[J]. 安全与环境学报，2006，6（3）：24-27.

[99] 石龙，张瑞芳，谢启源，付丽华. 大空间内着火位置对火灾增长的影响[J]. 中国工程科学，2008，10（11）：37-42.

[100] 李文莉，李建华，刘歆. 大空间火灾烟气流动特性的研究[J]. 河北工业大学学报，2011，40（3）：111-114.

[101] G. W. ZHANG，G. G. ZHU，F. YIN. A Whole Process Prediction method for Temperature Field of Fire Smoke in Large Spaces[J]. Procedia Engineering，2014，310-315.

[102] C. L. SHI，M. H. ZHONG，T. RF. FU，et al. An investigation on spill plume temperature of large space building fires[J]. Journal of Loss Prevention in the

Process Industries, 2009, 22 (1): 76-85.

[103] 肖春花. 城市综合交通枢纽内消防准安全区判定条件研究[D]. 合肥: 中国科学技术大学, 2011.

[104] X. Z. HE, B. S. ZHANG, C. H. LI. Effects of Supply-exhaust Ratio on Smoke Exhaust Efficiency in a Large Machinery Space[J]. Procedia Engineering, 2016, 135, 469-475.

[105] 施碧波, 韩新. 上海虹桥交通枢纽防火隔离带应用分析[J]. 灾害学, 2010.

[106] 地铁车站敞开楼梯间空气幕防火防烟分隔技术研究[D]. 合肥: 中国科学技术大学, 2015.

[107] 刘跃红, 姚斌, 刘文, 左剑, 肖春花. 综合交通枢纽内换乘大厅与相邻商业场所之间的防火分隔研究[J]. 火灾科学, 2010 (4): 19.

[108] 丛北华. 高压细水雾灭火系统在城市轨道交通中的应用[J]. 城市轨道交通研究, 2011, 01.

[109] 赵青松. 浅谈高压细水雾灭火系统在城市轨道交通工程中的应用[J]. 城市建设理论研究, 2011 (23).

[110] 李鹏来. 天津站交通枢纽火灾自动报警系统的设计[D]. 天津: 天津大学, 2012.

[111] 程茀. 细水雾灭火系统在地铁中的应用与研究[D]. 天津: 天津大学, 2012.

[112] 刘升赟, 尹冬梅. 浅析太原南铁路客运站西广场交通接驳工程的防火设计[J]. 中国消防协会科学技术年会论文集, 2012.

[113] J. LI, W. YUAN, Y. ZENG, Y. M. ZHANG. A Modified Method of Video-based Smoke Detection for Transportation Hub Complex [J]. Procedia Engineering, 2013 (62), 940-945.

[114] 李青山. 谈城市综合交通换乘枢纽利用防火分隔带划分防火分区[J]. 消防技术与产品信息, 2013 (8).

[115] 穆海涛. 大型地下交通枢纽工程消防设计难题及策略[J]. 消防技术与产品信息, 2014 (9).

[116] 陈雷, 邬伟, 路世昌. 某大型交通枢纽工程防火设计探析[J]. 消防科学与技术, 2014 (12) 33.

[117] 闫达伟. 城市交通枢纽地下空间消防安全对策[J]. 消防科学与技术, 2015 (5) 35.

[118] 鲍勇, 陈娟娟. 城市地下交通枢纽消防策略及模拟研究[J]. 消防科学与技术, 2016 (3) 35.

[119] 邹皖峰. 多层地下交通枢纽设备监控系统的仿真研究[D]. 北京: 北京建筑大学.

[120] 周伟. 浅谈火灾自动报警系统的应用现状及发展趋势[J]. 科技与企业，2014（20）：149-149.

[121] 谷剑军. 火灾自动报警及消防联动控制系统设计[J]. 中国高新技术企业，2011（1）：23-24.

[122] 李鹏来. 天津站交通枢纽火灾自动报警系统的设计[D]. 天津：天津大学，2012.

[123] 李文莉，李建华，刘歆. 大空间火灾烟气流动特性的研究[J]. 河北工业大学学报，2011，40（3）：111-114.

[124] 李北海，姚加飞，付祥钊. 中庭式大空间建筑火灾探测器的选用方法[J]. 重庆大学学报：自然科学版，2002，25（5）：73-75.

[125] 陈曦. 大空间火灾接触式感烟探测仿真研究[D]. 北京：清华大学，2009.

[126] 章敏婕. 浅析大空间火灾探测技术及应用[J]. 江苏科技信息，2007（10）：41-43.

[127] 李炎锋，王超，樊洪明. 城市地下综合交通枢纽火灾控制研究[J]. 建筑科学，2011，27（1）：39-44.

[128] 章梁斌. 高校图书馆火灾自动报警与消防联动系统的设计[D]. 广州：华南理工大学，2012.

[129] 张响亮. 智能建筑火灾自动报警系统的设计与研究[D]. 武汉：武汉理工大学，2010.

[130] 张博超. 火车站火灾自动报警系统设计[J]. 智能建筑电气技术，2013，7（5）：33-36.

[131] 王亚翠. 大空间建筑火灾自动报警系统设计探讨[J]. 智能建筑，2010(12)：60-61.

[132] 吕子岳. 火灾自动报警及消防联动控制系统设计[J]. 中国新技术新产品，2014（15）：178-179.

[133] 张卉. 高大空间火灾探测技术的应用[J]. 智能建筑电气技术，2016，10(2)：19-20.

[134] 薛银柱. 高大空间火灾探测器技术[J]. 工程建设与设计，2015（6）：89-91.

[135] 宋伟锋. 红外光束感烟火灾探测器响应性能研究[D]. 北京：北京建筑大学，2014.

[136] 黄飞达. 浅谈建筑内超大空间场所火灾探测器的选择[J]. 智能城市，2017（4）：228-229.

[137] 徐放，张曦. 大空间建筑中火焰探测器环境适用性研究[J]. 2012中国消防协会科学技术年会论文集（上），2012.

[138] 张旭. 吸气式极早期火灾探测技术及方法研究[D]. 成都：电子科技大学，2016.

[139] 方正，袁建平，卢兆明. 火车站客流密度与移动速度的观测研究[J]. 消防科学与技术，2007，26（1）：12-15.

[140] J. Y. LEE，W. H. K. LAM. Variation of walking speeds on a unidirectional walkway and on a bidirectional stairway[J]. Transportation Research Record：Journal of the Transportation Research Board，2006，1982（1）：122-131.

[141] 马骏驰. 火灾中人群疏散的仿真研究[D]. 上海：同济大学，2007.

[142] 王驰. 某地铁站火灾情况下人员安全疏散研究[D]. 北京：北京交通大学，2007.

[143] C. S. JIANG，Y. F. DENG，C. HU. Crowding in platform staircases of a subway station in China during rush hours[J]. Safety Science，2009，47（7）：931-938.

[144] J. MA，W. G. SONG，W. TIAN. Experimental study on an ultra high-rise building evacuation in China[J]. Safety Science，2012，50（8）：1665-1674.

[145] Y. C. QU，Z. Y. GAO，Y. XIAO. Modeling the pedestrian's movement and simulating evacuation dynamics on stairs[J]. Safety Science，2014，70：189-201.

[146] 朱孔金. 建筑内典型区域人员疏散特性及疏散策略研究[D]. 合肥：中国科学技术大学，2013.

[147] 田娟荣. 地铁火灾人员疏散的行为研究及危险性分析[D]. 广州：广州大学，2006.

[148] J. YE，X. CHEN，N. JIAN. Impact analysis of human factors on pedestrian traffic characteristics[J]. Fire Safety Journal，2012，52：46-54.

[149] 陈长坤，王楠楠，席冰花. 行李携带人员疏散元胞自动机模型研究[J]. 中国安全科学学报，2014，7：001.

[150] 唐春雨. 高层建筑火灾情况下电梯疏散安全可靠性研究[D]. 西安：西安科技大学，2009.

[151] 黄治钟. 火灾时电梯运行策略的思考[J]. 建筑电气，2000，19（4）：37-39.

[152] 黄恒栋，王建华. 再论超高层建筑中"安全核"的火灾安全性与"安全核"中的火烟控制[C]中国建筑学会新世纪高层建筑防火实践研讨会，2001.

[153] 田玉敏. 消防电梯在安全疏散及灭火救援中的作用[J]. 消防技术与产品信息，2005（9）：34-37.

[154] 张虎南. 超高层建筑中避难层应设消防安全疏散电梯[J]. 消防技术与产品信息，2005（7）：37-38.

[155] H. U. CHUAN-PING，Y. YANG. An Overview of Research on Elevator Evacuation during Fires in China[C]. 2007高层建筑火灾情况下电梯疏散国际研讨会，2007.

[156] R. HAILEI. Standards of Fire-fighting Lifts and the Use of Lifts in Fire and

Rescue[C]. 2007 高层建筑火灾情况下电梯疏散国际研讨会，2007.

[157] W. U. BIN. Fire elevator for evacuation and rescue[C]. 2007 高层建筑火灾情况下电梯疏散国际研讨会，2007.

[158] W. H. KELVIN，Y. YIN，M. LUO. Design and Implementation of Emergency Elevator Evacuation System in Shanghai Skyscraper[C]. 2007 高层建筑火灾情况下电梯疏散国际研讨会，2007.

[159] X. YI. Counter-Measures to Be Taken on Elevator in a Building in Case of Fire[C]. 2007 高层建筑火灾情况下电梯疏散国际研讨会，2007.

[160] Z. YANG，L. P. ZHU，J. ZHANG. The Application of FTA method on the prediction of fires frequency for high-fire buildings[C]. 2007 高层建筑火灾情况下电梯疏散国际研讨会，2007.

[161] W. HUANG，H. JIN. Risk Analysis and measures for elevator evacuation during high-rise building fires[C]. 2007 高层建筑火灾情况下电梯疏散国际研讨会，2007.

[162] W. U. FENGQI，S. MEI，Y. U. ZHONGJIAN. The Application of Preliminary Hazard Analysis in the Inspection of Danger Factors of Elevator Type Parking Equipment[C]. 2007 高层建筑火灾情况下电梯疏散国际研讨会，2007.

[163] T. S. SHARMA，H. E. YAPING，M. MAHENDRAN. Reliability of Lift Operational Mechanism during Fire Emergencies[C]. 2007 高层建筑火灾情况下电梯疏散国际研讨会，2007.

[164] 陈海涛，仇九子，杨鹏. 一种高层建筑楼、电梯疏散模型的模拟研究[J]. 中国安全生产科学技术，2012，08（10）：48-53.

[165] J. MA，W. G. SONG，W. TIAN. Experimental study on an ultra high-rise building evacuation in China[J]. Safety Science，2012，50（8）：1665-1674.

[166] 杨昀，于彦飞. 电梯和楼梯耦合条件下人员疏散规律研究[J]. 消防科学与技术，2010，29（10）：918-925.

[167] 陈海涛，杨鹏，仇九子，等. 高层建筑火灾中消防电梯疏散效果模拟[J]. 消防科学与技术，2012，31（10）：34-37.

[168] 朱惠军. 超高层建筑高速穿梭电梯辅助疏散的可行性[J]. 消防科学与技术，2012，31（9）：931-934.

[169] 王婷，黄超. 公安消防重大事故应急预案编制技术研究[J]. 江苏警官学院学报，2006（5）：21.

[170] 孙悦，付庚. 谈我国消防应急救援指挥体系建设[J]. 武警学院学报，2008（4）28：21-23.

[171] 王秋旻. 基于应急救援体系建设的消防战略转型[J]. 消防科学与技术, 2009（2）28：119-123.

[172] 康青春, 马宝磊, 张松. 构建我国消防应急救援指挥体系的探讨[J]. 中国安全科学学报, 2010（2）20：64-68.

[173] 姚磊. 天津市公安消防部队应急救援指挥体系建设研究[D]. 天津：天津大学, 2010.

[174] 张西朋. 浅析消防应急救援预案的编制原则[J]. 中国科技信息, 2011（16）, 89.

[175] 刘强, 邹志涛. 我国消防应急救援指挥体系建设现状及存在问题[J]. 中国应急救援, 2012（6）.

[176] 范茂魁, 杨千红, 冯时进, 赵春梅, 普娟娟. 基于消防应急救援持点的消防应对策略——以云南消防部队接警出动为例[J]. 风险分析和危机反应中的信息技术——中国灾害防御协会风险分析专业委员会第六届年会论文集, 2014.

[177] 钟文立. 消防部队综合应急救援体系建设研究[J]. 中国应急救援, 2014（05）：12-14.

[178] 吴佩英. 国内外消防应急救援装备标准现状和发展建议研究[J]. 2014中国消防协会科学技术年会论文集, 2014.

[179] 王军. 三维消防应急预案的应用研究[J]. 电脑编程技巧及维护, 2014, 10.

[180] 仇志岭. 完善消防应急救援体系研究——基于天津市消防应急救援体系的分析[D]. 天津：天津大学, 2015.

[181] 张智. 我国消防部队应急救援体系建设构想[J]. 武警学院学报, 2016（2）32, 28-33.

[182] 王超. 网络优化模型在消防应急救援方案中的应用[J]. 中国科技信息, 2011（07）：205-206.

[183] 刘韦光, 赵培, 赵云胜. 基于Petri网的消防应急救援指挥过程建模与性能优化[J]. 安全与环境工程, 2012（3）19：88-92.

[184] 方争楠. 基于GIS的高铁沿线应急救援管理系统研究[D]. 成都：西南交通大学, 2014.

[185] 金钰. 基于SWOT分析法我国消防应急救援管理的改善对策[D]. 湘潭：湘潭大学, 2014.

[186] Y. HUANG. Modeling and simulation method of the emergency response systems based on OODA[J]. Knowledge-Based Systems, 2015, 89：527-540.

[187] 姜明理, 路世昌. 天津站交通枢纽性能化防火设计及消防应急预案[J]. 消防科学与技术, 2008（10）27：735-737.

[188] 肖潇. 基于三维 GIS 校园火灾应急救援系统的研究[D]. 昆明:昆明理工大学,2010.
[189] 谢征宇. 高铁综合客运枢纽客流安全预警关键技术研究[D]. 北京：北京交通大学，2012.
[190] 郭峰. 太原机场消防应急救援指挥系统设计与实现[D]. 大连:大连理工大学,2014.
[191] 金静，马莉，贾楠. 大型城市商业综合体的火灾特点及应急救援预案研究[J]. 建筑安全，2017，3.
[192] 周庆. 网格划分对 FDS 火灾模拟结果的影响分析[J]. 安全，2011，(08)：8-11.
[193] 国家消防工程技术研究中心. 重庆沙坪坝铁路枢纽综合改造工程性能化防火设计研究报告[R]，2014.
[194] 庄苏滨. 对被动防火有效性的探讨[J]. 民营科技，2013（3）：172.
[195] 云晓晴. 浅析防火分隔技术在建筑消防中的应用[J]. 中国公共安全（学术版），2016（3）：59-61.
[196] 王广乾. 浅谈防火分隔技术在建筑消防中的应用[J]. 科技创新与应用，2017（20）：135-137.
[197] 秦莹，何世伟. 浅议城市轨道交通及客运枢纽建设[J]. 交通标准化，2005，5.
[198] 吴念祖. 虹桥综合交通枢纽综合防灾研究[M]. 上海：上海科学技术出版社，2010.
[199] 吴国君. 刍议防火分隔技术在建筑消防中的应用效果[J]. 建筑工程技术与设计，2016（2）：337.
[200] 柳杨，孙永强，张天明. 建筑消防中防火分隔技术的应用[J]. 技术与市场，2015（12）：193.
[201] 乌伟. 虹桥枢纽固定消防炮系统设计技术探讨[J]. 建设科技，2013（06）.
[202] 吴健斌. 大空间水消防技术在上海东方体育中心综合馆的应用[J]. 给水排水，2011（06）.
[203] 中华人民共和国建设部. 固定消防炮灭火系统规范：GB 50338—2003[S]. 北京：中国计划出版社，2004：3.
[204] 尼华，杨丙杰. 某体育馆自动灭火系统选型及应用技术分析[J]. 给水排水，2016（S1）.
[205] 李燕飞. 高大空间场所自动跟踪定位射流灭火系统选型探讨[J]. 中国给水排水，2015（03）.
[206] 朱蓓丽. 消防炮系统在望江体育馆项目中的应用[J]. 安徽建筑，2014（03）.
[207] 李聪. 自动消防灭火系统关键技术的研究[J]. 吉林广播电视大学学报，2014（06）.
[208] 毛科峰，张连军. 自动消防炮灭火系统在大型室内游乐场的应用[J]. 工业

用水与废水，2013（04）.

[209] 张诚建. 消防技术在上海东方体育综合馆的运用[J]. 商业文化（下半月），2012（07）.

[210] 李浩. 全封闭燃气自动加热炉条件下单片防火玻璃的不合格现象研究[J]. 河南建材，2017（05）.

[211] 邓雨涵，周新宇，史蒂夫·邦德. 防火玻璃在古建筑中的应用[J]. 消防技术与产品信息，2015（03）.

[212] 王洪顺，黄永志，陈津龙. 浅谈如何对建筑防火玻璃及相应构件实施消防监督[J]. 水上消防，2015（04）.

[213] 肖永清. 关注防火玻璃材料及市场的发展与未来[J]. 上海建材，2013（01）.

[214] 吴从真. 防火玻璃系统技术及应用[J]. 门窗，2013（06）.

[215] 顾正佐. 防火玻璃的应用研究分析[J]. 门窗，2012（08）.

[216] 田宏，马秀山，闫雅君. 防火玻璃的进展——减少了风险，降低了不确定性[J]. 消防技术与产品信息，2010（03）.

[217] 毛莹，龚承先. 防火玻璃应用问题探讨[J]. 消防技术与产品信息，2010（07）.

[218] 李洁滨，光艳，张艳红. 单片防火玻璃的性能及应用前景[J]. 广东化工，2009（01）.

[219] 田宏，白锐. 防火玻璃的适用性——防火和隔音[J]. 消防技术与产品信息，2009（03）.

[220] 郭其云，杨军，郭威. 国际应急救援管理的分析探讨[J]. 消防科学与技术，2015（5）：629-632.

[221] 王欣阳. 地铁灾害事故成因分析与应急对策研究[J]. 沈阳航空航天大学学报，2013，30（5）：80-82.

[222] 金菊. 美日两国突发事件应急管理的基本做法与经验借鉴[J]. 经济研究导刊，2009（20）：203-204.

[223] 孙伯春. 以消防救援为基础组建国家综合应急救援队伍的迫切性[J]. 消防科学与技术，2010，29（8）：691-694.

[224] 马先宏. 综合应急救援队伍建设探析[J]. 消防科学与技术，2010，29（6）：519-521.

[225] 郭太生，寇丽平. 论公共安全危机事件应急处置的运行机制[J]. 中国人民公安大学学报（社会科学版），2004，20（5）：13-20.

[226] 刘新建，陈晓君. 国内外应急管理能力评价的理论与实践综述[J]. 燕山大学学报，2009，33（3）：271-275.

[227] 秦莹，何世伟. 浅议城市轨道交通及客运枢纽建设[J]. 交通运输研究，2005

（5）：128-131.

[228] 虹桥综合交通枢纽综合防灾研究[M]. 上海：上海科学技术出版社。2010.

[229] 邹逸江. 国外应急管理体系的发展现状及经验启示[J]. 灾害学，2008，23（1）：96-101.

[230] 杨颖. 特大型城市综合交通枢纽应急策略研究[D]. 上海：上海师范大学，2013.

[231] 杜文. 巨灾型突发事件应急救援体系研究[D]. 焦作：河南理工大学，2012.

[232] Easingwold. Emergency Management Institute[J]. Safety Scieuce，2015.

[233] 彭骏. 从美国FEMA看我国灾害应急救援指挥体系的建设[J]. 景德镇高专学报，2007，22（2）：99-100.

[234] 王宏伟，李莹. 应急社会动员视野下的社区参与[J]. 安全，2007，28（12）：3-6.

[235] 范维澄，袁宏永. 我国应急平台建设现状分析及对策[J]. 信息化建设，2006（9）：14-17.

[236] 孙平，朱伟. 城市地下管线应急管理体系建设研究[J]. 三峡大学学报（人文社会科学版），2008：38-40.

[237] 曹笛，曾坚. 综合交通枢纽火灾危险性分析[J]. 建筑与文化，2015（12）：77-79.

[238] 李钰，于君磊. 地铁火灾应急救援关键技术初步研究[C]. 中国灾害防御协会风险分析专委会年会，2010.

[239] 夏渊. 地下商铺火灾燃烧特性研究[J]. 消防科学与技术，2016（12）：1666-1669.

[240] 白磊. 基于CFD数值模拟地铁火灾人员疏散与救援研究[D]. 西安：西安建筑科技大学，2007.

[241] 钟开斌. 中国应急预案体系建设的四个基本问题[J]. 政治学研究，2012（6）：87-98.

[242] 韩凤岩. 深圳福田地下火车站火灾预防及安全救援方案研究[D]. 长沙：中南大学，2009.

[243] 丹戈. 内罗毕国际机场大火暴露肯尼亚消防"短板"[J]. 中国消防，2013（16）：53-55.

[244] 王漪. 关于提高机场应急救援能力的几点设想[J]. 江苏航空，2009（1）：37-37.

[245] 吕志奎. 使跨管辖区应急管理协作运转起来：美国EMAC研究[C]. 公共管理与地方政府创新研讨会，2009.

[246] 张海波，童星. 中国应急管理结构变化及其理论概化[J]. 中国社会科学，2015（3）：58-84.

[247] 保鲁昆. 铁路车站火灾安全疏散及预防措施研究[D]. 成都：西南交通大学，2008.

[248] 刘民伟. 铁路大型客运枢纽站突发事件应急能力评价模型与方法的研究[D]. 北京：北京交通大学，2008.

[249] 郭太生，寇丽平. 论公共安全危机事件应急处置的运行机制[J]. 中国人民公安大学学报（社会科学版），2004，20（5）：13-20.

[250] 池宏，计雷，陈安，等. 突发事件应急管理[M]. 北京：高等教育出版社，2006.

[251] 王曦，胡苑. 美国国家应急计划概述[J]. 环境保护，2007（z1）：82-85.

[252] 袁辉. 重大突发事件及其应急决策研究[J]. 安全，1996（2）：1-4.

[253] 赵显，赵云胜. 浅议地铁火灾事故的特点与预防对策[J]. 河北工程技术高等专科学校学报，2005（1）：16-19.

[254] 杨志杰，沈纹. 地铁消防安全状况及对策[J]. 消防科学与技术，2002，21（3）：26-27.

[255] 张苏敏. 地铁火灾事故的预防及应对措施[J]. 上海铁道科技，2004（6）：25-26.

[256] 王文俊，孟凡阔，王月龙. 基于本体的应急预案研究[J]. 计算机工程，2006，32（19）：170-172.

[257] 吴叶葵. 突发事件预警系统中的信息管理和信息服务[J]. 图书情报知识，2006（3）：73-75.

[258] 李为为，唐祯敏. 地铁运营事故分析及其对策研究[J]. 中国安全科学学报，2004，14（6）：105-108.

[259] 郭铁男. 政府公共危机管理与消防综合应急救援力量建设[J]. 消防技术与产品信息，2006，26（12）：1-8.

[260] 代宝乾，汪彤，丁辉. 地铁运营系统危险有害因素辨识分析[C]. 2012地下隧道安全运营技术培训研讨会，2012.

[261] 韩利民，李兴高，杨永平. 地铁运营安全及对策研究[J]. 中国安全科学学报，2004，14（10）：46-50.

[262] 刘功智，刘铁民. 重大事故应急预案编制指南[J]. 劳动保护，2004（4）：11-18.

[263] 吴宗之，刘茂. 重大事故应急救援系统及预案导论[M]. 北京：冶金工业出版社，2003.

[264] 刘铁民. 重大事故应急体系建设[J]. 劳动保护，2004（4）：6-10.

[265] 王山，汪彤，代宝乾. 地铁应急救援方案的研究[J]. 安全，2005，26（3）：31-33.

[266] 兰燕红. 城市交通应急系统的能力评价及预案研究[D]. 北京：北京交通大学，2008.

[267] 刘晓燕. 上海轨道交通应急机制研究[D]. 上海：上海交通大学，2008.

[268] 张殿业，金键，杨京帅. 城市轨道交通安全研究体系[J]. 都市快轨交通，2004，17（4）：1-3.

附录 1
沙坪坝综合交通枢纽突发事件总体应急预案

1 总则

1.1 编制目的

沙坪坝火车站综合交通枢纽的结构为地下 8 层，可实现高铁、轨道、公交、出租、社会车辆等多种交通方式间的无缝换乘。总占地面积约 22 公顷（1 公顷 = 0.01 平方千米），建设内容包括成渝铁路客运专线沙坪坝站场、综合交通换乘枢纽、相关城市道路工程和城市轨道环线及 9 号线交通节点工程等。

沙坪坝综合交通枢纽突发事件总体应急预案是为了控制沙坪坝综合交通枢纽可能发生的公共事件、火灾、爆炸及相关突发事件所造成的人员伤亡或重大经济损失，规范应急救援工作，提高突发事件的应急处置反应速度和协调水平，增强综合处置突发事件的能力，预防和控制此类灾害的发生，结合沙坪坝综合交通枢纽实际情况制定《沙坪坝综合交通枢纽突发事件总体应急预案》。通过预案的切实实施使应急预案工作协调统一、紧急有序，从而达到迅速控制事态发展，减少或消除人员伤亡和各种经济损失的目的。本预案包括预案的适用范围、应急处理的原则、信息报告程序、相关功能设置、应急处理流程、应急处理程序应急处理步骤和各岗位人员的行动指引等内容。

1.2 编制依据

预案编制时参考以下法案：
《中华人民共和国突发事件应对法》。
《安全生产法》。
《中华人民共和国环境保护法》。
《重庆市安全生产条例》。

《生产安全事故报告和调查处理条例》。

1.3 适用范围

本应急预案程序适用于综合交通枢纽区间隧道和站台发生火灾时的应急处理。

1.4 预案运行原则

（1）快速反应，统一指挥。

安全事件发生后，4 min 内必须赶到突发事件现场，进行紧急控制处理，统一由当值的最高领导指挥，建立灵活快速、功能全面的预警和应急反应机制。

（2）以人为本，依法规范。

以保障人民群众的生命安全为出发点和落脚点，最大限度地减少安全事件造成的人员伤亡和危害；应急预案要符合有关法律、法规、规章的规定，要与相关政策相衔接，要依法行政，依法实施应急预案。

（3）安全第一，预防为主，综合治理。

企业应当落实预防为主的思想，树立常备不懈的观念，经常性地做好应对安全事件发生的思想、预案、机制和工作等方面的准备。建立安全应急处置专业小组，加强管理人员安全方面工作的培训力度，定期组织企业员工、现场一线员工进行安全应急演练。

（4）预防为主，平战结合。

贯彻落实"安全第一，预防为主，综合治理"的方针，坚持事故应急与预防工作相结合。加强重大危险源管理，做好事故预防、预测、预警和预报工作。开展培训教育，组织应急演练，做到常备不懈。进行部内宣传，提高沙坪坝综合交通枢纽全员的安全意识，做好物资和技术储备工作。

1.5 应急预案体系

重庆沙坪坝事故应急预案体系包括如下内容。

（1）总体应急救援预案。

总体应急预案是重庆沙坪坝交通枢纽应急救援预案体系的总纲，是重庆沙坪坝交通枢纽应对重特大事故的规范性文件，是制定专项应急救援预案的依据。

（2）专项应急救援预案。

专项应急救援预案主要是重庆沙坪坝交通枢纽各单位根据有关法律、法规，在总体应急救援预案的结构框架基础上，结合各自特点，制定的流程清晰、可操作性强的单项预案。

2　重庆沙坪坝交通枢纽危险性分析

综合交通枢纽中的列车、车站、行车轨道、乘客以及运营机电设备等多种因素相互交叉在一起组成了复杂的综合交通枢纽运营系统。概括而言，综合交通枢纽运营系统就是"人员—设备—环境—管理"组成的有机系统。其整个交通枢纽建设和运行的目的是为公众提供运输服务，并保证其快速、安全、准时。而运营系统的正常工作直接决定了其能否提供安全优质服务。其中车辆、设备等设施相互依存，如列车与轨道、通信信号、供电系统、自动检售票系统之间通过严格的技术相互支持与配合。正常运营会受到上述任何一个环节故障的影响，它们处于同一个链条上，联动地维系着综合交通枢纽的正常运营。

沙坪坝综合交通枢纽指挥系统集成化程度高，以便强化对多种交通方式多种专业联合作业的管控，避免发生故障导致事故。一般而言，列车依据正常设定的运行图在驾驶员监护下自动运行，调度室会实时显示列车的供电环控状态、线路位置、时间间隔等运行信息，通过对列车状态的监控，调度员借助通信系统可以和驾驶员及其他子系统人员随时沟通交流，及时纠正系统暴露出的问题。除特别情况外，调度所一般无权更改各子系统运行模式及列车运行图，综合交通枢纽运营的决策机构和调度所有机结合形成了列车的统一调度中心。综合交通枢纽系统庞大而复杂，为保证其高效运转，要求各专业岗位密切分工，严格遵守各项规章制度，只有这样才能确保综合交通枢纽的效率并保证其安全性。

由于综合交通枢纽系统所具有的特殊性及复杂性，其运营时存在的风险具有以下特征。

（1）事故后果的严重性：交通枢纽处于地下，一旦发生突发事件，由于其照明、通风及救援困难，势必会造成大量人员伤亡及经济损失。

（2）社会影响的恶劣性：作为重庆市的生命线工程，如若交通枢纽发生事故，那么就会造成交通瘫痪，大量的乘客聚集在一起难以疏散，造成人员拥堵，严重的还会引发骚乱，带来恶劣的社会影响。

（3）运营系统的动态性：沙坪坝综合交通枢纽内的设备设施的良好运转保证了运营系统功能的发挥，其动态运营状态直接影响着整个轨道交通系统的运营。

（4）受环境影响的特殊性：社会环境条件和外界自然环境条件都会对整个综合交通枢纽运行产生影响。由于其运营涉及许多不确定性和不确知性，只有针对运营中风险的特点，通过风险管理的研究，采取合理对策，才能从根本上消灭事故发生的隐患，把综合交通枢纽的事故发生率降到最小。

2.1 人的因素

从以往交通枢纽的运营事故案例可知，造成综合交通枢纽运营事故的最主要原因是人为因素，包括两类人为因素：系统内部的人为因素和系统外部的人为因素，前者是指由内部工作人员的误操作而导致的事故，后者是指由乘客的不安全行为导致的事故。

（1）系统外部人为因素。

沙坪坝综合交通枢纽系统人员高度密集，客流量大，且来源广泛复杂，可能包括一些社会敌对分子，这些人故意通过制造火灾和爆炸事故来报复社会。根据对国外综合交通枢纽事故的统计分析可知，恐怖袭击是主要的事故类型，虽然目前我国还没有发生因恐怖袭击导致的综合交通枢纽事故，但我们应该未雨绸缪，吸取经验教训，进行主动防范。目前，导致我国综合交通枢纽事故的乘客的不安全行为主要包括：大客流的拥挤踩踏、不慎或故意跳下站台、触碰紧急按钮、携带易燃易爆物品、上下车无秩序拥挤、扒车门、误闯入区间隧道、沿线居民的不安全行为造成事故等。其中，最主要的是不慎或故意跳下站台，其次则是无秩序的拥挤。

（2）系统内部人为因素。

因为沙坪坝综合交通枢纽具有大规模、极具复杂的轨道交通系统，工作人员的任何一个小的误操作都可能导致综合交通枢纽运营事故的发生，因此对其职业素养也有了较高要求。工作人员造成的综合交通枢纽运营事故风险可以分为员工自身缺陷造成的风险以及员工之间配合失误造成的风险。首先是员工自身缺陷的风险，它主要包括：首先是专业基础知识差、操作技能不熟练、安全观念意识淡薄、责任心不强、应急救援能力差、违规违章作业、漏检漏修、身体缺陷、酒后或带病上岗、疲劳驾驶、无证上岗等；其次是员工之间配合失误的风险，主要包括：漏发放指令、纪律性不强、注意力不集中、管理松懈、调度员口误、误用关键指令、应急救援效率低、缺乏沟通、配合协调不默契等。为保证综合交通枢纽正常运营，每个子系统，每个工作单元都离不开人员的参与，而人的不确定性比较大，无论是其自身的生理因素风险、心理因素风险、业务技能风险还是各员工之间的协作风险，都可能引发事故。因而需要提高对人员风险因素识别、分析的能力，从而采取预防措施，保证运营安全。

2.2 设备设施因素

组成沙坪坝综合交通枢纽系统的子系统主要有线路及轨道系统、车辆系统、机电设备、供电设备、通信与信号设备、火灾自动报警系统（FAS）、环境与设备监控系统（BAS）等。随着设备使用日期增长，其精度、性能会降低，致使设备中断生产或效率降低从而影响列车正常运作，甚至会造成重大安全事故。沙坪坝综合交通枢纽车站任何一个设备系统发生故障都会对运营安全产生重要影响。

机电设备多种多样，主要包括电梯与自动人行道、自动扶梯、屏蔽门、通风和空调设备、给排水设备等。自动扶梯故障和屏蔽门故障往往会造成乘客人身伤害事件。

沙坪坝综合交通枢纽中的列车是电力牵引的电动列车，由供电系统提供电能。此外，车站中自动扶梯、通风、空调、照明、通信、信号等，也都依赖电能。一旦出现断电事故导致列车运行停止，车站将陷入混乱，如果不能及时疏散乘客，那么就会造成踩踏事故。若变电站、接触网因故障导致触电、火灾，那对运营安全的打击则是致命的。

通信与信号设备是提高沙坪坝综合交通枢纽运输效率、保证列车运行安全、实现列车运行现代化的关键设备。通信系统能够迅速传递准确的信息和图像，使工作人员能够及时掌握车站动态信息。信号系统作为行车指挥系统，是保证列车安全运行的重要设备。如果信号故障，就会导致列车运行异常，轻则造成乘客拥堵、滞留，严重的还会导致重大事故。

综合监控系统使综合交通枢纽内通信、信号、机电、供电等各系统设备实现联动，实现设备自动化控制、信息和资源互通共享等，提高设备运行的自动化效率。如果综合监控系统发生故障，那么其集成互联的各子系统也会受到影响，致使监控不到位或陷入瘫痪。如果处理不及时，还可能会造成不可估量的严重后果。

2.3 环境因素

影响沙坪坝综合交通枢纽运行的环境因素主要有站内运营环境（设备设施的运行环境、员工的工作环境、乘客的乘降环境）、自然灾害和人为破坏等。站内运营环境是指工作区域的照明、噪声、温度、湿度等，上述作业环境会直接影响到工作人员及乘客的心理和情绪等。如果作业人员处在一个比较好的环境中，心情舒畅、不良情绪得到克制、抗疲劳能力增强、拥有好的工作状态，那么工作效率也会提高，能够稳定有序地开展运营安全相关工作，保障运营安全。相反，在不良的作业环境下工作，员工失误犯错的几率则会大大增加。

根据2009—2015年的数据统计可知：重庆市共发生突发环境事件134起，

且呈波动下降趋势，春季和夏季为交通事故和自然灾害高发期。突发环境事件在空间上主要集中在主城九区及相邻的区县，渝西、渝东南及渝东北各区县发生次数较少；重庆市突发环境事件的主要诱因是道路交通事故、设备故障和操作不当，发生的主要形式为有毒有害物质的泄漏；重庆市突发环境事件的污染类型主要为水污染和大气复合污染，占82.09%。污染物出现频率排序为：油类>酸碱类>液氨>苯及其化合物>减水剂>其他各种污染物。

2.4　沙坪坝综合交通枢纽风险点源趋势分析

根据上述危险性分析，可将沙坪坝交通枢纽可发生的突发事件分为以下四类。

（1）自然灾害。

主要包括暴雨、暴风、雾霾等气象灾害，滑坡、地面塌陷等地质灾害，水旱灾害，地震灾害，生物灾害等。

（2）事故灾难。

主要包括沙坪坝火车站综合交通枢纽各生产经营单位的各类安全事故，交通运输事故，公共设施和设备事故及环境污染和生态破坏事件等。

（3）公共卫生事件。

主要包括传染病疫情，群体性不明原因疾病，食品安全和职业危害，动物疫病，以及其他严重影响公众健康和生命安全的事件。

（4）社会安全事件。

主要包括恐怖袭击事件，民族宗教事件，经济安全事件，涉外突发事件和群体性事件等。

上述各类突发事件往往相互交叉和相互关联，或同时发生，或引发次生、衍生事件，应具体分析，统筹应对。

附表1-1　沙坪坝火车站综合交通枢纽及其周边风险点源趋势分析表

事故类别	事故类型	可能分布点源
自然灾害	暴雨洪灾	沙坪坝站、道路、地下空间
	暴风	沙坪坝火车站综合交通枢纽及其周边可能由于极端天气引发暴风，导致高铁站、道路等区域建构筑物垮塌
	地震	沙坪坝火车站综合交通枢纽及其周边可能由于地震因素导致高铁站、道路、地下车库、地下空间建构筑物坍塌，引发人身伤害事故和财产损失

续附表

事故类别	事故类型	可能分布点源
事故灾难	火灾事故	沙坪坝站、地下车库、输配电室、地下空间、发电房等发生火灾事故
	爆炸事故	沙坪坝站、地下停车场
	电梯困（伤）人事件	由于垂直电梯、自动扶梯故障，导致电梯困（伤）人事件，事件可能发生在各楼宇的垂直电梯、自动扶梯
	其他事件（事故）	沙坪坝站、道路、居民住宅区，门市商铺、超市、宾馆、酒楼还可能发生高处坠落、物体打击、触电、车辆伤害等事故（事件）
公共卫生事件	传染病与群体性不明原因疾病	沙坪坝站、门市商铺、超市、宾馆、酒楼等
	群体性食物中毒	沙坪坝站、沙坪坝站附近的门市商铺、超市、宾馆、酒楼
社会安全事件	拥挤踩踏	沙坪坝站、居民住宅区、门市商铺、超市、宾馆、酒楼及其他公共活动场所
	治安事件	沙坪坝站、居民住宅区、门市商铺、超市、宾馆、酒楼及其他公共活动场所。常见治安事件可能为打架斗殴、抢劫、盗窃等
	暴恐袭击	沙坪坝站、居民住宅区、门市商铺、超市、宾馆、酒楼及其他公共活动场所，可能发生暴恐袭击事件

3 应急机构及其职责

沙坪坝综合交通枢纽突发事件发生后，运营公司应急领导小组自然成立，按照预案组织实施救援工作。

3.1 应急处理领导小组组成及其主要职责

组长：沙坪坝综合交通枢纽运营公司安全经理。
组员：沙坪坝综合交通枢纽运营公司各部门部长。
应急处理领导小组为非常设机构，在启动本预案时，由综合交通枢纽内各部门到场的下列人员组成：综合交通枢纽党政领导、安全技术部经理、车务部经理、维修工程部经理、车辆部经理。由在场的职位最高者担任组长，若有多位职级相同的领导时，共同商议选定一位担任组长，在场的上述其他成员担任组员。

3.1.1　应急处理领导小组主要职责与分工

（1）领导小组负责应急处理的组织指挥与决策，指挥员工或配合外部支援单位进行应急处理。

（2）由应急指挥领导小组发布救援命令和信号，同时在应急处理中随时保持与综合交通枢纽运营部、市政府有关部门及事件现场的通信联系。

（3）向重庆市政府应急办通报突发事件情况，必要时向有关单位发出救援请求。

（4）领导小组组长担任现场应急处理负责人，小组成员直接领导下属参与应急处理，向组长负责。

（5）负责组织应急处理预案的演练。

（6）另外组织人员专门负责组织突发事件处理后的调查、分析与改进工作。

3.1.2　组织方式

领导小组成员在接到突发事件紧急报告后事件影响运营生产时，赶赴控制中心；事件发生现场指挥事件不影响运营生产时，赶赴事件发生现场指挥。

3.1.3　领导小组突发事件处理程序

应急处理领导小组在接到突发事件信息报告后，首先应启动应急基本预案，然后针对具体特殊风险决定采取相应的预案、行动手册和标准操作程序。

3.2　工作小组组成及职责

工作小组组长职责如下。

（1）负责组织实施并启动沙坪坝火车站综合交通枢纽突发事件应急预案。

（2）指挥沙坪坝火车站综合交通枢纽突发事件应急救援行动的运作协调，应急策划，随时掌握突发事件的发展变化状况以及可能发生的次生或衍生事故。

（3）组织制定现场抢险与救护方案。

（4）向上级领导或管理部门报告突发事件的情况，以及请求外部应急救援机构支援。

（5）批准本预案的启动与终止。

应急处理领导小组下属以下几个小组。

3.2.1　调度应急工作小组

调度应急小组由调度相关管理部门组成，调度应急小组服从领导小组统一安排，主要负责救火信息的接收与传递，负责公司其他各工作小组的调度与协调，向领导报告应急处置情况等。

3.2.2　客运应急工作小组

客运应急工作小组由客运相关管理部门组成主，要负责组织沙坪坝综合交通枢纽内员工参加救火工作，疏散乘客，保护车站设施设备，救护伤员，与其他部门共同参加救火救灾，尽快恢复交通枢纽的正常运营，及时与调度应急工作小组报告处置情况，组织客运救援队伍。

3.2.3 车辆应急工作小组

车辆应急工作小组由枢纽内车辆相关管理部门组成，主要负责收集交通枢纽内车辆的受灾情况，及时组织抢险救援，及时向调度应急工作小组报告处置情况，组建综合交通枢纽车辆专业救援队伍。

3.2.4 设施应急工作小组

设施应急工作小组由枢纽内建筑设施相关管理部门组成，主要负责及时收集交通枢纽内建筑物、行车设备的受灾情况，及时组织各专业救援队进行抢险救援，尽快回复交通枢纽内的设备运作，及时向调度应急工作小组报告处置情况。

3.2.5 综合应急工作小组

综合应急工作小组由物资、人力等相关管理部门组成，主要负责消防宣传、救援物资保障等工作，并及时向领导小组报告工作情况。

3.2.6 事故调查小组

事故调查小组由技术、安全相关管理部门组成，负责火灾发生地点的治安保卫工作，对事故发生后枢纽内建筑设施损坏情况、列车损坏情况、人员伤亡情况等进行统计，开展事故调查，分析原因，提出整改措施和对事故责任人的处罚等建议，协助救援队进行抢险救灾工作，及时向领导小组汇报有关情况。

4 应急预防准备

枢纽各运营管理单位和枢纽应急领导小组要充分考虑枢纽突发事件特征趋势和枢纽运行特征，全面调查应急资源，统筹安排应对突发事件所必需的应急管理人员队伍和应急管理基础设施建设。

4.1 枢纽内火灾风险评估

（1）枢纽各运营管理单位要对本单位内可能发生的突发事件进行分析评估，并有针对性地采取避免和降低风险的措施；加强各类风险隐患的日常管理，依法对各类危险源、危险区域进行枢纽行车调度检查、登记和评估，定期进行检查、监控。同时，将分析评估结果报枢纽应急领导小组备案。

（2）枢纽应急领导小组负责对枢纽运行的风险进行综合评估和系统分析，建立枢纽区域风险信息共享机制

4.2　枢纽应急救援资源调查

（1）枢纽各运营管理单位要全面调查本单位内第一时间可调用的应急队伍、装备、物资、场所等应急资源状况。同时，将调查结果报枢纽应急领导小组备案。

（2）枢纽应急领导小组负责对枢纽内应急资源信息进行汇总分析，了解可请求援助的应急资源状况，建立枢纽区域应急资源信息共享机制。

4.3　人员保障

突发事件应急处理救援队由维修救援队和车辆救援队两队组成，接到突发事件发生的通报后，迅速赶赴现场，在领导小组指导下，在现场应急处理负责人指挥下，在事件现场实施突发事件应急处理预案。

4.3.1　维修和车辆救援队的组成

维修工程部和车辆部分别组建维修救援队和车辆救援队，队长应分别由维修工程部和车辆部副经理或主任工程师担任，队员应包括两部所属抢险救援所需各专业技术业务主管人员和安全监察或安全员。

4.3.2　维修救援队主要职责与分工

（1）在队长现场指挥下，协助现场应急处理负责人进行救援抢险工作。

（2）作为专业代表向现场应急处理负责人提供相关设施设备救援抢险的技术支持。

（3）需要时，队员分别在突发事件现场关键控制点组织参与救援抢险员工的工作和传达、落实现场应急处理负责人的指令。

（4）确保整个突发事件应急处理救援队之间、与领导小组、与控制中心、与车厂调度、与其他外部支援间的通信畅通。

（5）按救援抢险需要提供救援抢险物资、器材的供给、运输和人员运送等服务。

4.3.3　车辆救援队主要职责与分工

（1）在队长现场指挥下，协助现场应急处理负责人进行与交通枢纽内车辆相关的救援抢险工作。

（2）作为专业代表向现场应急处理负责人提供相关设施设备救援抢险的技术支持。

（3）需要时队员分别在突发事件现场关键控制点组织参与救援抢险员工的工作和传达、落实现场应急处理负责人的指令。

（4）负责交通枢纽内车辆的救援、起复的具体操作。

（5）按车辆救援需要提供相应救援抢险物资、器材的供给、运输和人员运送等服务。

4.3.4 突发事件应急处理救援队有关工作规定

（1）突发事件应急处理救援队所有成员属随时待命人员，必须保证移动电话24 h开机，尽量保持两种及以上的即时通信联络办法。

（2）救援队队员无论公私原因离开本市时，须向队长请假，队长离开本市时须向本部门经理请假，安排接替人员，并向安全技术部备案，安全技术部及时将变化情况通知控制中心主任调度员。

（3）救援队每个岗位至少应另有数名备用人员，以便接替进入待命状态。

（4）救援队配备的救援抢险物资、器材和装备须专人、定点保管，保持良好的状态以随时投入使用。

（5）救援队队员在接到紧急通知后尽快赶到事发地点集合，需携带救援抢险物资、器材和装备的人员应赶赴存放地点集合。

4.4 培训和演练

各部门组织部门人员对预案进行学习，定期展开本部门内部的火灾事故演练活动。由枢纽内分管技术安全部门负责组织开展联合演练，每年至少一次，并收集相关案例，组织集中性消防安全知识、案例的培训与学习。

4.5 日常检查

枢纽内负责安全技术部门定期对枢纽运营场所设施设备配置、状态等进行检查。各部门负责定期组织本部门进行安全检查。

5 应急预防、预警、监测及信息发布

5.1 应急预防

（1）沙坪坝综合交通枢纽各部门要牢固树立"安全第一、预防为主、综合治理"的理念，做好沙坪坝火车站综合交通枢纽突发事件的日常预防工作，认真开展隐患排查治理，建立以预防为主的日常监督管理机制。

（2）强化预测预警系统资源整合，实现信息共享，并及时发布预警信息。

（3）沙坪坝综合交通枢纽各部门要按照属地管理要求，全面排查整治沙坪坝火车站综合交通枢纽存在的安全隐患，发现无法立即整改的重大事故隐患，应当及时上报。

（4）加强对沙坪坝火车站综合交通枢纽存在的安全隐患的安全监管，加大安全

隐患排查整改力度，特别是在重大节假日期间和发生暴雨等恶劣气象的情况下，要进一步加大监管力度，强化监督检查，建立和完善以预防为主的日常预防监测机制。

（5）各部门要进一步加强日常的应急培训、应急演练和其他方面的应急管理工作，配合政府相关部门、单位做好应急物资、器材的准备工作。

5.2　应急监测

沙坪坝综合交通枢纽各相关部门要整合监测信息资源。

（1）对沙坪坝火车站综合交通枢纽存在的事故隐患信息及时进行分析、汇总和上报。

（2）对可能发生的突发公共安全事件要加强日常检查。

（3）通过监控系统对现场进行实时监控。

5.3　预　警

当出现以下情形时，根据预测的危害程度、紧急程度和发展势态，启动预警。

（1）根据气象、环境监测报告和其他官方信息，沙坪坝火车站综合交通枢纽内可能出现的事故或其他突发事件征兆，有可能突发事件的。

（2）国家或地方政府通过新闻媒体公开发布了预警信息。

（3）与辖区相关联的其他单位发生突发事件，可能对沙坪坝火车站综合交通枢纽及其周边公共安全等产生影响。

应急预警对应措施如下：

根据以上情况，沙坪坝火车站综合交通枢纽应急指挥领导小组采取以下措施。

（1）通过电话或者网络及时向各部门发布和传递预警信息。

（2）指令各相关部门采取防范措施，做好相应的应急准备。

（3）连续跟踪事态发展，一旦突发事件升级时，随时启动应急预案。

5.4　应急信息发布

枢纽内由消防控制指挥中心统一向旅客、相关工作人员发布有关灾害信息，以便组织旅客快速有序地按照预定的线路疏散到安全地区。同时为便于政府有关部门和枢纽涉及的铁路和公交部门及时了解灾情，以便更好地协调各种资源，保证防灾抢险的顺利进行，也需向其发布必要的灾害信息。

5.4.1　信息通报原则

信息通报应遵循迅速、准确、完整的原则，任何员工发现或接到火灾信息，均应立即执行相应的通报流程，不得延误、中断或错漏。

5.4.2 信息通报内容要求

（1）报告人姓名、职务和单位（部门、车间、室）。

（2）事件发生类别、时间、地点。

（3）事件发生概况、原因若能初步判断及影响交通枢纽运营程度。

（4）人员伤亡情况、设施设备损坏情况。

（5）已采取的措施。

（6）任何需要的援助。

（7）向外部支援汇报发生的具体地点、人员伤亡情况，是否有人被困事发现场。

（8）确认牵引电流或其他电源是否切断或隔离确保各电气设备或行车不会对支援人员构成威胁。

5.4.3 信息通报方法

（1）同一现场人员信息通报可采用面对面口述的形式。

（2）不同地点各岗位间信息通报可使用信息群呼、直通调度电话、内线电话、无线电台、公用电话及移动电话等通信工具，竭力保障信息迅速传递。

（3）控制中心主任调度员台设一门内线电话作为事故事件专用报告电话。

（4）现场人员有条件时应立即致电 119 消防报警中心、110 报警中心或 120 急救中心。

6 事故分级响应机制

6.1 响应分级

依据突发事件造成或可能造成的危害程度、波及范围、影响大小、行车中断时间、人员伤亡及财产损失、需要投入的应急救援力量等情况，由低到高将事件划分为Ⅳ级（一般）、Ⅲ级（较大）、Ⅱ级（重大）和Ⅰ级（特别重大）四个等级。

Ⅳ级（一般）：即发生枢纽应急力量可控制的突发事件或者容易控制的突发事件，且本事件不影响列车运行计划，例如某乘客行李不慎着火时，则以枢纽运营单位为主进行处置，枢纽运营按照既定的程序开展疏散、抢救财产等应急行动。

Ⅲ级（较大）：发生Ⅲ级突发事件时，即发生较大的突发事件，事故危害和影响超出Ⅳ级应急救援力量的处置能力，例如商铺或者设备管理室发生局部性火灾，且本事件将会对列车运行计划产生一定影响，则以区消防中队为主进行处置，并及时向线路指挥中心报告并依据应急预案启动相应程序对策，视情况由指挥中心办公室拨打110、119、120等特服电话报告突发事件信息，主动协同救援。

Ⅱ级（重大）：发生Ⅱ级突发事件时，即发生的事故危害和影响超出Ⅲ级应急力量的处置能力，例如商铺、设备管理室等出现大面积火灾事故，且本事件将会对沙坪坝综合交通枢纽的正常运行产生较大影响的，则以重庆市大都市区突发事故应急救援指挥中心为主进行处置，并及时向线路指挥中心报告并依据应急预案启动相应程序对策，由各相关部门组建应急救援专业小组，迅速赶赴现场成立现场救援指挥部进行指挥。

Ⅰ级（特别重大）：发生Ⅰ级突发事件，即发生的事故危害超过枢纽应急力量的处置能力时，则以重庆市或国家突发事故应急救援指挥中心为主进行处置，并且沙坪坝综合交通枢纽应急领导小组办公室要立即将情况报告给区政府应急办，经区政府应急办批准后，立即向市政府办公厅值班室和市政府应急办公室报告情况。区政府应急办有关领导要迅速率领相关突发公共事件的现场指挥部成员单位主要负责人赶赴现场，先期组织指挥抢险救援工作，并及时做好各项配合市政府或国务院工作组实施应急救援处置的准备工作。同时沙坪坝综合交通枢纽应急救援领导小组应协调周边应急救援管理机构，以取得社会救援力量支持、组织交通管制、周边行人撤离、疏散，救援队伍的支持等行动，实施应急救援工作，最大限度地降低事故造成的人员伤亡、经济损失和社会影响。

6.2 事故分级响应流程

突发事件分级响应流程如附图1-1所示。

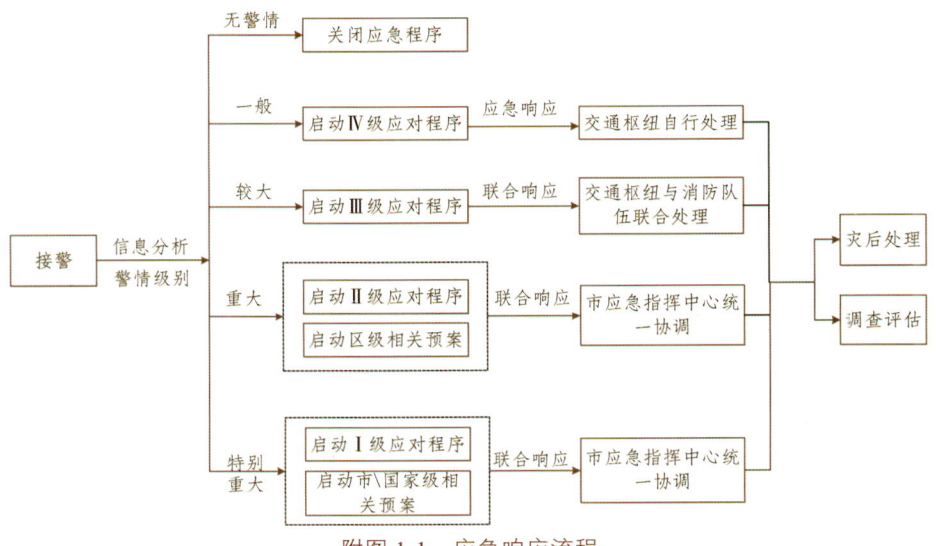

附图1-1 应急响应流程

6.3 预案启动及处置程序

沙坪坝火车站综合交通枢纽突发事件应急预案是否启动由沙坪坝区应急委决定。突发事件发生后，区应急办请示指挥长是否启动突发事件应急预案，根据指挥长的指令启动预案，成立沙坪坝火车站综合交通枢纽突发事件应急指挥部，指挥部成员达到指定地点。应急指挥部根据指令，组织、指挥、协调各有关部门和专业应急队伍，开展抢险救援、医疗救护、人员疏散、现场监测、治安警戒、交通管制、工程抢险、安全防护、社会动员、损失评估等应急处置工作。具体应急处置程序及流程如下。

6.3.1 报 警

以快捷方便为原则确定发现突发事件后的报警方式。如口头报警、有线报警、无线报警等，报警的对象为"119"火警台、沙坪坝综合交通枢纽消防控制中心等。报警时应说明以下情况：突发事件部位、有无人员被困、报警电话号码、报警人姓名。同时，还要报告沙坪坝交通枢纽值班领导和有关部门。

6.3.2 启动应急预案

接警沙坪坝综合交通枢纽应急领导小组接警后，启动应急预案，按预案确定内部报警的方式和疏散的范围，组织指挥初期事故抢险救援和人员疏散工作，安排力量做好警戒工作。

6.3.3 抢险救援

沙坪坝火车站综合交通枢纽突发事件发生后，现场抢险组、安全保卫组立即到达现场，开展交通管制，进行先期处置，根据需要可组织群众开展自救互救，沙坪坝综合交通枢纽各相关部门积极与沙坪坝区应急办协调，全力控制事态扩大。

6.3.4 现场监控

沙坪坝综合交通枢纽现场指挥部组织技术力量和救援队伍加强对事故现场的监控，根据事态发展变化情况，在出现急剧恶化的特殊险情时，现场指挥部在充分考虑专家和有关方面意见的基础上，积极与沙坪坝区应急办协调，协同相关部门依法及时采取紧急处置措施。

6.3.5 医疗卫生救护

协调沙坪坝区卫生医疗机构，组织开展紧急医疗救护和现场卫生处置工作。及时协调有关专业医疗救护机构和专科医院派出有关专家、提供特种药品和特种救治装备进行支援。协调疾病控制中心根据突发事件类型，按照专业规程进行现场防疫工作。

应急救援响应程序如附图1-2所示。

6.3.6 交通管制和运输保障

根据处置突发事件的需要，依法决定采取交通管制措施，限制人员进出交通管制区域，协调政府相关部门将救援物资以最快的速度送达目的地。

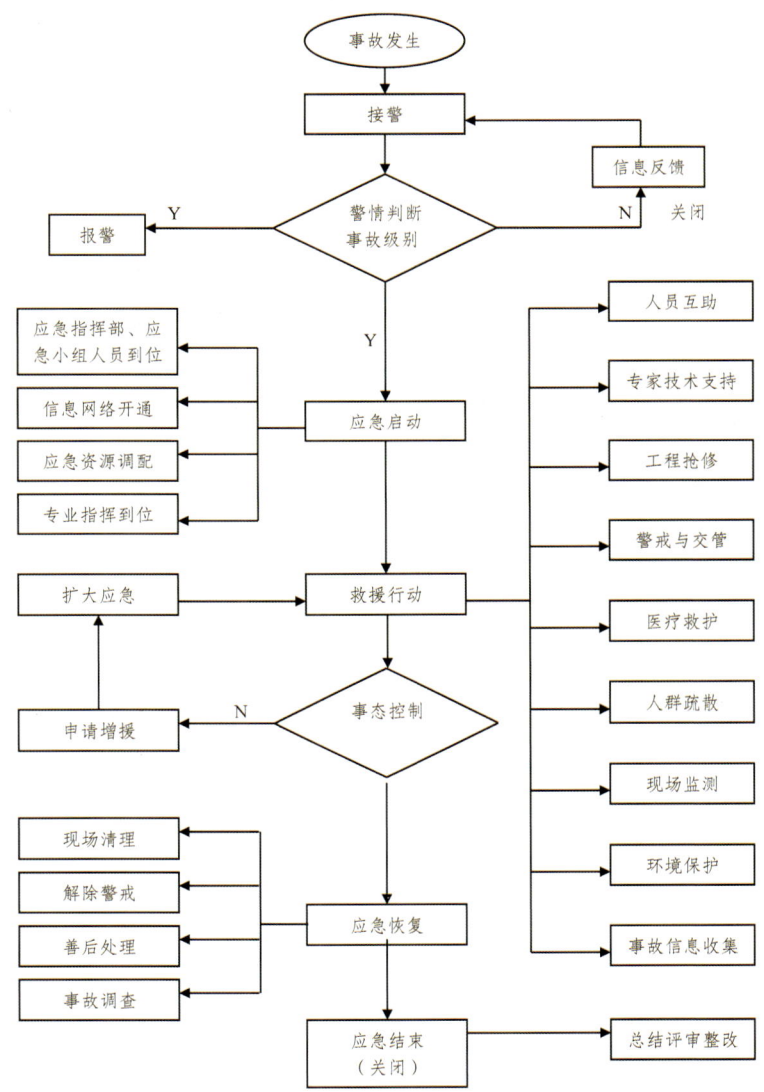

附图 1-2　应急救援响应程序

6.3.7 应急人员的安全防护

现场应急救援人员应根据需要携带相应的专业防护装备，采取安全防护措施，严格执行应急救援人员进入和离开事故现场的相关规定。

（1）在处置沙坪坝火车站综合交通枢纽内突发事件时，应当对现场的安全情况进行科学评估，在进行应急救援抢险的过程中，组织专家认真分析评估事故现场可能会发生的次生或衍生事故风险，保障现场应急救援人员的人身安全。

（2）现场应急救援指挥领导小组根据需要具体协调、调集相应的安全防护装备，确保应急抢险人员安全防护器材的配置。

（3）如果遇到危险化学品泄漏、火灾、爆炸进行应急救援时，应急抢险人员不允许单独行动，抢险过程中必须保持至少两人一组参加现场抢险工作。

（4）专家组要及时了解抢险现场动态，认真分析评估抢险过程中的安全风险，制定周密的抢险救援方案，确保抢险作业人员的安全。

6.3.8 群众的疏散和防护

现场抢险组对沙坪坝火车站综合交通枢纽及其周边应急状态下的群众进行疏散、转移和安置。应明确避难方式、范围、路线、程序，协调区政府应急办启用当地应急避难场所，负责实施治安管理。

6.3.9 现场工程抢险

根据突发事件处置需要，协调区政府设立通信、电力、燃气、自来水等工程抢险组，负责被事故毁损的公路、电力、通信、供水设施等工程的抢修。

6.3.10 调集征用

根据沙坪坝火车站综合交通枢纽突发事件应急处置的需要，协调区政府应急办紧急调集人员、资金和物资、交通工具和相关的设施、设备。必要时，可以依照有关法律的规定向社会征用物资、交通工具和相关的设施、设备。

6.3.11 扩大应急

当事故（事件）态势难以控制或有扩大、发展趋势时，应急指挥部协调重庆市政府应急办，请求支援。

6.3.12 现场应急结束

通过应急处置，沙坪坝火车站综合交通枢纽突发事件的现场情况稳定后，应急指挥部决定宣布结束现场应急，尽快恢复沙坪坝火车站综合交通枢纽及其周边的运行，解除交通管制。

6.4 社会力量的动员与参与

（1）现场应急救援指挥部组织协调调动沙坪坝区社会力量参与应急救援工作。

（2）动员事发地的社会群众、企事业单位、政府部门的员工在确保人身安全的前提下，积极主动参与事发地的应急救援工作。

6.5 现场检测与评估

现场应急救援指挥部根据需要成立事故现场检测、鉴定与评估小组，综合分析和评价检测数据，查找事故原因，评估事故（事件）发展趋势，预测事故（事件）后果，保护好现场，为制订现场抢险方案和事故（事件）调查提供参考。妥善保存并整理好与应急处置有关的书证和物证等。

7 现场应急指挥协调程序

现场总指挥的主要职责是控制现场情况，减少损害、避免事故恶化及加速修复工作。现场指挥权的功能主要体现在有效掌控灾害信息、评估灾情及可能引发的问题，并决定完整的应变行动。灾害发生初期，枢纽管理人员，往往最先赶抵现场了解灾情，枢纽值班长为有效地掌握事故现场情况，最接近事故地点的值班长担任现场总指挥，掌管现场一切安排，并负责将现场情况向控制中心汇报。这样，可统一现场消息来源，确保同一消息不会从现场不同单位重复发放从而造成混乱，避免延误了决定或措施的执行，应急领导小组应担任第一阶段应变的现场指挥，而后职责随支援单位及救灾资源的后续增加情况及灾情的演变而改变。

8 应急救援结束

8.1 应急终止条件

符合下列条件之一的，即满足应急终止条件。
（1）事故现场得到控制，事件条件已经消除。
（2）泄漏已降至规定限值内。
（3）事故造成的危害已被彻底清除，无继发可能。
（4）事故现场的各种专业应急处置行动已无继续的必要。

8.2 事故终止程序

（1）沙坪坝综合交通枢纽应急救援指挥部确认终止时机，或由事故责任单位提出，经应急救援指挥部批准。
（2）沙坪坝综合交通枢纽应急救援指挥部向各志愿应急救援队伍下达应急终止命令。

（3）应急状态终止后，继续进行现场监测，直到其他补救措施无需继续进行为止。

8.3　应急救援结束后的后续工作

（1）将事故情况按规定如实上报公司应急救援办公室。
（2）保护事故现场。
（3）向事故调查处理小组移交事故发生及应急处理过程一切记录，配合事故调查处理小组取得相关证据。

9　信息发布

沙坪坝综合交通枢纽应急救援指挥部负责事故和应急救援的信息发布工作。设置专人代表指挥部对外发布有关信息，及时准确向新闻媒体通报事故信息，协助地方有关部门做好事故现场新闻的发布工作，正确引导媒体和公众舆论。

10　保障措施

10.1　通信与信息保障

（1）沙坪坝综合交通枢纽应急领导小组依托和充分利用公用通信、信息网，逐步加强应急救援专用通信与信息网络建设。
（2）建立完善的沙坪坝火车站综合交通枢纽应急救援队伍信息数据库，规范信息获取、分析、发布、报送的格式和程序，保证应急机构之间的信息资源共享，为应急决策提供相关信息支持。
（3）掌握沙坪坝火车站综合交通枢纽内应急机构和相关部门的通信联系方式以及备用方案。
（4）建立通信联络机制。参与突发事件应急处置工作的单位和部门必须分别确定1名负责人和联络人，在应急处置期间必须保持24 h的通信畅通。
（5）建立信息采集和处理机制。参与沙坪坝火车站综合交通枢纽及其周边突发事件应急处置的单位和人员应按规定做好所有信息的采集工作，并按规定收集整理和上报。
（6）保证监测监控网络正常运行。在处理突发事件的过程中，要尽力保证所有监测监控网络正常运行，通过监测监控网络收集相关信息，执行应急救援措施和指令。

(7)沙坪坝火车站综合交通枢纽突发事件应急联系电话如下。

消防报警电话：119　　　急救电话：120　　　环保电话：12369

沙坪坝综合交通枢纽应急救援指挥部联系表如附表1-2所示。

附表1-2　沙坪坝综合交通枢纽应急救援指挥部联系表

姓　名	职　务	固定电话	VPMN

有关部门及外部关联单位应急通信联系表如附表1-3所示。

附表1-3　有关部门及外部关联单位应急通信联系表

单　位	电　话
综合交通枢纽应急救援办公室	85861119
消防报警电话	119
急救电话	120
环保电话	12369
保卫部指挥中心	119、110、122三警联动
重庆市第一人民医院	
卫生局举报电话	
重庆供电局热线电话	
重庆水业集团	
重庆燃气集团	

10.2　应急救援队伍保障

沙坪坝火车站综合交通枢纽专业应急队伍主要依托沙坪坝区所属的消防、公安、医疗卫生、环保、或其他专业救护队等。同时，沙坪坝综合交通枢纽成立7个志愿应急救援小组，其具体组成如附表1-4所示。

附表 1-4　志愿应急救援队伍联系表

组　成	姓名	应急职务	办公电话	VPMN
消防抢险组		组　长		
		副组长		
		成　员		
		成　员		
		成　员		
		成　员		
		成　员		
安全警戒组		组　长		
		副组长		
		成　员		
医疗救护组		组　长		
		副组长		
		成　员		
物资供应组		组　长		
		副组长		
通信联络组		组　长		
		副组长		
		成　员		
		成　员		
监测组		组　长		
		副组长		
		成　员		
		成　员		
		成　员		
洗消去污组		组　长		
		副组长		
		成　员		

10.3 应急救援物资装备保障

须配备一定的应急设备和防护用品,以便在发生安全事故时,能快速、正确地投入到应急救援行动中,以及在应急行动结束后,做好现场洗消及对人员和设备的清理净化。

10.4 经费保障

经费由公司财务部按照规定标准提取,在成本中列支,专门用于完善和改进应急救援体系建设、监控设备定期检测、应急救援物资采购、应急救援演习和应急人员培训等。

10.5 社会动员保障

沙坪坝火车站综合交通枢纽主要依托枢纽站及其周边各单位及其他社会力量、设备的及时调用救援。建立医疗救援绿色通道,合理选取医疗救助点,为事故(事件)的应急处置创造良好的条件。

11 培训与演练

11.1 培 训

为确保拥有快速、有序和有效的应急救援能力,所有沙坪坝综合交通枢纽应急救援小组成员和各志愿救援队成员应认真学习本预案内容,明确在救援现场所担负的责任。对沙坪坝综合交通枢纽全体员工应告知危险物质的危害及避险方法。

应急培训主要内容如下。
(1)如何识别危险。
(2)如何启动紧急警报系统。
(3)危险物质泄漏控制措施。
(4)初期火灾灭火方法。
(5)各种应急使用方法及事故预防、避险、避灾、自救、互救的常识。
(6)防护用品佩戴和使用。
(7)如何安全疏散人群。
根据沙坪坝综合交通枢纽实际特点,采取多种形式进行培训,如使用安全防火宣传教育平台、发放宣传资料、群发邮件以及利用公告栏、墙报、宣传画等。

11.2 演练

应急演练一般至少每年两次。开展应急演练可分为演练准备、演练实施和演练总结三个阶段。由演练策划小组编制演练计划并组织实施，在实施过程中进行记录，演练结束后进行总结和讲评，以检查应急预案是否需要改进，并编写演练报告。

12 责任追究

在安全生产事故灾难应急救援工作中有下列行为之一的，按照法律、法规及有关规定，对有关责任人员视情节和危害后果给予处分。其中，属于违反治安管理行为的，由公安机关依照有关法律法规予以处罚；构成犯罪的，由司法机关依法追究刑事责任。

（1）不按照规定制订事故应急预案，拒绝履行应急准备义务的。

（2）不按照规定报告、通报事故灾难真实情况的。

（3）拒不执行安全生产事故应急预案，不服从命令和指挥，或者在应急响应时临阵脱逃的。

（4）盗窃、挪用、贪污应急工作资金或者物资的。

（5）阻碍应急工作人员依法执行任务或者进行破坏活动的。

（6）散布谣言，扰乱社会秩序的。

（7）有其他危害应急工作行为的。

事故应急救援工作中奖励和处罚的条件和内容纳入公司安全生产奖惩制度。

13 预案的维护、更新、评审、修订及备案

13.1 维护和更新

事故应急救援预案是根据编制时对危险源的评价、事故的预测结果和沙坪坝综合交通枢纽机构及人员现状为依据编制的，随着时间的推移，危险源的状况（种类、数量）、救援技术的改进、人们对事故的认识水平以及有组织机构和人员的变动，都会使得预案与实际情况不符合，为此应急救援指挥部每年都应该组织人员对本预案进行一次审查，对于审查修订后的预案，应及时下发通知通知相关人员。

13.2 评审和修订

本预案所依据的法律法规、所涉及的机构和人员发生重大改变，或在执行中发现存在缺陷时，由应急救援指挥部及时组织修订。沙坪坝综合交通枢纽应急救援指挥部每年在应急预案演练后组织相关人员对本预案进行评审，如有必要根据评审结论组织修订。

附录 2

沙坪坝综合交通枢纽火灾专项应急预案

1 总 则

1.1 编制目的

沙坪坝综合交通枢纽火灾应急预案是为了防止枢纽或列车火灾事故给交通枢纽带来的产生经济和社会效益损失、乘客伤亡事故等，该预案包括预案的适用范围、应急处理的原则、信息报告程序、相关功能设置、应急处理流程、应急处理程序应急处理步骤和各岗位人员的行动指引等部分。

1.2 编制依据

《中华人民共和国突发事件应对法》。
《安全生产法》。
《重庆市安全生产条例》。

1.3 适用范围

本应急预案程序适用于综合交通枢纽区间隧道和站台发生火灾时的应急处理。

1.4 预案运行原则

1.4.1 快速反应，统一指挥

安全事件发生后，4 min 内必须赶到突发事件现场，进行紧急控制处理，统一由当值的最高领导指挥，建立灵活快速、功能全面的预警和应急反应机制。

1.4.2 以人为本，依法规范

以保障人民群众的生命安全为出发点和落脚点，最大限度地减少安全事件造成的人员伤亡和危害。应急预案要符合有关法律、法规、规章的规定，要与相关政策相衔接，要依法行政，依法实施应急预案。

1.4.3 安全第一，预防为主，综合治理

企业应当落实预防为主的思想，树立常备不懈的观念，经常性地做好应对安全事件发生的思想、预案、机制和工作等方面的准备。建立安全应急处置专业小组，加强管理人员安全方面工作的培训力度，定期组织企业员工、现场一线员工进行安全应急演练。

2 应急机构及其职责

沙坪坝综合交通枢纽发生火灾后，沙坪坝综合交通枢纽应急领导小组自然成立，按照预案组织实施救援工作，其组成人员由地面轨道交通、地铁、公交各运营公司的安全部门负责人共同组成。

2.1 应急处理领导小组组成及其主要职责

组长：沙坪坝综合交通枢纽运营公司安全经理

组员：沙坪坝综合交通枢纽地铁、轨道交通、公交各运营部门安全负责人。

应急处理领导小组为非常设机构，在启动本预案时，由综合交通枢纽内各部门到场的下列人员组成：综合交通枢纽运营公司党政领导，地铁、轨道交通、公交等各交通运营分公司的安全技术部经理。由在场的职位最高者担任组长，若有多位领导职级相同时，由其共同商议选定一位担任组长在场的上述其他成员担任组员。

2.1.1 应急处理领导小组主要职责与分工

（1）领导小组负责火灾应急处理的组织指挥与决策，指挥员工或配合外部支援单位进行应急处理。

（2）在应急处理中随时保持与综合交通枢纽运营部、市政府有关部门及事件现场的通信联系。

（3）领导小组组长担任现场应急处理负责人，小组成员直接领导下属参与应急处理，向组长负责。

（4）负责组织应急处理预案的演练。

（5）另外组织人员专门负责组织突发事件处理后的调查、分析与改进工作。

2.1.2 组织方式

领导小组成员在接到突发事件紧急报告后事件影响运营生产时，赶赴控制中心指挥；事件发生现场指挥事件不影响运营生产时，赶赴事件发生现场指挥。

2.1.3 领导小组突发事件处理程序

应急处理领导小组在接到突发事件信息报告后，首先应启动应急基本预案，然后针对具体特殊风险决定采取相应的预案、行动手册和标准操作程序。

2.2 工作小组组成及职责

应急处理领导小组下属以下几个小组。

2.2.1 调度应急工作小组

调度应急工作小组由沙坪坝综合交通枢纽运营总公司相关安全管理部门组成，调度应急小组按照领导小组统一安排，主要负责救火信息的接收与传递，负责公司其他各工作小组的调度与协调，向领导报告应急处置情况等。

2.2.2 客运应急工作小组

客运应急工作小组由客运相关的地铁、轨道交通、公交运营分公司的安全管理部门组成。主要负责组织沙坪坝综合交通枢纽内员工参加救火工作，疏散乘客，保护车站设施设备，救护伤员，与其他部门共同参加救火救灾，尽快恢复交通枢纽的正常运营，及时给调度应急工作小组报告处置情况，组织客运救援队伍。

2.2.3 车辆应急工作小组

车辆应急工作小组由沙坪坝综合枢纽内的地铁和轨道交通的车辆相关管理部门共同组成，主要负责收集交通枢纽内车辆的受灾情况，及时组织抢险救援，及时向调度应急工作小组报告处置情况，组建综合交通枢纽车辆专业救援队伍。

2.2.4 设施应急工作小组

设施应急工作小组由沙坪坝综合交通枢纽运营总公司内建筑设施相关管理部门组成，主要负责及时收集交通枢纽内建筑物、行车设备的受灾情况，及时组织各专业救援队进行抢险救援，尽快恢复交通枢纽内的设备运作，及时向调度应急工作小组报告处置情况。

2.2.5 综合应急工作小组

综合应急工作小组由地铁、轨道交通、公交等各个运营分公司的物资、人力等相关管理部门组成，主要负责消防宣传、救援物资保障等工作，并及时向领导小组报告工作情况。

2.2.6 事故调查小组

事故调查小组由地铁、轨道交通、公交等各个运营分公司的技术、安全相关管理部门组成，负责火灾发生地点的治安保卫工作，对事故发生后枢纽内建筑设施损坏情况、列车损坏情况、人员伤亡情况等进行统计，开展事故调查，分析原因，提出整改措施和对事故责任人的处罚等建议，协助救援队进行抢险救灾工作，及时向领导小组汇报有关情况。

3 应急预防准备

枢纽各运营管理单位和枢纽应急领导小组要充分考虑枢纽突发事件特征趋势和枢纽运行特征，全面调查应急资源，对应对突发事件时所必需的应急管理人员队伍和应急管理基础设施建设进行统筹安排。

3.1 枢纽内火灾风险评估

（1）枢纽各运营管理单位要对本单位内可能发生的突发事件进行分析评估，并有针对性地采取避免和降低风险的措施。加强各类风险隐患的日常管理，依法对各类危险源、危险区域进行枢纽行车调度检查、登记和评估，定期进行检查、监控。同时，将分析评估结果报枢纽应急领导小组备案。

（2）枢纽应急领导小组负责对枢纽运行的风险进行综合评估和系统分析，建立枢纽区域风险信息共享机制

3.2 枢纽应急救援资源调查

（1）枢纽各运营管理单位要全面调查本单位内第一时间可调用的应急队伍、装备、物资、场所等应急资源状况。同时，将调查结果报枢纽应急领导小组备案。

（2）枢纽应急领导小组负责对枢纽内应急资源信息进行汇总分析，了解可请求援助的应急资源状况，建立枢纽区域应急资源信息共享机制。

3.3 人员保障

突发事件应急处理救援队由维修救援队和车辆救援队两队组成，接到突发事件发生的通报后，迅速赶赴现场，在领导小组的指导、现场应急处理负责人的指挥下，在事件现场实施突发事件应急处理预案。

3.3.1 维修和车辆救援队的组成

维修工程部和车辆部分别组建维修救援队和车辆救援队，队长应分别由维修

工程部和车辆部副经理或主任工程师担任，队员应包括两部所属抢险救援所需各专业技术业务主管人员和安全监察或安全员。

3.3.2 维修救援队主要职责与分工

（1）在队长现场指挥下，协助现场应急处理负责人进行救援抢险工作。

（2）作为专业代表向现场应急处理负责人提供相关设施设备救援抢险的技术支持。

（3）需要时，队员分别在突发事件现场关键控制点组织参与救援抢险员工的工作和传达、落实现场应急处理负责人的指令。

（4）确保整个突发事件应急处理救援队之间、与领导小组、与控制中心、与车厂调度、与其他外部支援间的通信畅通。

（5）按救援抢险需要提供救援抢险物资、器材的供给、运输和人员运送等服务。

3.3.3 车辆救援队主要职责与分工

（1）在队长现场指挥下，协助现场应急处理负责人进行与交通枢纽内车辆相关的救援抢险工作。

（2）作为专业代表向现场应急处理负责人提供相关设施设备救援抢险的技术支持。

（3）需要时队员分别在突发事件现场关键控制点组织参与救援抢险员工的工作和传达、落实现场应急处理负责人的指令。

（4）负责交通枢纽内车辆的救援、起复的具体操作。

（5）按车辆救援需要提供相应救援抢险物资、器材的供给、运输和人员运送等服务。

3.3.4 突发事件应急处理救援队有关工作规定

（1）突发事件应急处理救援队所有成员属随时待命人员，必须保证移动电话24 h开机，尽量保持两种及以上的即时通信联络办法。

（2）救援队队员无论公私原因离开本市时，须向队长请假，队长离开本市时须向本部门经理请假，安排接替人员，并向安全技术部备案，安全技术部及时将变化情况通知控制中心主任调度员。

（3）救援队每个岗位至少应另有数名备用人员，以便接替进入待命状态。

（4）救援队配备的救援抢险物资、器材和装备须专人、定点保管，保持良好的状态以随时投入使用。

（5）救援队队员在接到紧急通知后尽快赶到事发地点集合，需携带救援抢险物资、器材和装备的人员应赶赴存放地点集合

3.4 培训和演练

各部门组织部门人员对预案进行学习，定期展开本部门内部的火灾事故演练活动。由枢纽内分管技术安全部门负责组织开展联合演练，每年至少一次，并收集相关案例，组织集中性消防安全知识、案例的培训与学习。

3.5 日常检查

枢纽内负责安全技术部门定期对枢纽运营场所消防等设施设备配置、状态等进行检查；各部门负责定期组织本部门进行防火检查。

4 应急预警及信息发布

枢纽内由消防控制指挥中心统一向旅客、相关工作人员发布有关灾害信息，以便组织旅客快速有序地按照预定的线路疏散到安全地区。同时为便于政府有关部门和枢纽涉及的铁路和公交部门及时了解灾情，以便更好地协调各种资源，保证防灾抢险的顺利进行，也需向其发布必要的灾害信息。

4.1 信息通报原则

信息通报应遵循迅速、准确、完整的原则，任何员工发现或接到火灾信息，均应立即执行相应的通报流程，不得延误、中断或错漏。

4.2 信息通报内容要求

（1）报告人姓名、职务和单位（部门、车间、室）。
（2）事件发生类别、时间、地点。
（3）事件发生概况、原因及影响交通枢纽运营程度。
（4）人员伤亡情况、设施设备损坏情况。
（5）已采取的措施。
（6）任何需要的援助。
（7）向外部支援汇报发生的具体地点、人员伤亡情况，是否有人被困事发现场。
（8）确认牵引电流或其他电源是否切断或隔离，确保各电气设备或行车不会对支援人员构成威胁。

4.3　信息通报方法

（1）同一现场人员信息通报可采用面对面口述的方式。

（2）不同地点各岗位间信息通报可使用信息群呼、直通调度电话、内线电话、无线电台、公用电话及移动电话等通信工具，竭力保障信息的迅速传递。

（3）控制中心主任调度员台设一门内线电话作为事故事件专用报告电话。

（4）现场人员有条件时应立即致电 119 消防报警中心、110 报警中心或 120 急救中心。

5　火灾事故分级响应机制

5.1　火灾事故分级

由于火灾突发事件本身的特性，要求对火灾事件的处理必须快速及时，因此对突发事件的分级必须强调其时效性，即分级的结果应该简洁明了，具有可操作性。同时突发事件的状态会随着时间变化，事件分级的结果应基于其动态性，而能够与突发事件的实际发展状态相匹配，使分级对火灾事件的应急管理决策起到现实的指导意义。

依据火灾造成或可能造成的危害程度、波及范围、影响大小、行车中断时间、人员伤亡及财产损失、需要投入的应急救援力量等情况，火灾由低到高划分为Ⅳ级（一般）、Ⅲ级（较大）、Ⅱ级（重大）和Ⅰ级（特别重大）四个等级。

Ⅳ级（一般）：即发生枢纽应急力量可控制的火灾突发事件或者容易控制的火灾突发事件，且本事件不影响列车运行计划，例如某乘客行李不慎着火时，则以枢纽运营单位为主进行处置，枢纽运营按照既定的程序疏散、抢救财产、灭火等应急行动。

Ⅲ级（较大）：发生Ⅲ级火灾突发事件时，即发生较大面积火灾事故，事故危害和影响超出Ⅳ级应急救援力量的处置能力，例如商铺或者设备管理室发生局部性火灾，且本事件将会对列车运行计划产生一定影响，则以区消防中队为主进行处置，并及时向线路指挥中心报告并依据应急预案启动相应程序对策，视情况由指挥中心办公室拨打 110、119、120 等特服电话报告突发事件信息，主动协同救援。

Ⅱ级（重大）：发生Ⅱ级火灾突发事件时，即发生大面积火灾事故时，事故危害和影响超出级应急力量的处置能力，例如商铺、设备管理室等出现大面积火灾事故，且本事件将会对列车运行计划产生较大影响，则以重庆市大都市区突发事故应急救援指挥中心为主进行处置，并及时向线路指挥中心报告并依据应急预案启动相应程序对策，由各相关部门组建应急救援专业小组，迅速赶赴现场成立现场救援指挥部进行指挥。

Ⅰ级（特别重大）：发生级火灾突发事件时，即发生特大面积火灾事故时，事故危害超过枢纽应急力量的处置能力，如枢纽列车、商铺以及设备管理室发生了直接威胁到整个枢纽安全的火灾事故，则以重庆市或国家突发事故应急救援指挥中心为主进行处置，并及时向线路指挥中心报告并依据应急预案启动相应程序对策。枢纽应急救援领导小组应协调周边应急救援管理机构，以取得社会救援力量支持、组织交通管制、周边行人撤离、疏散，救援队伍的支持等行动，实施应急救援工作，最大限度地降低事故造成的人员伤亡、经济损失和社会影响。

5.2 事故分级响应流程

火灾分级响应流程如附图 2-1 所示。

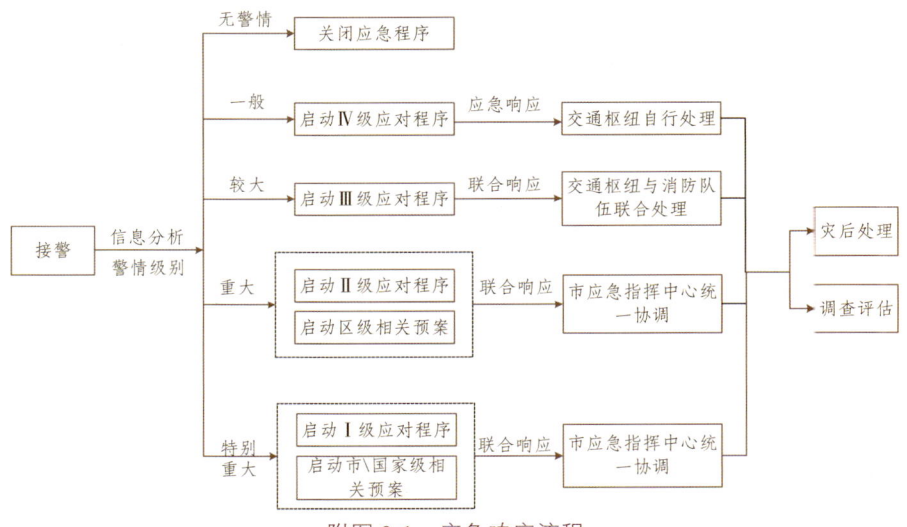

附图 2-1　应急响应流程

5.3 报警、接警处置程序

5.3.1 报　警

以快捷方便为原则确定发现火灾后的报警方式。如口头报警、有线报警、无线报警等，报警的对象为"119"火警台、沙坪坝综合交通枢纽消防控制中心等。

报警时应说明以下情况：着火单位、着火部位、着火物质及有无人员被困、单位具体位置、报警电话号码、报警人姓名，同时，还要报告沙坪坝交通枢纽值班领导和有关部门。

5.3.2 接　警

单位领导接警后，启动应急预案，按预案确定内部报警的方式和疏散的范围，组织指挥初期火灾的扑救和人员疏散工作，安排力量做好警戒工作。有消防控制室的场所，值班员接到火情消息后，立即通知有关人员前往发生地核实火情，火情核实后，立即报告公安消防队和值班负责人，通知灭火行动组人员前往着火层。

5.4　初期火灾处置程序和措施

5.4.1　发现火灾后沙坪坝应急指挥部、各行动小组和义务消防队迅速集结，按照职责分工，进入相应位置开展灭火救援行动。

5.4.2　起火部位现场员工应当于 1 min 内形成灭火第一战斗力量，在第一时间内采取如下措施：灭火器材、设施附近的员工利用现场灭火器、消火栓等器材、设施灭火；电话或火灾报警按钮附近的员工拨打"119"电话报警、报告消防控制室或单位值班人员；安全出口或通道附近的员工负责引导人员疏散。若火势扩大，单位应当于 3 min 内形成灭火第二战斗力量，及时采取如下措施：通 wy 联络组按照应急预案要求通知预案涉及的员工赶赴火场，向火场指挥员报告火灾情况，将火场指挥员的指令下达有关员工；灭火行动组根据火灾情况利用本单位的消防器材、设施扑救火灾；疏散引导组按分工组织引导现场人员疏散；安全救护组负责协助抢救、护送受伤人员；现场警戒组阻止无关人员进入火场，维持火场秩序。

6　现场应急指挥协调程序

现场总指挥的主要职责是控制现场情况、减少损害、避免事故恶化及加速修复工作。现场指挥权的功能主要体现在有效掌控灾害信息、评估灾情及可能引发的问题，并决定完整的应变行动。灾害发生初期，枢纽管理人员，往往最先赶抵现场了解灾情，枢纽值班长为有效地掌握事故现场情况，最接近事故地点的值班长担任现场总指挥，掌管现场一切安排，并负责将现场情况向控制中心汇报。这样，可统一现场消息来源，确保同一消息不会从现场不同单位重复发放而做成混乱，避免延误决定或措施的执行，应急领导小组应担任第一阶段应变的现场指挥，而后职责随支援单位及救灾资源的后续增加情况及灾情的演变而改变。

7 火灾事故应急处理流程

沙坪坝综合交通枢纽建筑主体为公交车站、出租车站、换乘系统和地下停车库，整个交通枢纽主要疏散出口见附图2-2～附图2-6。

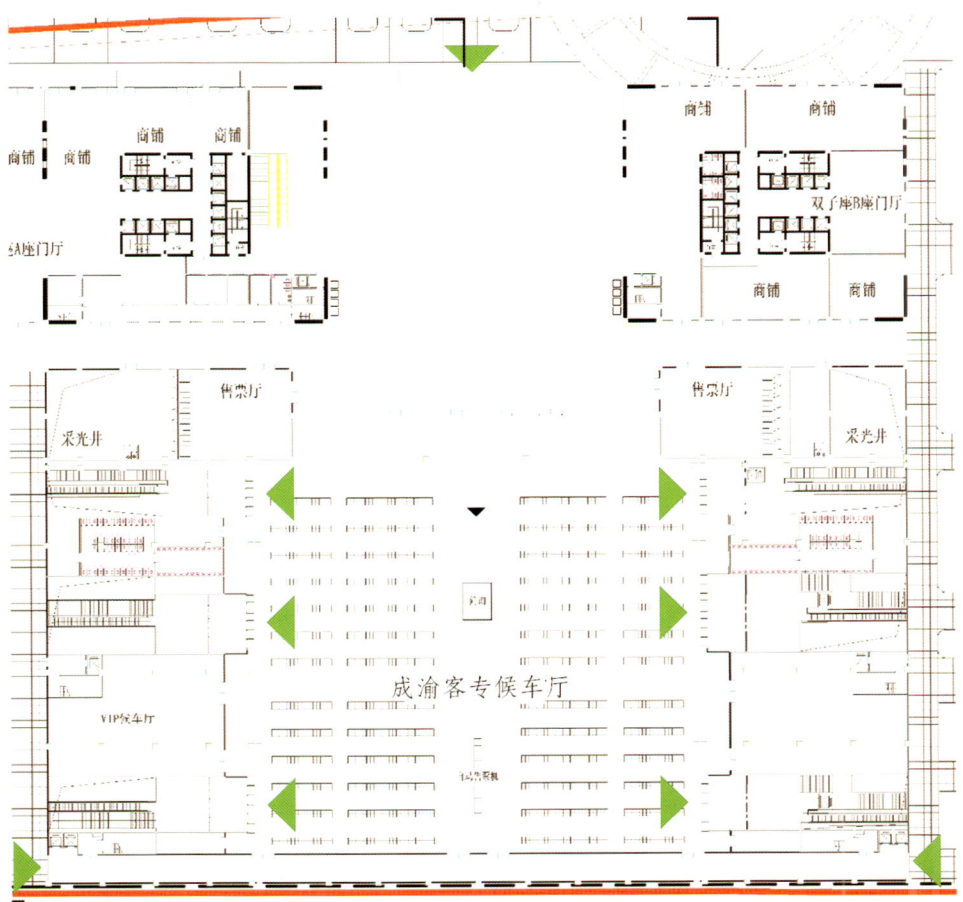

附图2-2 一层安全出口示意图

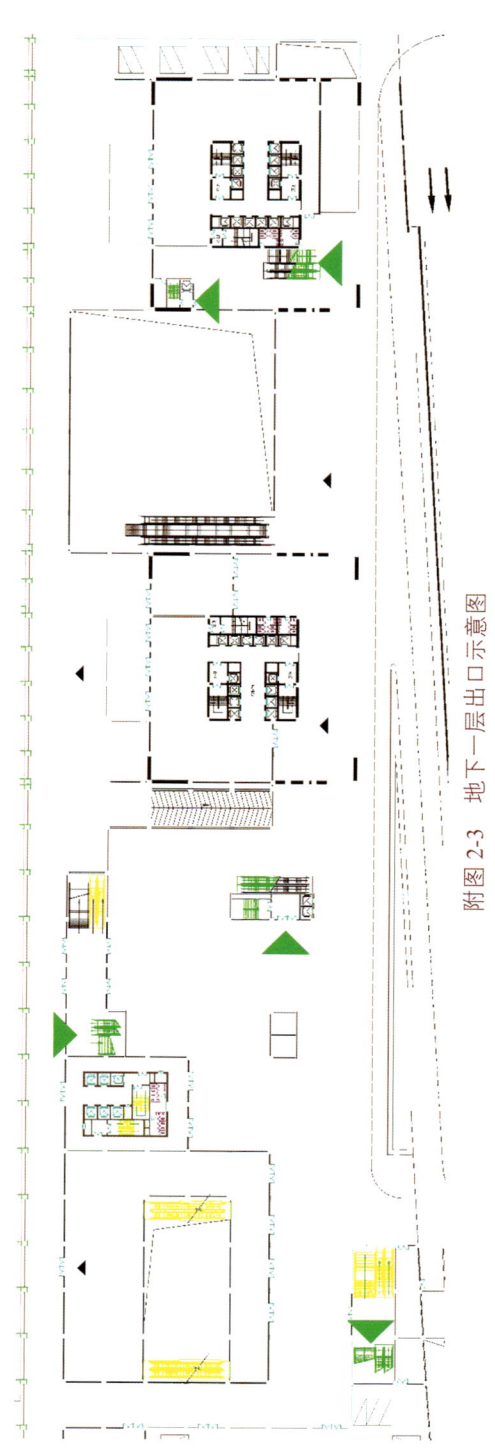

附图 2-3 地下一层出口示意图

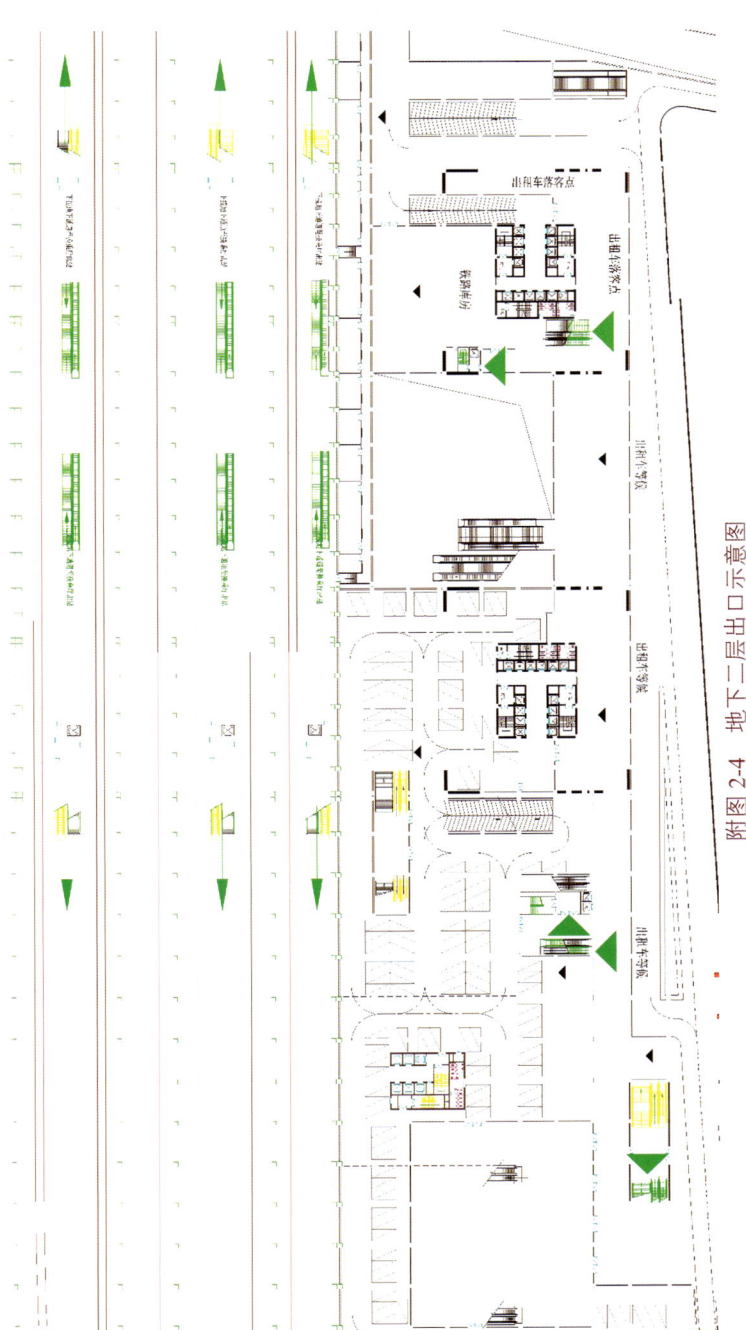

附图 2-4 地下二层出口示意图

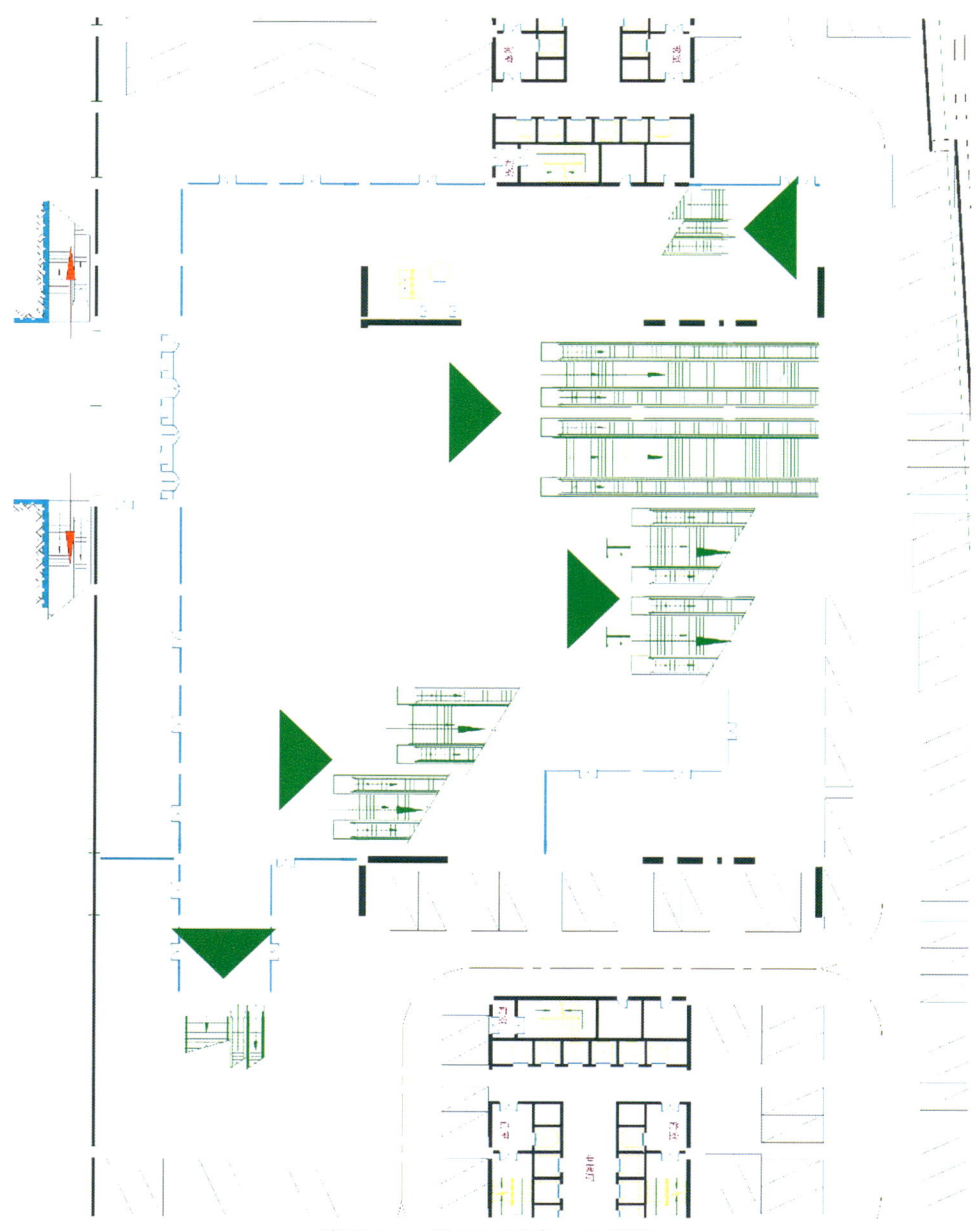

附图 2-5　地下四层出口示意图

附图 2-6　地下七层出口示意图

7.1 火灾事故处理原则

（1）在区间隧道发生火灾的情况下，枢纽内救灾排烟和屏蔽门启闭模式由消防控制中心集中控制，实施救灾模式控制。若中央级控制失效，则由控制中心下达救灾排烟和屏蔽门启动模式，经枢纽内工作人员确认后，通过消防控制室启动相应模式。

（2）在综合交通枢纽行车区间发生火灾时，应尽量将列车运行到前方枢纽疏散乘客及灭火。如若列车在区间隧道内不能运行时，应执行向人员疏散的相反方向送风、另一端开启排烟模式。

（3）在综合交通枢纽内发生火灾时，立即组织乘客进行疏散。

7.2 站厅功能区火灾处理方案

7.2.1 值班员处理方案

（1）报告枢纽行车调度站厅发生火灾，要求停止本站的列车服务，立即通知值班站长并报119、120和沙坪坝综合交通枢纽派出所。

（2）广播通知枢纽所有员工站厅发生火灾，并宣布执行紧急疏散计划，同时将进出闸机设置为紧急模式状态。

（3）向乘客广播枢纽发生火灾情况，暂停列车服务，请乘客尽快疏散出站。

（4）关掉广告灯箱电源。

（5）如火势封住某端出入口，则广播通知乘客从另一端出入口疏散出站。

（6）立即通知该线两个方向已在受影响区段内或接近中的列车司机提高警觉，并按指示行动。

7.2.2 值班班长

（1）担任"事故处理主任"，到现场了解情况，组织灭火，并及时疏散乘客。

（2）如火势无法控制时，在确保乘客全部撤离现场后，组织枢纽员工撤离枢纽。

7.2.3 巡查工作人员

（1）关停扶梯，指引乘客疏散出站，并立即投入灭火工作。

（2）如火势封住某端出入口，则组织乘客从另一端出入口疏散出站。

7.2.4 票厅值班员

即停止售票，并收好票款、车票，锁好门窗在站厅疏散乘客。

7.2.5 站台岗

尽快提供给枢纽控制中心充分的现场状况资讯，并明确有关列车运转的安排情况。组织站台乘客疏散，并参与灭火救援工作。

7.2.6 司机

接到列车运行前方枢纽发生火灾的通知后，如在枢纽则立即按枢纽行车调度指示扣车，并做好乘客广播如在区间则立即将自动开门开关置于手动位置，按枢纽行车调度指示不停车通过该枢纽。进站时发现枢纽火灾，应立即将自动开门开关置于手动位置。

7.3 站台功能区火灾处理方案

7.3.1 值班员

（1）报告枢纽行车调度站厅发生火灾，要求停止本站的列车服务，立即通知值班站长并报119、120和沙坪坝综合交通枢纽派出所。

（2）广播通知枢纽所有员工站厅发生火灾，并宣布执行紧急疏散计划，同时将进出闸机设置为紧急模式状态。

（3）向乘客广播枢纽发生火灾的情况，暂停列车服务，请乘客尽快疏散出站。

（4）关掉广告灯箱电源。

（5）如火势封住某端出入口，则广播通知乘客从另一端出入口疏散出站。

（6）立即通知该线两个方向已在受影响区段内或接近中的列车司机提高警觉，并按指示行动。

7.3.2 值班站长

（1）担任"事故处理主任"，到现场了解情况，组织灭火，并及时疏散乘客。

（2）如火势无法控制时，在确保乘客全部撤离现场后，组织枢纽员工撤离枢纽。

7.3.3 巡查工作人员

（1）关停扶梯，指引乘客疏散出站，并立即投入灭火工作。

（2）如火势封住某端出入口，则组织乘客从另一端出入口疏散出站。

7.3.4 票厅值班员

即停止售票，并收好票款、车票，锁好门窗在站厅疏散乘客。

7.3.5 站台岗

尽快提供枢纽控制中心充分的现场状况资讯，并明确有关列车运转的安排情况。组织站台乘客疏散，并参与灭火救援工作。

7.3.6 司机

接到列车运行前方枢纽发生火灾的通知后，如在枢纽则立即按枢纽行车调度指示扣车，并做好乘客广播，如在区间则立即将自动开门开关置于手动位置，按枢纽行车调度指示不停车通过该枢纽；进站时发现枢纽火灾，应立即将自动开门开关置于手动位置。

7.4 商铺夹层火灾处理方案

7.4.1 商铺营业人员处理方案

（1）报告发生火灾的商铺，要求停止本站的列车服务，立即报告事故处理办公室，并报119、120、枢纽派出所。

（2）切断商铺中用电器电源。

7.4.2 枢纽值班站长处理方案

（1）担任"事故处理主任"，到现场了解情况，组织灭火，并及时疏散乘客和商铺中工作人员。

（2）广播通知枢纽所有员工站厅发生火灾，并宣布执行紧急疏散计划，同时将进出闸机设置为紧急模式状态。

（3）向乘客广播火灾发生情况，暂停列车服务，请乘客尽快疏散出站。

7.4.3 巡查工作人员

（1）关停扶梯，指引乘客疏散出站，并立即投入灭火工作。

（2）如火势封住某端出入口，则组织乘客从另一端出入口疏散出站。

7.4.4 票厅值班员

即停止售票，并收好票款、车票，锁好门窗在站厅疏散乘客。

7.4.5 站台岗

尽快提供枢纽控制中心充分的现场状况资讯，并明确有关列车运转的安排情况，组织站台乘客疏散，并参与灭火救援工作。

7.4.6 司机

接到列车运行前方枢纽发生火灾的通知后，如在枢纽则立即按枢纽行车调度指示扣车，并做好乘客广播；如在区间则立即将自动开门开关置于手动位置，按枢纽行车调度指示不停车通过该枢纽。进站时发现枢纽火灾，应立即将自动开门开关置于手动位置。

7.5 火灾时的人员疏散路径

7.5.1 换乘大厅区域疏散策略示意图

换乘大厅区域疏散策略示意图如附图2-7所示。

人群跟随绿色箭头疏散到该层楼梯间，在楼梯间继续疏散即可疏散至室外安全空间。

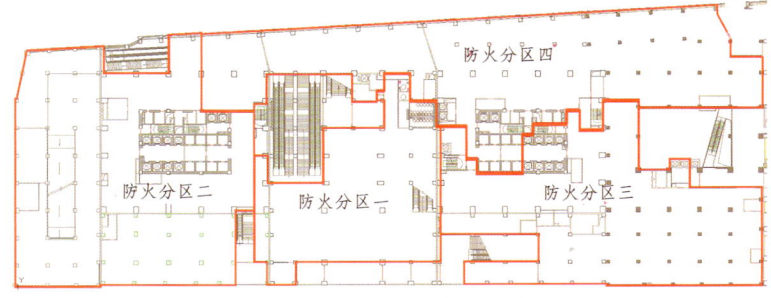

附图 2-7　地下七层出口示意图

7.5.2　地下公交站区域疏散策略示意图

地下公交站区域疏散策略示意图如附图 2-8 所示。

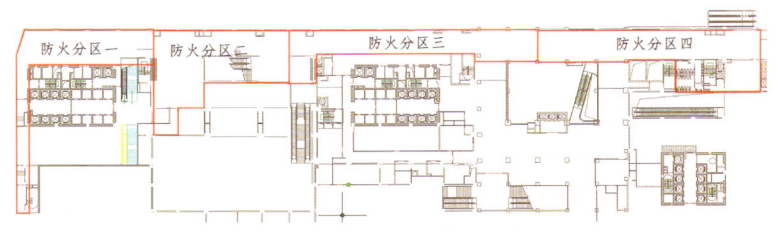

附图 2-8　地下七层出口示意图

7.5.3　地铁站台区域疏散策略示意图

地铁站台区域疏散策略示意图如附图 2-9 所示。

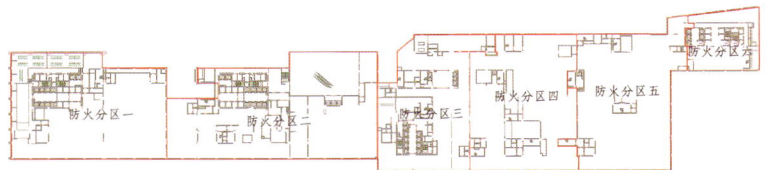

附图 2-9　地铁站台疏散策略示意图

8　枢纽内设施设备火灾事故运行模式

8.1　防排烟系统

8.1.1　枢纽内公共区域发生火灾时

开启防烟分区内排烟系统，关闭防烟分区内送风，由防烟分区排风将烟雾经风井排至地面，在防烟分区内造成负压，防烟分区外造成正压，便于人员安全疏散。

8.1.2 枢纽内站台区发生火灾时

应保证站厅到站台楼梯和扶梯口处具有不小于 1.5 m/s 的向下气流。

8.1.3 枢纽内办公区域或设备用房时

根据不同的防烟分区，将相应的送、排风系统转换至防、排烟工况。

8.2 给排水消防系统

8.2.1 消火栓系统

枢纽内的消火栓系统利用城市管网直接供水部分，火灾时，枢纽内消防人员或枢纽工作人员按下消火栓箱位置处的手动报警装置，同时从消火栓箱中接出水枪和水龙带，打开阀门进行灭火，报警信号同时传送至相应的消防综合控制室。

8.2.2 自动喷水灭火系统

枢纽内通过联动启动消防泵，开启自动喷水灭火系统。

8.2.3 排水系统

各废水泵站通过自动控制或消防控制室的控制，及时将消防废水排除。

8.3 供电系统

火灾情况下，切除相关区域的非消防电源，接通应急照明及智能疏散标志系统，保证消防设备的供电及火灾救援人员的安全，根据火灾发生部位的不同，相应地组织乘客进行安全、有序的疏散。

8.4 广播系统

在火灾状态下，广播系统拥有向乘客发出通告并指挥疏导乘客的作用。为便于枢纽内各区域的统一协调指挥，火灾状态下与沙坪坝相邻互相联系紧密的区域的广播由枢纽消防控制中心统一控制，根据需要对相应防火分区进行广播。

8.5 电视监控系统

在火灾状态下，电视监视系统可作为防灾调度、指挥抢险的指挥工具。为便于枢纽内各区域的统一协调指挥，并便于火灾状态下的应急指挥人员对枢纽内各区域的全面监控，消防控制指挥中心应能调看沙坪坝枢纽互相联系紧密且直接服务于旅客疏散区域的视频图像。

9 枢纽内人员的疏散

根据火情确定是否需要全面疏散火灾现场。疏散命令由总指挥下达。具体的实施办法如下：

（1）控制中心按照总指挥指令负责用紧急广播先通知着火地点的工作人员。用广播通知时严禁将紧急广播同时全部打开，必须是将通知范围控制在火灾区域或是火灾可能影响的区域。

（2）项目管理处负责引导站场内人员与承租单位人员疏散及把疏散下来的人员安排到安全地点，现场外人员或是准备进入火灾区域的人员由现场外围值班人员负责引导疏散。在引导疏散时要注意保持秩序，防止挤伤、踏伤等非事故引起的意外，并注意清点现场疏散的人数，防止遗漏。

具体疏散流程如附图 2-10 所示。

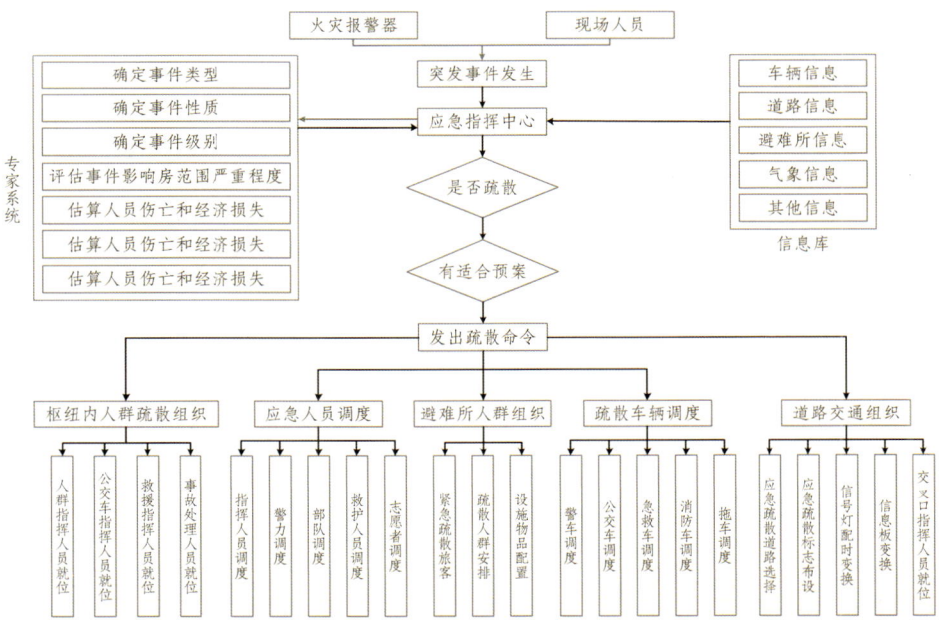

附图 2-10　沙坪坝综合交通枢纽应急疏散流程图

10 与专业消防队员配合

如果已向公安消防"119"报警，各部门应密切配合专业消防队员，行动的具体办法如下：

（1）各部门接到火情通知后，除按指定任务执行外，其他人均应岗位待命，等候指示。

（2）项目管理处：负责维持站场周围的秩序，根据情况疏导站场内的车辆和人员及通道，以便公安消防队顺利到位。

（3）公安消防队到场后，现场指挥要将指挥权交出，并主动介绍火灾情况及根据其要求组织所有人员协助做好疏散和扑救的工作。

11 调查与总结

（1）救灾工作结束后，参与救援的各应急工作小组在事故处理完毕后3日内写出总结报告。

（2）事故处理完毕后，由枢纽内分管技术安全的部门组织进行事故调查，并在3日内写出事故调查报告。

（3）事故调查完毕后，组织召开事故分析会。

12 火灾抢险物资清单

火灾抢险物资清单见附表2-1。

附表2-1 火灾抢险物资清单

序号	物品名称	数量	存放位置
1	毛巾	1000条	仓库区
2	防毒面具	100套	公共区及设备区的灭火器箱内
3	对讲机	100台	消防控制室
4	手持台	50套	消防控制室
5	手提广播	50套	消防控制室
6	安全绳	50 m*40条	仓库区
7	应急灯	40个	仓库区
8	荧光服	40件	仓库区
9	担架	20个	仓库区
10	干粉灭火器	600个	公共区及设备区的灭火器箱内
11	急救箱	20个	仓库区
12	消防皮带	400个	仓库区
13	强光灯	50个	仓库区
14	扶梯	30把	仓库区